江苏省"十三五"重点图书出版规划项目

BIG DATA

大数据
关键技术与应用创新

窦万春　著

南京师范大学出版社
NANJING NORMAL UNIVERSITY PRESS

图书在版编目（CIP）数据

大数据关键技术与应用创新／窦万春著.—南京：
南京师范大学出版社，2020.8
ISBN 978－7－5651－4657－2

Ⅰ．①大… Ⅱ．①窦… Ⅲ．①数据处理 Ⅳ.
①TP274

中国版本图书馆 CIP 数据核字（2020）第 111192 号

书　　　名	大数据关键技术与应用创新
著　　　者	窦万春
策划编辑	张　春
责任编辑	于丽丽
出版发行	南京师范大学出版社
地　　　址	江苏省南京市玄武区后宰门西村 9 号（邮编：210016）
电　　　话	（025）83598919（总编办）　 83598412（营销部）　 83373872（邮购部）
网　　　址	http://press.njnu.edu.cn
电子信箱	nspzbb@njnu.edu.cn
照　　　排	南京凯建文化发展有限公司
印　　　刷	兴化印刷有限责任公司
开　　　本	787 毫米×1092 毫米　1/16
印　　　张	15.75
字　　　数	300 千
版　　　次	2020 年 8 月第 1 版　2020 年 8 月第 1 次印刷
书　　　号	ISBN 978－7－5651－4657－2
定　　　价	49.80 元
出 版 人	张志刚

前　言

对很多读者而言,第一次听到或看到"大数据"一词,就像多年未见的老朋友,从来不需要想起,永远也不会忘记,毫无陌生感。不管是计算机学科的读者,还是非计算机学科的读者,对"数据"一词大都很熟悉。而规模上的"大""小",感官上又是如此的直接。于是,"大数据"一词甫一出现,在短时间内就成为一个被众多研究团体和社会群体同步接受的专业用语。"大数据"一词,在短时间内所获得的广泛认同感,使得大家几乎忘记了其作为一个学术概念而应该具备的严谨性。

作为一名大学教师和大数据相关领域的科研人员,笔者在授课和学术交流过程中,尤其是在为企业界、政界提供咨询服务时,经常面临不同知识背景、不同应用行业、不同目标需求、非常个性化的大数据概念与技术方面的理解与解析。"一千个人眼里,有一千个哈姆雷特",但哈姆雷特只有一个。实事求是不仅是哲学用语,学术上的实事求是更为重要。知其然,知其所以然,是一名教师应有的自律要求。

在自然界的生物进化过程中,优秀基因的产生主要通过两种途径:一是优良基因反复地自然累加和提纯,二是基因重组和良性突变。一项新技术的诞生,同样遵循这种进化规律。大数据的"横空出世",离不开催生它的技术土壤以及特定的社会发展阶段。自然界中的生物多样性,是人类生存和社会发展的基石。因此,强调大数据技术的重要性,绝不是否定与它并存共生的其他技术体系的重要性。只有对催生大数据的技术生态和大数据所处的技术体系具有非常清晰的全面认知,才能从格局和高度上提升对大数据概念与技术的理性认知和应用能力。

有感于大数据技术的重要性和社会各界对大数据技术极高的关注度,笔者一直想从"技术科普"的角度,结合自身承担的项目研究进展,对大数据技术进行相对较为系统的内涵整理。笔者无法也不可能为大数据建立标准画像,但希望通过这种技术溯源的方式,结合典型行业的热点应用,从大数据的技术生态出发,尽可能客观实际地论述大数据的技术内涵与应用外延。

本书 10 章内容分属上、中、下三篇。上篇为大数据关键技术(第 1 章至第 4 章),中篇为教育大数据应用创新(第 5 章至第 8 章),下篇为大数据应用创新拓展(第 9 章至第 10 章)。

上篇所含 4 章内容,从数据、信息和知识的内在关联逻辑出发,对结构化的关系数据库和非结构化的大数据技术进行溯源分析,进而技术结合实例,以对比分析的方式,从技术体系的基本原理、核心技术的要素组成等方面,对大数据应用的基本原理和关键技术进行系统的论述。在此基础上,对大数据体系的技术生态环境进行分析梳理。

中篇所含 4 章内容,从案例分析入手,通过问题驱动的需求分析,从细粒度的角度,对大数据技术在教育实践领域中的应用创新,进行深入的原理探讨和规律挖掘。这 4 章从支持"有效学习"的角度,利用知识图谱对教育大数据进行聚合分析,提出了支持现代教育技术创新的大数据应用方案和技术赋能路径。

下篇的第 9 章和第 10 章,则关注网络行为分析和交通领域大数据应用创新,重点从技术框架出发,理论结合实践,探讨大数据典型行业应用创新的设计理念。中篇和下篇作为姊妹篇,深度和广度相结合,层次和角度相适配,全方位地探讨了大数据技术在不同应用领域中的理念、方法与技术创新思路。

本书从关键技术的提炼到技术生态的构建,再到典型应用案例的分析,将数据科学的最新发展与行业的实践应用紧密结合。上、中、下三篇所关注的主题,既自成体系,在应用逻辑上又相互关联,有机地构成了一个层次化的理论、技术和应用体系。

鉴于作者学术水平有限及对问题所关注视角的不同,书中难免存在疏漏和不足之处,恳请读者、专家批评指正。

作 者

2020 年 5 月

目　录

上篇　大数据关键技术

中篇　教育大数据应用创新

下篇　大数据应用创新拓展

上篇
大数据关键技术

2020年，上海市新冠肺炎医疗救治专家组组长、复旦大学附属华山医院感染科主任张文宏教授曾录制了一段精彩的科普视频，专门讲解病毒基因序列破解技术的发展历史。在这段视频中，张文宏教授从流感（流行性感冒）和感冒的区别讲起。他告诉观众，一百多年前，流感病毒导致欧洲至少五千万人死亡，很多人会惊讶感冒怎么会这么严重。为此，他做了一个非常形象的比喻，让大家比较：猫和老虎是一家人吗？答案是确定的，都属于猫科动物。但张文宏教授告诉大家，流感和感冒完全是两种病，从病理上来看根本就不是"一家人"。如果将流感看作老虎，那么感冒连兔子都不是，可能是小爬虫或小苍蝇。虽然它们在症状上都体现为发热和咳嗽，但流行性感冒是一种由特殊的病毒造成的肺部感染，而感冒是上呼吸道感染，是包括鼻腔、咽或喉部急性炎症的总称。造成这种误解的主要原因是这两种疾病各自取了一个很像"一家人"的名字。

类似的历史误解，"大数据"一词，从直观上，似乎也是一个非常容易理解的概念或术语——"大"的数据。这种望文生义的理解模式，是对"大数据"一词正确的内涵理解吗？既然有大的数据，那么，什么是小的数据？我们从古至今所说的数据概念，是大数据还是小数据呢？在计算机领域，作为成熟应用存在了几十年的数据库技术，到底是"大数据"，还是"小数据"，抑或大的数据库就是大数据呢？

这种先入为主的惯性思维，经常会导致我们忽略很多与之相关的技术细节。譬如，什么是"数据"，什么是"数据库"，什么是"信息"，什么是"知识"，数据量达到什么规模才叫"大"，等等。作为一名教育工作者，或者是相关领域从事信息技术的科技工作者及科研人员，应该对"大数据"一词的前世今生有着清醒的认知。如果我们对"大数据"一词，不能正确地解析其特定的技术内涵，在这种模棱两可的前提下，再加上某些特定领域的应用限制，必然会导致认知偏差的放大。因此，本书明确指出，"大"的数据，是对"大数据"一词不准确的理解，或者说是一种实实在在的误解。

沿着错误的方向越努力，离正确的原点越远，这是一件非常糟糕的事情。只有厘清"数据""数据库""大数据"概念的内涵和外延，以及大数据所处的技术生态环境，才能从传统数据库技术的理论框架中跳出来，正确地审视和理解新兴大数据技术的核心驱动力和未来的发展方向。

本篇将从狭义和广义的角度，重点剖析"数据""数据库""大数据"以及大数据的技术生态，全面剖析"大数据"一词所涉及的技术内涵与应用外延。

第1章　数据、信息和知识

1.1　知之为知之，不知为不知，是知也

孔子东游,见两小儿辩斗,问其故。一儿曰:"我以日始出时去人近,而日中时远也。"一儿以日初出远,而日中时近也。一儿曰:"日初出,大如车盖。及日中,则如盘盂。此不为远者小而近者大乎?"一儿曰:"日初出,沧沧凉凉。及其日中,如探汤。此不为近者热而远者凉乎?"孔子不能决也。两小儿笑曰:"孰为汝多知乎?"

"孔子不能决也",从实事求是的角度体现了孔子严谨的治学精神:知之为知之,不知为不知,是知也。

同样的现象,也出现在大数据技术领域。如果从字面上看,很容易将大数据认为是"大"的数据,或者是"大"的数据库,即大数据=大+数据,或者大数据=大+数据库。

这里先不探讨这种认知模式是否正确,也先不讨论"数据""数据库"等较为专业的概念术语,单就这里涉及的一个基本概念"大",有时候我们都会感到很矛盾:如何界定其规模? 数量上达到多少才叫"大"呢?

以下为一个例子。

NBA 球队金州勇士队,在 2016 赛季取得 73 胜,打破尘封 20 年的 NBA 纪录,并获得 2014—2015 赛季、2016—2017 赛季、2017—2018 赛季 NBA 总冠军。这支历史级强队的主力阵容先是由库里、汤普森、巴恩斯、伊戈达拉和格林组成,后来随着凯文·杜兰特的加入,巴恩斯被替换,主力队员变成库里、汤普森、杜兰特、伊戈达拉和格林。金州勇士的主力阵容,在 NBA 圈内号称"死亡五小",即五个小个队员组成的阵容。根据 NBA 的官方数据,这五个队员具体的身高数据见表 1-1。

表 1-1　NBA 金州勇士队主力阵容"死亡五小"官方公布的队员身高表

单位:厘米

姓名	库里	汤普森	巴恩斯/杜兰特	伊戈达拉	格林
身高	191	201	203/208	198	201
平均身高	198.8/199.8				

这里我们引用这个例子,是想辩证地看待号称"死亡五小"的五个队员的身高,以及他们为什么被称为"小个子"。其实,他们中的任何一个队员单独走在大街上,估计都不会被称为"小个子",因为在我们的日常生活中,两米左右的身高确实不多见,但是,放在 NBA 赛场,他们在一众两米以上的对手面前,立刻就成了"小个子"。导致这种画风转变的主要原因,是动态参照物的改变。因此,在没有确定某人是"高"还是"矮"的标准之前,我们是不能说某人"个子高"还是"个子矮"的。

为了解决生活中这个模棱两可的不确定问题,我们经常使用另外一个基本概念:"平均身高"。如果我们认可"平均身高"的概念,那么利用"平均身高"作为评判身体高矮的标准,就会有一个明确的答案。如果我们以 175 厘米作为日常生活中男性身高的一个标准,在大家认可这个标准的前提下,如果一个人的身高超过 175 厘米,那么他就可以被认为是一个高个子的人;如果这个标准不被认可,那么对于一个身高 174 厘米的男性,就无法用上述标准对其身高进行定性的判断。而在现实生活中,某些行业对身高的要求确实有一个明确的衡量标准。

生活中的这个例子,在计算机领域中较为专业的描述应该是:任何软件、硬件以及算法的设计和评估,都离不开相应的"基准测试程序"。一个新算法、新产品的设计,其性能评估,既需要理论上的复杂度计算,也需要真实测试集上的运行分析等。这里的"理论上的复杂度"和"真实测试集",都应该是公认用作评价指标或评价体系的理论方法和测试用例。

按照这种思路,"大数据"一词,我们从语言本体的关联逻辑角度出发,可以从以下两个角度进行考量。

(1)"大数据"一词,是一个从英文"big data"翻译过来的专业术语,这里的"big"作为"data"一词的定语,可以单独抽取出来理解,对应的中文翻译为"大"。在这种理解思路下,我们需要从定量的角度,明确界定什么是"大",什么是"小"。

(2)"大数据"一词,是一个从英文"big data"翻译过来的专业术语,"big data"两个单词密不可分,是一个特定的专业术语。因为"big data"在本体的描述形式上,和计算机领域中耳熟能详的"data"或"database"一词太过接近,我们需要分别建立 data 和 database 的内涵和外延,进而才能厘清 big data、data、database 三者之间的区别和联系。

为此,本篇主要从"数据"(data)和"数据库"(database)的基本概念出发,为理解"大数据"(big data)一词建立语义层面上的基准测试程序。而本章则重点围绕"数据"一词的内涵和外延开展专业的分析与讨论。下面几节的内容较为专业,如果读者不想拘泥于细节,或者已经具备了相关的基础知识,可以略过 1.2、1.3、1.4 节的相关内容,直接阅读 1.5 节的结论性内容。

1.2 数据的泛在理解：客观存在的描述与记录

在"科普中国·科学百科"中，对计算机术语"数据"一词的定义和描述如下：数据是事实或观察的结果，是对客观事物的逻辑归纳，是未经加工的客观事物的原始素材。这里笔者想强调的是，包括这一定义在内的国内很多参考文献对数据的理解和引用，大都是参考国际标准化组织（International Organization for Standardization，ISO）关于"系统和软件工程"领域中［ISO/IEC/IEEE 24765：2017（en）Systems and software engineering-Vocabulary］对数据（data）一词的定义，即数据"是对事实、概念或指令的一种特殊表达形式，这种特殊的表达形式可以用人工的方式或者用自动化的装置进行通信、翻译、转换或进行加工处理"（Data-A representation of facts，concepts，or instructions in a manner suitable for communication，interpretation，or processing by humans or by automatic means.）。

认真分析上述关于"数据"一词的专业化定义，我们发现其内容至少有以下三层含义。

（1）数据有明确的表达对象和内容，即定义中的"事实、概念或指令"，也就是数据应该能够反映客观存在的事物或现象的各种特征。

（2）数据是一种"特殊的表达形式"，即形式化的外延表示。这种特殊的表达方式是什么呢？该定义中明确地将其界定为"用人工的方式或者用自动化的装置进行通信、翻译、转换或进行加工处理"。

（3）根据这个定义，通常意义下的数值、文字、图画、声音、活动图像、各种自然现象的实际描述等，都可以被认为是数据，而不仅仅局限于我们常见的可比较其大小的那些数值数据。

这里需要强调指出的是，"科普中国·科学百科"和国际标准化组织给出的定义，都是基于现代化电子设备"计算机"的概念而衍生出来的定义。明确来讲，现代意义上为提高计算速度而研发出来的第一台计算机，是 1946 年科学家冯·诺依曼主导的一个团队研制出来的、以晶体管为基本元器件的现代化计算机器 ENIAC（Electronic Numerical Integrator and Computer 的缩写，即电子数字积分计算机）。现代意义上计算机的发端历史，详见本章附录 1。

但是，为提高计算效率而设计和制造的计算设备，在人类历史上存在已久。譬如，起源于中国，迄今已有 2 600 多年历史的计算工具——算盘，在阿拉伯数字出现之前，就作为一种计算工具在我国古代广为使用。在现代计算机出现之前，算盘作为一种计算工具，为人类文明的发展做出了巨大的贡献。

算盘和现代计算机分别在不同的历史阶段，代表了两种先进的计算技术和计算工具。在我们日常生活中,常用的计数方法是十进制,即用0、1、2、3、4、5、6、7、8、9这10个符号表示数据。在具体的操作过程中,采取的计数方法是"逢十进一"。但是,对于算盘和计算机而言,它们分别采用的是"五进制"和"二进制"。在具体的操作过程中,算盘采取的五进制计数方法是"逢五进一",计算机采取的二进制计数方法是"逢二进一"。

需要强调的是,本书讨论的"数据"一词的内涵和外延,按照是否涉及计算机这一特定的计算工具,分为以下两类。

(1)不涉及现代计算机这一特定的计算工具,人类历史上客观存在的"事实、概念或指令"。

古今中外,人类历史上客观存在的"事实、概念或指令"很多,如中国历史上第一部纪传体通史:西汉史学家司马迁撰写的纪传体史书《史记》。《史记》在其一百三十篇五十二万六千五百余字的内容中,记载了上至上古传说中的黄帝时代,下至汉武帝太初四年间共三千多年的历史,详细记录了此前历代帝王之政绩(十二本纪)、诸侯国和汉代诸侯勋贵之兴亡(三十世家)、重要人物之言行事迹(七十列传)、各种典章制度(八书)等。

再如,2015年10月8日,中国科学家屠呦呦获诺贝尔生理学或医学奖,成为第一个获得诺贝尔自然科学奖的中国人。从1969年1月开始,屠呦呦领导的课题组从系统收集整理历代医籍、本草、民间方药入手,收集整理了2 000余方药。受中国典籍《肘后备急方》启发,他们利用现代医学的方法进行分析研究,不断改进提取方法,终于在1971年成功提取出临床上使用的青蒿素,被誉为"拯救2亿人口"的发现。我国中药史上的各种民间药方,本质上也是客观存在的"事实、概念或指令",这对后来青蒿素的发现意义重大。

这些记录人类历史事件和智慧结晶的"事实、概念或指令",都发生在现代计算机出现之前。因此,这些客观存在的"事实、概念或指令",集中体现了广义上的数据概念。

(2)针对现代计算机这一特定的计算工具,在计算机内部进行存储、分析和处理的电子数据。

从计算机能够实现的功能来看,计算机可以进行数值计算、公文/报表处理、语音识别/合成、图形绘制、多媒体播放等。从用户角度来看,计算机好像无所不能,能够处理各种各样的数据对象,如数值、文字、声音、图像、视频等。但是,在计算机内部,数值、文字、声音、图像、视频等,必须采取"特殊的表达形式",才能由计算机进行存储和处理。这种特殊的表达形式就是二进制编码形式,即对这些数值、文字、声音、图像、视频进行二进制编码。因此,在计算机系统中所指的数据,本质上都是二进制编码后的表现形式。关于二进制的基础知识,见本章附录2。

在此基础上,针对计算机这一特定的计算工具,将其内部由硬件能够实现的基本数据,分为数值型数据(numerical data)和非数值型数据(non-numerical data)。数值型数据是指具有特定值的一类数据,可用来表示数量的多少和数值的大小,能在数轴或坐标轴上找到其对应的点。表示一个数值数据要确定三个要素:进位计数值、定/浮点表示和数的编码表示。非数值型数据包括字符数据、逻辑数据、文字、声音和图像等类型的数据。在逻辑上而言,只要不是数值型数据,就是非数值型数据。

就计算机内在的机理而言,其功能之强大,不仅仅体现在其计算速度快,更为突出的是,其不仅能处理我们平时用到的可比较大小的数值数据,还能将这些广义上的数据进行特定的"数字化"处理,从而提高人类探索未知世界的计算能力。譬如,世界上的事物和现象大都可以通过一组特征"数据"去描述。对于计算机来说,它所处理的就是事物和现象的"特征描述数据"。例如,人们不可能将一座大楼输入到计算机中来进行处理,但可以将这座大楼的图纸输入到计算机中,还可以用照相机或摄像机拍下它的照片或摄下关于它发生的某些活动场景,然后将这些反映其特征的照片或活动图像输入到计算机中,也可以直接输入描述该大楼特征的一些文字、语音或表格数据等。也就是说,不管计算机要处理的对象是什么事物或现象,都必须通过某种方式获取其"特征描述数据",才能进行处理。

除了上述提到的十进制、五进制和二进制,在不同的应用领域使用的进位计数制还有八进制、十六进制等。通常为了表示清楚,对于一个数值 X,用 $(X)_R$ 的形式,表示其是用"R 进制"的形式进行表示。这里的"R 进制",可以是二级制、十进制、五进制、八进制、十六进制等。不同的进位计数值,在不同的应用场景发挥各自特有的应用价值。譬如,二进制催生了现代计算机的出现,十进制在日常生活中普遍使用,十六进制在有效显示和分析计算机内部的数据规律方面效果很好。

1.3　信息的价值评判：有用的数据

在日常生活中,数据和信息经常混为一谈。

2018 年,中美贸易纠纷中,芯片技术成为美国制约中国高科技发展的一张王牌。围绕这一国际热点话题,为了让普通民众更好地了解作为高端技术产品的芯片为什么在现代社会中如此重要,大量的科普小视频纷纷发布。在一则经典的芯片科普小视频中,一位专业人士开篇明义:"芯片是储存信息的。"在专业人士的讲解中,他为什么不说"芯片是储存数据的"?两者是不是没有区别?还是说从严谨的专业立场出发,这两种说法有本质区别,或者说哪种说法更为精准?

我们在 1.2 节中,已经对"数据"一词的内涵进行了分析。为了回答上述问题,我们有必要讨论一下什么是"信息"。

我国传统文化中的"信息"一词,在英文、法文、德文、西班牙文中对应的单词均是"information"。在日文中,对应"信息"一词的是"情报"。在我国台湾地区,对应"信息"一词的则是"资讯"。

早在 1928 年,哈特莱(R. V. Hartley)在撰写的《信息传输》一文中,就对作为科学术语的"信息"一词,进行过相关的定义和解释。随后,在 20 世纪 40 年代,信息论奠基人香农(C. E. Shannon)给出了"信息"的明确定义。在此基础上,针对不同应用领域的内涵理解,不同领域的研究者从各自的研究领域出发,给出了不同的定义。关于"信息"一词的定义,有以下几种代表性表述和理解。

(1)信息论奠基人香农认为,"信息是用来消除随机不确定性的东西"。这一定义被人们看作信息的经典性定义并加以引用。

(2)控制论创始人维纳(Norbert Wiener)认为,"信息是人们在适应外部世界,并使这种适应反作用于外部世界的过程中,同外部世界进行互相交换的内容和名称"。

(3)在经济管理领域,相关学者则认为,"信息是提供决策的有效数据"。

(4)美国信息管理专家霍顿(F. W. Horton)给信息下的定义是:"信息是为了满足用户决策的需要而经过加工处理的数据。"简单地说,信息是经过加工的数据,或者说,信息是数据处理的结果。

(5)原中国人工智能学会理事长、我国著名的信息学专家钟义信教授则认为,"信息是事物的存在方式或运动状态,以这种方式或状态直接或间接的表述"。

(6)我国著名计算机科学家徐家福教授在其主编的《计算机科学技术百科全书》中,认为"信息是数据及有关的含义"。

综合上述有关信息的定义内容,我们可以通过提取公因式的方式,提取"信息"一词的核心内容:**有用的数据**。

这里判断是否有用的评价指标,带有很大程度的主观性和个性化。因此,就计算机的存储设备而言,个性化的存储内容,取决于其使用者的取舍。用户 A 将其认为有用的电子数据存入其存储设备中。这些用户 A 认为有用的数据,对用户 B 而言,也许毫无价值可言,因此只能称为数据。但对用户 A 自身而言,其刻意备份保存,显然是自认为这都是对其有用、有价值的东西,否则就不会保存这些对其毫无价值和意义的内容了。在这一语境下,对用户 A 而言,存储设备中的数据可以称为信息。因此,严格意义上讲,离开特定的数据使用者,只能说"芯片是存储数据的",而不能泛化地说"芯片是存储信息的"。

1.4　知识的应用体现：数据变信息的转化规则

知识是哲学认识论领域中最为重要的一个概念，在哲学中，关于知识的研究叫作认识论。这里只从狭义的专业角度出发，探讨"知识"概念的内涵和外延。

国际标准化组织关于"系统和软件工程"领域中的词条里，对"知识"（knowledge）一词的定义如下：Aspect of an instance's specification that is determined by the values of its attributes, participant properties, and constant, read-only operations。基于对相关概念的个性化理解，我们对这段英文的翻译如下：从某视角出发，对一个实例描述的理解，理解过程取决于该实例描述中的要素属性值、关联属性值以及基于各种定量参数的操作描述。

虽然我们尽可能想针对这段英文定义还原"知识"一词的内涵，但是翻译过来的语句还是晦涩难懂，这就是为什么"科普中国·科学百科"中明确地指出："知识，至今也没有一个统一而明确的界定。"其实，"知识"一词的定义在认识论中也一直是一个争论不止的问题。但是，不同领域的专业人士，为了更好地解释某些现象或更好地促进相关学科的发展，仍然给出了不同的理解和定义，具体如下。

（1）两千多年前，古希腊哲学家柏拉图对知识的定义是"Knowledge is justified, true beliefs"。中文可以译作：知识是合理的真信念。我们可以进一步理解为，满足如下三个条件的信念陈述就是知识：被验证过的+正确的+被人们相信的。

（2）《辞海》中，对"知识"一词的定义如下："人类认识的成果或结晶。依反映对象的深刻性，可分为生活常识和科学知识；依反映层次的系统性，可分为经验知识和理论知识。经验知识是知识的初级形态，系统的科学理论是知识的高级形态。按具体的来源，知识虽可区分为直接知识和间接知识，但是从总体上说，人的一切知识（才能也属于知识范畴）都是后天在社会实践中形成的，是对现实的能动反映。社会实践是一切知识的基础和检验知识的标准。知识（精神性的东西）借助于一定的语言形式，或物化为某种劳动产品的形式，可以交流和传递给下一代，成为人类共同的精神财富。"

（3）我国著名的计算机科学家徐家福教授在《计算机科学技术百科全书》中，对知识的定义如下："知识是人类智慧的结晶。"

（4）《中国大百科全书·教育》中的"知识"条目是这样表述的："所谓知识，就它反映的内容而言，是客观事物的属性与联系的反映，是客观世界在人脑中的主观映象。就它的反映活动形式而言，有时表现为主体对事物的感性知觉或表象，属于感性知识,有时表现为关于事物的概念或规律,属于理性知识。"

基于上述理解,在探索未知世界的过程中发现问题和解决问题的方法与手段,都属于知识的范畴。

上述关于知识的理解和定义,主要是从认知结果的静态表现形式出发,探索知识的存在形式,较少涉及这些认知结果的产生过程,即催生这些认知结果的推理过程和判断依据。结合前述对"数据"和"信息"概念的理解和剖析,我们认为促使"数据"变"信息"的转化规则,即那些有助于催生认知结果的推理手段和判断依据,也是"知识"不可或缺的组成部分。

根据这种促使"数据"变"信息"的转化规则能否清晰地表述和有效地传播,知识又可以分为显性知识(Explicit Knowledge)和隐性知识(Implicit Knowledge)。《知识创新公司》被誉为"日本有史以来最重要的管理学著作",该书的作者、国际范围内被誉为"知识管理理论之父"的日本国立一桥大学教授野中郁次郎认为,显性知识是可以运用结构性概念加以清晰表述的知识本体,能够在人和人、人和物、物和物之间进行有效的传递和转移。隐性知识是主观的经验或体会,是高度个性化的知识本体,同时也涉及个人信念、世界观、价值体系等因素,不容易运用结构性概念加以描述或表现,很难规范化也不易传递给他人。将个人掌握的隐性知识转化为别人容易理解和接受的物化的知识形式,实现隐性知识的显性描述,是知识工程领域关注的一个重要研究主题。

发掘促使"数据"变"信息"的转化规则,是本书的中篇和下篇探讨大数据应用创新所遵循的指导思想。尤其是在中篇关于教育大数据的主题探讨中,实现隐性知识的显性描述,进而借助计算机作为现代化的教学实践工具,实现因材施教,提升有效学习,是教育大数据应用创新的前提条件。

1.5　数据、信息和知识内在的关联逻辑

在讨论数据、信息和知识内在的关联逻辑之前,我们先考察一个例子。

图1-1是某清朝宫廷戏的一幅视频截图。当大家看到这幅视频截图时,很多读者可能会会心地一笑。为什么呢?因为电视剧中,由于导演的不严谨,拍摄取景的时候,镜头里出现了现代社会才会出现的电器设备:空调。根据我们的常识,在清代的时候,是没有这种电器设备的。这就是所谓电视或电影里的"穿帮"镜头。

结合这个"穿帮"镜头,我们可以从实例分析的角度,厘清数据、信息和知识之间的区别和联系。

（1）不管读者看到还是没有看到镜头中的"穿帮"内容，即图 1-1 中的"空调"，这一内容都客观存在，不会因为某些观众看不到而消失。

这就是数据的本质：客观存在的事实。这里需要强调的是，图 1-1 中的"宫女"也是数据。

（2）一眼就看出图 1-1 中"穿帮"镜头的读者，可能会会心一笑。而没有看到"穿帮"镜头的读者，如果不加提醒，看了半天也不会有什么反应。这就

图 1-1　清代宫廷戏镜头中的"穿帮"内容

体现了"穿帮"内容的作用：改变了特定的"人"的行为。

看到图 1-1 中"空调"的观众笑了，为什么只看到"宫女"的观众不会有笑的反应呢？因为那些会心一笑的读者根据历史背景，知道清朝没有空调这种现代化的家电设备。

（3）在同样的实例环境下，如果我们把"空调"这一"穿帮"内容告诉三五岁的小朋友，他们可能不会笑。因为他们可能不知道清代没有这种现代化的电器设备。

这里我们想强调的是，导致看到"穿帮"镜头的观众"会心一笑"的背后原因到底是什么？答案是知识发挥了作用。特定的知识背景，是判断数据有用与否的决策依据。

为了更好地揭示数据、信息和知识的内在关联，本书对数据、信息和知识在应用逻辑上进行如下嵌套定义。

定义 1　数据是对客观存在的描述与记录。

定义 2　信息是对"人"有用的数据，可以影响人们的行为和决策。

定义 3　知识是让数据转化成有用数据（即信息）的转化规则。

这里强调的是，本书此处有关数据、信息和知识的相关定义，与相关学科领域对数据、信息和知识的定义，在内涵和外延上没有任何矛盾冲突的地方，类似的定义内容在很多教材上也都出现过，但可能没有像本书这样，做出上述明确的定义和关联分析。为了给读者一个完备的关于数据、信息和知识的认知体系，我们试图通过一种较为简洁的行文方式，为读者更好地理解数据、信息和知识之间的内在语义关联，提供一种快速的认知方式。

利用上述三个定义,我们对图1-1做进一步分析,从认知发展的角度揭示数据、信息和知识内在的关联逻辑。

首先,图1-1中的"宫女"和"空调",都是对客观存在的描述和记录,在这个概念下,它们是没有区别的。

其次,当图1-1中的"宫女"和"空调"同时出现时,看到"穿帮"内容的观众会心一笑,让这些观众发笑的数据是"空调",而不是"宫女"。这时,数据"空调"就是对这些"人"有用的数据,影响了这些"人"的行为。此时的数据"空调",对"会心一笑"的观众而言,就是有用的数据。在这种情况下,可以将"空调"称为信息。

因此,不能离开"数据"的基本概念,去谈"信息"的内涵和外延。在某种意义上,"数据"是理解"信息"一词的基准程序。利用数学领域中集合的概念,我们可以认为信息是数据的子集。使用同一个数据集的不同的用户,根据其对数据的利用程度和可用性评价,会存在一个专属于某一用户的特定的数据子集,这个特定的数据子集,就是个性化的信息资源(对特定用户有用的数据),对此进一步讨论如下。

(1)看到"穿帮"内容的观众为什么会"会心一笑"呢?因为他们通过划分人类历史的发展阶段,知道在清代还没有发明出空调这一电器设备。这是让数据"空调"变成有用数据(即信息)的转化规则,也就是我们日常生活中经常说的背景知识。

(2)对于三五岁的小朋友,因为大都不具备"清代还没有发明出空调这一电器设备"这一背景知识,所以他们即使发现数据"空调",也不会发笑。

(3)知识是从大量客观存在的描述和记录中发现"有用"数据的研判规则。这里的"有用",体现为能够影响人们的行为和决策。需要强调的是,这里的对"人"有用,不是对所有的人都有用,而是针对特定的个体或群体。同样一组"客观存在的描述和记录",对于不知道其中研判规则或不能有效利用研判规则的"人"而言,这组数据永远是数据,不能转化成信息。

(4)规则可以衍变,规则背后的逻辑也可以衍变。这个过程就是数据增值的过程。而数据的增值,又会产生新的转化规则。这一螺旋式上升的认知方式和认知途径,有效地推动了人类文明的不断发展。

1.6　知识规则的认知途径

根据1.5节中关于"知识"一词的定义,知识对应的是让数据转化成有用数据的一系列规则。这些定量或定性的规则,能让客观存在的各种数据,变成对人类有用的信息。譬如,表 1－2 是中国传统的计算工具——算盘的加法口诀表。根据这套规则,我们就可以有效地操作算盘这一计算工具。

表 1－2　中国传统计算工具算盘的加法口诀

	不进位加法		进位加法	
	直加	满五加	进位加	破五进位加
一	一上一	一下五去四	一去九进一	
二	二上二	二下五去三	二去八进一	
三	三上三	三下五去二	三去七进一	
四	四上四	四下五去一	四去六进一	
五	五上五		五去五进一	
六	六上六		六去四进一	六上一去五进一
七	七上七		七去三进一	七上二去五进一
八	八上八		八去二进一	八上三去五进一
九	九上九		九去一进一	九上四去五进一

但是,发现、挖掘或制定规则的手段和方式有哪些呢? 在人类文明发展的过程中,知识又是如何形成并积累下来的呢? 在人类探索未知世界的历史过程中,伴随科学技术手段的发展,发现知识的认知方式主要包含以下几种模式。这几种认知模式,也分别反映了人类在认知未知世界过程中经历的几个重要发展阶段。

1. 实验科学

人类最早的科学研究,主要以记录和描述自然现象为特征,称为"实验科学"。从原始的钻木取火,发展到后来文艺复兴时期以伽利略为代表进行科学实践,进而开启了现代科学之门。实验科学亦称"经验科学",以化学领域的科研实践为代表,如中国古代术士们(以葛洪为代表)在炼丹过程中发明了火药,以及居里夫人通过大量的化学实验发现了镭元素的存在,这些都是实验科学的伟大胜利。人类目前所掌握的科学知识,都是经过实验检验是正确的、符合自然或社会实际运行规律的真实情况。实验科学重点关注如何设计实验来证明某个理论是正确的(证实)、证明某个理论是错误的(证伪),在实验过程中发现此前未知的新生事物,或者揭示自然或社会内在的运行规律。杰出的实验物理学家、美籍华人吴健雄教授,通过实验证明了杨振宁和李政道提出的"弱相互作用中宇称不守恒理论"的正确性,杨振宁和李政道由此获得 1957 年诺贝尔物理学奖。这是一个典型的证实过程。伽利略通过比萨斜塔的实验,证明了一个存在两千多年的说法是错误的,即亚里士多德"两个不同重量的物体同时下落,物体的降落速度与物体重量成正比"的说法是错误的,这是一个典型的证伪过程。屠呦呦带领的团队发现青蒿素的过程,就是一个典型的通过实验发现新生事物(疟疾疫苗)的过程,是中国传统的中医实验对全人类的伟大贡献。

2. 理论科学

实验科学受各种实验条件和实验手段的限制,仅仅通过实验观察,难以完成对自然现象更精确的理解。于是,科学家们开始尝试尽量简化实验模型,在原有实验观察的基础上,去掉某些干扰项。譬如我们在物理课程的学习中,"足够光滑""足够长的时间""空气足够稀薄"等令人费解的条件描述,就是去掉某些干扰项的过程。这种通过只选择关键因素对实验过程进行规律考察,然后基于演算进行归纳总结的研究思路,促使理论科学得到了长足的发展。自文艺复兴开始,在后续的三百年来,理论科学的表现堪称完美,譬如,牛顿三大定律成功解释了经典力学的基本原理,麦克斯韦理论成功解释了电磁学,等。理论科学中,往往是先定义规则的存在,然后在科学实践中加以验证。如果实践证明了某些理论中规则的正确性,那么这些规则就可以在更大的范围和领域内推广应用,指导实践工作。牛顿发现并定义的经典力学中的各种理论规则,以及天体物理学中的各种理论体系,都是理论科学成功的经典案例。而杨振宁和李政道先提出"弱相互作用中宇称不守恒理论",然后实验物理学家吴健雄教授通过科学实验从自然现象上证明了这一理论的正确性,则是理论科学和实验科学的完美结合。

3. 计算科学

1946 年第一台计算机面世,为人类提供了一种高效快速地认知未知世界、发现新知识和新规律的工具与手段。以计算机作为科研工具和手段的第三种计算模式,即计算科学就此诞生,人类也进入了一个以计算科学为主的社会发展阶段。理论研究,需要超凡的头脑思考和复杂的计算验证,而随着理论验证的难度和经济投入越来越高,理论科学遇到了一个发展的瓶颈阶段。譬如,爱因斯坦早年提出的广义相对论和狭义相对论,是基于天才科学家对宇宙现象的观察和思考,进而提出的假设性的理论规律。但是,受制于当时历史阶段的实验能力和计算能力,无法从证实的角度进行实验验证。随着计算科学的发展,2019 年 12 月 19 日,由《科学》杂志公布的 2019 年十大科学突破技术中,首张黑洞照片的合成这一研究成果位居榜首。这个由多个国家的 30 多个研究所、200 多名科学家、遍布全球的 8 个射电望远镜阵列合作的"事件视界望远镜"(EHT)项目,成功地捕获到人类历史上首张黑洞照片这一研究成果,直接验证了爱因斯坦广义相对论的正确性,体现了理论科学和计算科学的完美结合。

实验科学、理论科学和计算科学三足鼎立,大大丰富和完善了人类探索未知世界的方式和手段。随着高性能计算机和网络技术的发展,与传统的实验科学和理论科学相比计算科学越来越表现出明显的技术优势。第一,计算科学的人、机、物一体化的虚拟现实技术,使得科研人员能够完成只有通过真实实验才能完成的一些科学探索。如果想全面研究海啸的破坏、地震的破坏、核爆炸的破坏等,科研人员不可能通过反复的真实实验获取相应的研究结果,但通过计算机环境下的虚拟现实和仿真分析,可以实现这方面的科学探索。第二,相比真实的实验过程,计算科学可以做到全过程、全时空诊断的实时监视,研究人员可以根据需要自行设置时空参数,获得任何一个时刻、任何一个地点研究对象发展和演化的全部信息,使得研究人员可以充分了解和细致认识研究对象的发展与演化规律。第三,计算科学的高性能计算能力和虚拟现实仿真技术,可以使科研人员围绕某些科学问题,进行短周期反复性的细致考察,以相对较低的研究成本,全面、系统地获取各种条件下研究对象的状态数据。而计算科学的高性能计算能力,也大大促进了理论科学在研究过程中的深度和广度。理论科学是以解析分析的方法为主,它在科学原理与体系的建立过程中发挥了重要的作用。随着问题复杂性的增加,支持理论研究的计算能力和计算速度都限制了理论研究的发展。诸如强非线性问题等的分析,如果没有高效高速的计算支持,传统的理论分析已经越来越难以处理此类问题。以超级计算机为工具的高性能计算,不仅可以处理强非线性问题,还能够把理论科学研究中取得的原理应用于解决更多、更复杂的实际问题。

4. 数据科学

2007 年 1 月 11 日,图灵奖得主、关系型数据库事务处理技术的鼻祖吉姆·格雷(Jim Gray),在加州山景城召开的 NRC-CSTB(National Research Council-Computer Science and Telecommunications Board)大会上,发表了一次对此后技术发展影响深远的演讲:“科学方法的革命”。在他的演讲中,他正式提出将科学研究分为四类范式(Paradigm,必须遵循的规范),依次为实验归纳、模型推演、仿真模拟和数据密集型科学发现(Data-Intensive Scientific Discovery)。根据吉姆·格雷的演讲,后来学术界将实验科学定义为“第一范式”,将理论科学定义为“第二范式”,将计算科学定义为“第三范式”。根据吉姆·格雷的演讲思路和未来科学研究的发展分析,对于数据密集范式,应该从计算科学(“第三范式”)中分离出来,这就是所谓的“第四范式”。

计算科学,即“第三范式”,本质上是问题驱动的应用模式,它针对特定环境下的问题抽象,提出可能的理论假设,再搜集大量的相关数据,然后通过仿真计算验证真伪。在吉姆·格雷提出数据密集型科学发现模式的时候,“大数据”一词还没有正式提出。而吉姆·格雷眼中的数据密集型科学发现模式,更多地关注当时高性能计算支持下的电子科研(E-Science)这一特定应用领域中的计算科学,本质上还是传统数据库视角下的技术拓展应用。E-Science 的概念最早由英国在 2000 年提出,他们试图借助新一代网络技术和广域分布式高性能计算环境,为大型复杂的科学活动提供一种全新的全球科研合作模式。2002 年,英国首相布莱尔曾指出:"英国是第一个开发全国范围 E-Science 网格的国家。"随后几年,该理念得到世界范围内科研团队和各国政府的支持与响应。全球科学家针对地球气候变暖、宇宙探索以及包括地震、海啸、火山喷发等自然灾害在内的全球预警系统方面的国际科研合作,都是E-Science 的典型应用案例。

在以支持全球合作的 E-Science 模式为代表的数据密集型科学发现过程中,出现了一个新的科学现象。这种现象就是科学家们在没有成熟的理论体系指导的前提下,先拥有了大量的观察数据。这些大量的观察数据与实验科学中的观察数据相比,在样本空间和样本规模上,不可同日而语。此外,借助计算机网络和分布式高性能计算集群,通过对大规模数据样本内在关系的挖掘,能够实现一些此前无法完成的理论突破。这种科研模式,突破了传统科学研究的思维惯例,大大提升了人类在探索未知世界过程中分析和处理大规模复杂问题的能力。

21 世纪以来,数据的爆炸式增长以及 2008 年大数据概念的正式诞生,不断验证吉姆·格雷对未来科学发展预言的正确性,即围绕丰富的数据资源,对数据之间内在的依赖关系进行挖掘和分析,将实现"第三范式"中的计算思维模式向"第四范式"中的数据思维模式的过渡,进而实现理论和应用创新。

1.7 数据到知识的转换过程:实例分析

我们以城市道路交通的导航应用为例,针对路径优化这一应用环节,通过实例分析来体会实验科学、理论科学、计算科学和数据科学的核心思想。

假设某人在城市中驾车出行的出发地点为 A 点,目的地为 B 点。这里的 A 点和 B 点,在实际应用中,可以是对应一定面积的地理区域。譬如,可以先按照经纬度对 A 点进行 GPS 定位,然后围绕 A 点,设置合理的区域半径(如半径为 300米),以 A 点为圆心的圆形区域,都可以等价地看成 A 点的位置。表 1-3 集中描述了实验科学、理论科学、计算科学和数据科学在交通领域路径优化环节的典型应用思路。

表1-3　实验科学、理论科学、计算科学和数据科学在交通领域路径优化环节的应用思路

范式类型	具体做法	最优路线
实验科学	结合城市路网分布,对所有可能的交通路径,走1遍、走2遍、走3遍……直至走完所有的可能路径	时间最短
理论科学	结合城市路网分布,对所有可能的交通路径,计算每条路径的具体长度	距离最短
计算科学	结合理论科学计算的结果,选择路径最短和若干条距离较短的路线,借助这些路径上的摄像设备,对相应的交通状况进行采样分析,从仿真模拟的角度进行优化选择	时间最短
数据科学	从城市交通数据库中,提取所有从A点区域出发到B点区域的交通记录(这是数据科学开展的前提条件,目前城市出租车都装有GPS定位系统)	用户选择最多的路径(时间最短或距离最短)

为了更好地突出主题的一致性,我们将在第10章交通大数据技术分析与应用创新一章中,详细地从技术应用的角度,对数据科学驱动的交通大数据应用创新进行实例分析。

1.8　本章小结

本章围绕数据、信息和知识三个基本概念,结合具体的实例分析,对其内在的演化和关联逻辑进行了分析探讨。同时结合人类文明的发展,从实验科学、理论科学、计算科学和数据科学的角度,分析总结了知识规则的认知途径。数据、信息和知识三个基本概念本体,从基准建立的角度,为后续深入讨论数据库技术和大数据关键技术,奠定了认知基础。

附录1：第一台计算机 ENIAC

世界上第一台计算机于 1946 年诞生,它的名字叫 ENIAC,全称为 Electronic Numerical Integrator and Computer,即电子数字积分计算机。ENIAC 是世界上第一台通用计算机。ENIAC 于 1946 年 2 月 14 日在美国宣告诞生。承担开发任务的"莫尔小组"由四位工程师埃克特、莫克利、戈尔斯坦、博克斯组成。但是,指导他们最终成功实现这一历史创举的,则是刚成功地参与了原子弹研制工作的美籍犹太人冯·诺依曼。

冯·诺依曼是带着原子弹研制过程中遇到的大量计算问题加入计算机研制工作中来的,他创造性地把二进制作为计算机设计和制造的理论基础,提出了程序存储的计算思想。正是因为冯·诺依曼的巨大贡献,他被称为"计算机之父",并最终指导完成了 ENIAC 的设计与制造。

ENIAC 长 30.48 米,宽 6 米,高 2.4 米,占地面积约 170 平方米,有 30 个操作台,重达 30 英吨,耗电量 150 千瓦,造价 48 万美元。它包含了 17 468 根真空管(电子管)、7 200 多根晶体二极管、1 500 多个中转、70 000 多个电阻器、10 000 多个电容器、1 500 多个继电器、6 000 多个开关,计算速度是每秒能进行 5 000 次加法或 400 次乘法。ENIAC 这个庞然大物每秒能进行 5 000 余次加法运算(据测算,人最快的运算速度是每秒仅 5 次加法运算),每秒能进行 400 余次乘法运算。它还能进行平方和立方运算,计算正弦和余弦等三角函数的值及其他一些更复杂的运算。图 1-2 是 ENIAC 工作时的场景。

图 1-2　ENIAC 工作时的场景
(图片来自:https://www.sohu.com/a/392672515_99905793)

这在当时可是很了不起的成就!原来需要 20 多分钟时间才能计算出来的一条弹道,现在只要短短的 30 秒!这一下子缓解了当时极为严重的计算速度大大落后于实际要求的问题。但即使在当时看来,ENIAC 也是有不少缺点的:除了体积大、耗电多以外,机器运行产生的高热量使电子管很容易损坏。而且只要有一个电子管损坏,整台机器就不能正常运转,于是就得先从这 1.7 万多个电子管中找出那个损坏的,再换上新的电子管,这一过程是非常麻烦的。但就是这么一个看似笨重的家伙,经过几十年的原材料和计算技术的发展,目前已成功地衍变成为我们使用的包括手机在内的各种手持移动终端以及台式机、笔记本、服务器乃至大规模数据中心系统。

附录 2:进位计数制

进位计数制涉及两个基本概念:基数(radix)和权(weight)。在进位计数制中,每个数位可能会用到的不同数码的个数叫作基数。以十进制为例,每个数位允许选用 0~9 共 10 个数字中的某一个,因此十进制的基数为 10;每个数位计满 10 就向高位进位,即逢十进一。

在一个数中,数码在不同的数位上所表示的数值是不同的。每个数码所表示的数值就等于该数码本身乘以一个与它所在数位有关的常数,这个常数叫作位权,简称权。

例:十进制数 4952.37

数码"4"表示 4 000,该位的权值为 1 000(10^3)。这一位所代表的数值等于数码 4 乘以权值 1 000,即 4×1 000。

数码"9"表示 900,该位的权值为 100(10^2),这一位所代表的数值等于数码 9 乘以权值 100,即 9×100。

数码"5"表示 50,该位的权值为 10(10^1),这一位所代表的数值等于数码 5 乘以权值 10,即 5×100。

数码"2"表示 2,该位的权值为 1(10^0),这一位所代表的数值等于数码 2 乘以权值 1,即 2×1。

同样的道理:

小数点后的数码"3"表示 0.3,该位的权值为 0.1(10^{-1}),这一位所代表的数值等于数码 3 乘以权值 0.1,即 3×0.1=0.3。

数码"7"表示 0.07,该位的权值为 0.01(10^{-2}),这一位所代表的数值等于数码 7 乘以权值 0.01,即 7×0.01=0.07。

所以,十进制数 4 952.37 数值大小就是它的各位数码按权相加,即:

4952.37 = 4×1 000+ 9×100+ 5×10+2×0+3×0.1+7×0.01

由此可见,任何一个十进制数 D: $D = K_n K_{n-1} \cdots K_1 K_0 K_{-1} K_{-2} \cdots K_{-m}$($m$, n 为正整数),其值可以用一个多项式来表示:$(D)_{10} = K_n \times 10^n + K_{n-1} \times 10^{n-1} + \cdots + K_1 \times 10^1 + K_0 \times 10^0 + K_{-1} \times 10^{-1} + K_{-(m-1)} \times 10^{-(m-1)} + \cdots + K_{-m} \times 10^{-m}$。

上式中,K_i 的取值是 $0 \sim 9$ 中的一个数码,m 和 n 为正整数。

类似的原理,一个基数为 R 的 R 进制数 N: $N = K_n K_{n-1} \cdots K_1 K_0 K_{-1} K_{-2} \cdots K_{-m}$($m$, n 为正整数),其值均可以用一个多项式来表示:$(N)_R = K_n \times R^n + K_{n-1} \times R^{n-1} + \cdots + K_1 \times R^1 + K_0 \times R^0 + K_{-1} \times R^{-1} + K_{-(m-1)} \times R^{-(m-1)} + \cdots + K_{-m} \times R^{-m}$。

上式中,R 为基数值,表示系数 K_i 可以取 $0, 1, \cdots, R-1$ 共 R 个数字,并且是逢 R 进 1。

R^i($-m \leqslant i \leqslant n$,$i$ 为正整数)表示位权值,$K_i \times R^i$ 表示 K_i 在数列中所代表的实际数值。

附录 3:常用的进位计数制及相互之间的转换

人们在日常生活中最常用的是十进制。除了十进制之外,常用的进位计数制有二进制、八进制和十六进制等。通常为了表示清楚,用 $(X)_R$ 的形式表示 R 进制数,或在数字后加上后缀以区分所采用的数制。

例 1:二进制数

基数为 2,每一位数字的取值范围是 $0 \sim 1$,计数规则是"逢二进一",后缀为 B(Binary),如 $(10100011.1101)_2 = 10100011.1101B$。

例 2:八进制数

基数为 8,每一位数字的取值范围是 $0 \sim 7$,计数规则是"逢八进一",后缀为 Q(Qctal),如 $(137.67)_8 = 137.67Q$。

例 3:十进制数

基数为 10,每一位数字的取值范围是 $0 \sim 9$,计数规则是"逢十进一",后缀为 D(Decimal)或不用后缀,如 $(125.46)_{10} = 125.46D = 125.46$。

例 4:十六进制数

基数为 16,每一位数字的取值范围是 $0 \sim 9$,$A \sim F$,计数规则是"逢十六进一",后缀为 H(Hexadecimal),如 $(A9BF.36E)_{16} = A9BF.36EH$。

在上述常用进位计数制中,二进制数只有两种数字符号,与电子元器件固有的物理属性相对应,便于计算机内部对数字的表示与存储。二进制的运算规则,大大简化了计算机内部的运算电路和相关的控制设计。因此,计算机内部所有的数据都采用二进制来表示。但是为了书写和阅读的方便,计算机的显示,大都采用十进制数、十六进制数的表示形式。表 1-4 列出了四位的二进制数与八进制数、十进制数和十六进制数之间的对应关系。

表 1-4　四位的二进制数与八进制数、十进制数和十六进制数之间的对应关系

二进制数	八进制数	十进制数	十六进制数
0000	0	0	0
0001	1	1	1
0010	2	2	2
0011	3	3	3
0100	4	4	4
0101	5	5	5
0110	6	6	6
0111	7	7	7
1000	10	8	8
1001	11	9	9
1010	12	10	A
1011	13	11	B
1100	14	12	C
1101	15	13	D
1110	16	14	E
1111	17	15	F

第2章 数据库技术的基本原理

2.1 此为数据库，非彼大数据

2012 年前后，大数据技术在学术界和工业界大热，各种各样与大数据主题有关的文章、报告、讲座随之风起。2013 年 11 月，第一届江苏省计算机网络与云计算学术会议在苏州大学召开。会议邀请国内数据库领域知名专家周傲英教授做大数据领域的主题报告。周教授报告的第一句话是："我是研究数据库技术的，不懂大数据技术。我只能从数据库的角度谈谈我对大数据的理解。"周教授这一严谨的开场白，清晰地表明了大数据这项新技术不是传统的数据库技术，至少不完全是传统数据库技术在数据规模上的升级版。数据库及数据库技术，自 20 世纪 60 年代以来已在系统理论和应用框架上非常成熟，包括金融、航空、票务、物流、户籍、医疗等领域在内的数千亿美元的数据库市场，已经充分验证了数据库技术在诸多行业领域的成熟应用和技术普及。

本节先给出数据库领域中的四个基本概念。

概念 1 数据库（DataBase，DB）：接受统一管理的相关数据的**集合**。

概念 2 数据库管理系统（DataBase Management System，DBMS）：数据库系统中管理数据的**软件系统**。它是数据库系统中的核心组成部分，对数据库的一切操作，包括定义、查询、更新以及各种控制，都是通过 DBMS 进行的。

概念 3 数据库系统（DataBase System，DBS）：实现有组织地、动态地存储大量关联数据，方便多用户访问，由计算机软件、硬件和数据资源组成。

概念 4 数据库技术：研究数据库的设计、结构、存取、管理以及应用的理论体系和实现方法，并利用这些理论和方法，实现对数据库中的数据进行处理、分析和理解。

以上四个概念，具体的逻辑语义具有内在的递进关系。

（1）概念 1 数据库的定义中，核心词是"集合"。这是什么对象的集合呢？前面加了一个定语，即"数据"，拓展后的语义就是"数据的集合"。

（2）这个"数据的集合"要接受统一的管理，接受谁的统一管理呢？它接受第二个概念"数据库管理系统"的统一管理。在数据库管理系统的定义中,"软件系统"是这个概念的核心词。

（3）与"软件系统"对应的概念是"硬件系统"。"数据的集合"和"软件系统"都要保存和运行在硬件系统上。为了表示一个集成的大家庭,"数据的集合""软件系统"和"硬件系统"三大要素集成在一起,统称为数据库系统。这是概念 3 数据库系统的定义内涵。

（4）如何让"数据的集合""软件系统"和"硬件系统"这三大要素,有机配合,协同运转呢? 这必然需要一套科学的理论和方法,这就是概念 4 数据库技术的内涵所在。

这四个概念之间内在的应用逻辑关系如图 2-1 所示。

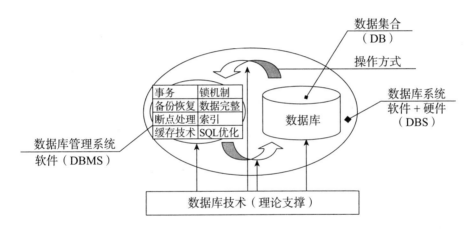

图 2-1　数据库系统基本概念之间的集成关系

包括以上四个基本概念在内的数据库的基本理论,在很多教材中都有详尽的内容阐述。[①] 数据库课程也是计算机学科本科生必修的课程科目。这里对数据库的基本概念和相关理论进行有针对性的概括和总结,目的是从"基准程序构造"的角度,为第 3 章大数据概念的诞生及其核心技术提供对比分析的基准程序(基准程序的概念见第 1 章 1.1 节)。

为什么需要数据库? 从本质上来看,计算和数据之间构成了一种谓词逻辑,即动词和名词之间操作和被操作的关系。数据库技术就是一种专门管理被操作对象的技术手段。数据有多种形式,包括文字、数码、符号、图形、图像以及声音等。数据是所有计算机系统需要处理的操作对象。在计算机发展的过程中,如何高效管理计算机所产生的大量电子数据,即数据的储存和查找,几乎在早年计算机一开始投入

---

① 王珊,萨师煊.数据库系统概论(第 5 版)[M].北京:高等教育出版社,2014.

使用时,就成为计算机领域关注的一个重要问题。早期的解决方法是通过文件的形式,将处理过程编成程序文件,将所涉及的数据按程序要求组织成数据文件,用程序文件调用数据文件,数据文件与程序文件保持着一定的对应关系。

但在计算机系统性能快速提升的发展背景下,文件式方法存在数据通用性较差、在不同文件中存储大量重复信息、浪费存储空间、更新不便等各种不足,这些不足逐渐成为限制计算能力提升的发展瓶颈。

为了解决上述问题,各种数据库技术快速发展起来。数据库技术的发展,其特点是系统不从具体的应用程序出发,而是立足于数据本身的管理,它将所有数据保存在数据库中,进行科学的组织,并借助于数据库管理系统作为应用程序与数据的接口,以此与各种应用程序或应用系统对接,使之能方便地使用数据库中的数据。

2.2 数据库技术的历史发展阶段

随着 1946 年第一台计算机诞生,计算机强大的计算和数据处理能力,逐渐受到越来越多行业领域的重视,计算机也越来越成为很多商业领域处理数据的主要设备。但是,随着计算机应用的深入发展,围绕计算机这一特殊设备,如何高效地管理计算机产生的大量电子数据,成为人们关注的焦点,在这一背景下,数据库技术应运而生。早期数据库技术的发展和应用实施,在技术体系上尚属于一种应用驱动的粗放式发展模式。20 世纪 60 年代,数据库技术逐渐在以航空票务系统为代表的应用领域中代替原有的手工操作处理,数据库技术迈出了革命性的一步。早期的这种电子数据管理,遵循导航式的数据管理模式。为了查找和定位数据,往往需要遍历整个数据库,而早年的数据是磁带存储的模式,磁带存储固有的物理访问方式,客观上限制了数据查找的速度。相比数据的人工处理方式,早期的数据库技术虽然大大提高了电子数据的管理能力,但相对时代的发展需求而言,还亟待关键技术的突破。本节以数据库领域关键技术突破为时间节点,回顾数据库技术重要的历史发展阶段,并以此致敬数据库领域中的图灵奖获得者。

1. 第一位图灵奖获得者:查尔斯·巴克曼(Charles W. Bachman)

20 世纪 60 年代以来,历经十余年的发展,在规范数据库领域的发展过程中,巴克曼因其在"Integrated Data Store"方面的杰出贡献,1973 年成为数据库领域的第一位图灵奖获得者。巴克曼的学术贡献集中体现为以下两个方面。

(1)1964 年,巴克曼在通用电气公司主持设计与开发了最早的网状数据库管理系统 IDS。IDS 推出以后,成为最受欢迎的数据库产品之一,它的设计思想和实现技术被后来的许多网状数据库产品所仿效。随后十几年,网状数据库管理系统的研发,成为数据库领域的主流产品和技术发展方向。

（2）巴克曼积极推动数据库标准的制定。在他的努力和推动下,美国数据系统语言委员会 CODASYL 下属的数据库任务组,于 1971 年正式提出了一个标准的网状数据库模型,以及相关的数据定义和数据操纵语言。其相关报告 DBTG 成为数据库历史上具有里程碑意义的文献,报告中首次确定了数据库系统的三层体系结构,明确定义了数据库管理员（DataBase Administrator）的概念、作用与地位。这些基本概念,对后续数据库技术与产业的发展具有普遍指导意义。即使是十几年后取代了网状数据库技术,成为数据库主流技术的关系数据库技术,其体系结构也遵循该报告中的三层体系结构。

虽然网状数据库技术能够更为直接地表示现实世界,其访问性能好,存取效率高,但网状的数据结构复杂,可扩展性受限,复杂的数据结构会随应用场景的扩展,越来越难以控制。此外,网状模型的数据定义语言和数据管理语言复杂,记录之间的联系通过存取路径实现,应用程序在访问数据的时候必须选择恰当的存取路径。这就要求使用数据库产品的技术开发人员必须了解存储系统结构的细节,从而导致应用程序的编写也很复杂。这种应用特点,造成网状数据库技术面临两方面的挑战:一是设计数据库的数据结构复杂,二是数据库逻辑组成与物理存储结构密切相关。

2. 第二位图灵奖获得者：埃德加·考特（Edgar Frank Codd）

为了实现数据库逻辑组成与物理存储结构之间的应用分离和透明集成,关系数据库技术逐渐发展成熟,最终全面取代了网状数据库技术的应用地位。1970 年 6 月,IBM 圣约瑟研究实验室的高级研究员考特在 *Communications of the ACM* 上发表的《大型共享数据库数据的关系模型》（"A Relational Model of Data for Large Shared Data Banks"）一文,成为数据库技术再次突破的历史转折点。在这篇论文中,考特首次明确而清晰地为未来的数据库发展提出了一种崭新的开发模型,即关系模型,成功实现了数据库逻辑组成与物理存储结构之间的应用分离和透明集成。在此基础上,考特提出了关系代数和关系演算的概念,1972 年又提出了关系模式的第一、第二、第三范式的定义。1983 年,ACM 把这篇论文列为自 1958 年以来 25 年中最具里程碑意义的 25 篇论文之一。考特也因在关系模型（Relational Model）等方面的杰出贡献,于 1981 年获得计算机领域最高奖项——图灵奖。

"关系"（relation）是数学领域中的一个基本概念,即由集合中的任意元素所组成的若干有序偶表示,用以反映客观事物间的联系,如数之间的大小关系、人之间的亲属关系、商品流通中的购销关系等。计算机学科中,计算机的逻辑设计、编译程序设计、算法分析与程序结构、信息检索等,都运用了关系的概念。而用关系的概念建立数据库中的数据模型,用以描述、设计与操纵数据库,则是考特的杰出贡献。关系模型建立在严格的集合概念的基础之上,无论是实体还是实体之间的联系都用关系来表示,对数据的检索和更新结果也是基于关系(表)的。所以,数据结构简单清晰,用户易懂易用。关系模型的存取路径对用户透明,从而具有较高的数据独立性、更好的安全保密性,也简化了程序员的工作和开发建立数据库的工作。

由于关系模型简单明了,又有坚实的数学基础,一经提出,立即引起学术界和产业界的广泛重视和响应,从理论与实践两个方面都对数据库技术产生了强烈的冲击。20 世纪 70 年代中后期和 80 年代初期,一大批关系数据库系统很快被开发出来并商品化,迅速取代了之前已经存在多年的基于层次模型和网状模型的数据库的市场地位。基于这一时期内引人注目的现象,1981 年的图灵奖授予了考特这位"关系数据库之父"。

3. 第三位图灵奖获得者:吉姆·格雷(Jim Gray)

自从关系数据库成为数据库市场的主流模式以来,数据库产业和市场蓬勃发展。但是,随着关系数据库的规模愈来愈大,数据库的结构愈来愈复杂,在海量用户大规模共享数据库资源的过程中,数据之间的访问冲突和更新一致性问题愈发突出。譬如,网上银行转账是日常生活中常见的一项操作。假设 A 账户需要给 B 账户转账 5 000 元,在数据库系统中,这项操作分为如下两个步骤:(1) 将 A 账户上的金额减少 5 000 元;(2) 将 B 账户上的金额增加 5 000 元。这两个步骤具有明确的时序关系,只有全部完成这两个串行操作,转账过程才算成功。如果在这一个过程中转账操作的第一步执行成功,A 账户上的钱减少了 5 000 元,而第二步执行失败,或者在第二步未执行的时候,数据库系统发生故障,导致系统崩溃,结果就会产生 B 账户并没有相应增加 5 000 元,但 A 账户上的钱却减少了 5 000 元。因此,如何从数据一致性的角度,保障数据的完整性、安全性、并发性以及故障恢复的能力,就成为关系数据库面临的尖锐问题,这也限制了数据库产品在更广泛领域的应用实施。

围绕这一重大难题的众多解决方案中,吉姆·格雷提出的事务处理技术,近乎完美地解决了这一技术难题。事务处理技术的主要思路如下:把对数据库的操作划分为称为"事务"(transaction)的基本原子单位,一个事务要么全做,要么全不做(all-or-nothing 原则);用户在对数据库发出操作请求时,需要对有关的数据"加锁",防止不同用户操作之间互相干扰;在事务运行过程中,采用"日志"记录事务的运行状态,以便发生故障时进行恢复;对数据库的任何更新都采用"两阶段提交"策略。以上方法总称为事务处理技术,其核心思想集中体现在对事务操作的原子性(Atomicity)、一致性(Consistency)、隔离性(Isolation)和持久性(Durability)四方面属性的定义上,简称 ACID。

事务处理技术虽然诞生于数据库研究,但是不断完善的联机事务处理(On-Line

Transaction Processing，OLTP）技术，对于分布式系统、client/server 结构中的数据管理与通信，对于容错和高可靠性系统，同样具有重要的意义。鉴于吉姆·格雷在事务处理技术上的创造性思维和开拓性工作，他于 1998 年获得图灵奖。

4. 第四位图灵奖获得者：斯通布雷克（Michael Stonebraker）

2014 年，SQL Server/Sysbase 的奠基人、美国麻省理工学院的教授斯通布雷克因在数据库领域通过开源的方式，对现代数据库系统底层的概念与实践做出基础性贡献（for fundamental contributions to the concepts and practices underlying modern database systems），获得该年度的图灵奖。

历经半个多世纪，以上述四位图灵奖获得者为代表的大批理论研究与技术开发人员，成功地发展了数据库技术的行业应用，全球形成了以甲骨文（Oracle）公司为代表的数以千亿美元计的数据库产业。

2.3　关系模型的直观认知

2.3.1　关系模型的基本概念

本节我们先从直观的二维表出发，从实例演示的角度介绍关系模型中的基本概念，然后再对关系模型进行严谨的原理定义。

关系模型及其相关理论，建立在集合代数理论基础上，有着坚实的数学基础，奠定了关系数据库技术的成熟应用。具体而言，在关系模型理论中，一个关系（relation）的表现形式是一张二维表（table），表和表之间会根据一定的逻辑关系进行各种操作，即关系运算。在表和表之间的关系运算过程中，需要遵循一定的约束条件。

为了更好地理解后续章节的理论内容，我们这里通过实例分析的方式，先给出关系模型中的几个基本概念，详见表 2-1。

表 2-1　关系模型中的几个基本概念及其定义表

概念名称	概念定义
实体（entity）	实体是客观存在并可相互区别的事物，可以是人、事、物，也可以是抽象的概念和联系，如张三、汽车、电脑等
属性（attribute）	1. 属性是实体所具有的某一特性 2. 给该属性起的名称即为属性名，该属性的量化值即称属性值 3. 实体可以有多个属性，用二维表的一列来命名和表示
联系（relationship）	实体内部属性之间或实体之间的关系描述

概念名称	概念定义
域(domain)	属性的取值范围,体现为一组具有相同数据类型的值的集合,如人的性别属性域是{男,女},年龄属性域是正整数,等
关系(relation)	一个关系对应一张二维表(table),表中的一列对应一个属性的属性名和该属性的属性值
元组(tuple)	表中的一行即为一个元组,是一组具有明确属性值的集合
分量(component)	元组中的一个属性值
码(key)	也称为键码,能唯一标识实体的某个或某些属性,如人的身份证号码

从形式上而言,表2-1本身就是一个简单的关系模型,从实例上也体现了实体概念定义中"实体是客观存在并可相互区别的事物,可以是人、事、物,也可以是抽象的概念和联系"这句话的表现形式。表2-1所代表的关系模型涉及的基本概念,与我们平时使用的表格术语可以等价理解如下。

(1)关系名,就是表2-1的名称"关系模型中的几个基本概念及其定义表"。

(2)关系模式,就是表2-1的表头,即"概念名称""概念定义"。

(3)这个关系模式具有两个属性,属性名称分别为"概念名称"和"概念定义",属性值是表2-1中除了表头内容以外的汉字内容(在计算机里表现为特定的字符串)。

(4)表2-1中的一行,譬如实体概念名称和其定义所对应的那一行,就是一个元组。譬如,对应表2-1的第8行,"码(key)""也称为键码,能唯一标识实体的某个或某些属性,如人的身份证号码",就是一个元组。

当然,如果对照图2-2中的表格格式进行详解,可以更好地理解上述概念。

关系名:表名
进出口有限公司工资表
属性名

姓名	所属月份		应发工资	代扣款项	实发工资	关系模式:表头
冯又川	2011-8-1	2011-8-31	3 034.56	282.56	2 752.00	
黄一丹	2011-8-1	2011-8-31	2 000.00	248.00	1 752.00	
高蕾	2011-8-1	2011-8-31	2 000.00	248.00	1 752.00	
林祯祯	2011-8-1	2011-8-31	2 000.00	248.00	1 752.00	
唐志荣	2011-8-1	2011-8-31	2 000.00	248.00	1 752.00	一个元组:行
孟祥靖	2011-8-1	2011-8-31	2 000.00	248.00	1 752.00	
孙青	2011-8-1	2011-8-31	2 000.00	248.00	1 752.00	
合 计	2011-8-1	2011-8-31	15 034.56	1 770.56	13 264.00	

属性值

图2-2 关系模型和二维表格的术语对应关系

这里需要说明的是,关系模型是严格的二维表格的形式,如果出现表 2-2 所示的形式,即直观上的"大表套小表""表中有表"的形式,这种非规范的表示方式就不是关系模型下的关系模式,这个结论非常重要。第 3 章有关大数据技术的诞生,就是从突破这一制约关系模型的约束条件开始,实现了更高阶段的技术突破。

表 2-2　不符合关系模型的形式上存在嵌套的表格实例

单位:元/月

职称	岗位	岗位工资	薪级工资标准									
			薪级	标准	薪级	标准	薪级	标准	薪级	标准	薪级	标准
正高级	一级	2 800	1	80	14	273	27	613	40	1 064	53	1 720
	二级	1 900	2	91	15	295	28	643	41	1 109	54	1 785
	三级	1 630	3	102	16	317	29	673	42	1 154	55	1 850
	四级	1 420	4	113	17	341	30	703	43	1 199	56	1 920
副高级	五级	1 180	5	125	18	365	31	735	44	1 244	57	1 990
	六级	1 040	6	137	19	391	32	767	45	1 289	58	2 060
	七级	930	7	151	20	417	33	799	46	1 334	59	2 130
副高级	八级	780	8	165	21	443	34	834	47	1 384	60	2 200
	九级	730	9	181	22	471	35	869	48	1 434	61	2 280
	十级	680	10	197	23	499	36	904	49	1 484	62	2 360
初级	十一级	620	11	215	24	527	37	944	50	1 534	63	2 440
	十二级	590	12	233	25	555	38	984	51	1 590	64	2 520
员级	十三级	550	13	253	26	583	39	1 024	52	1 655	65	2 600

2.3.2　关系模型的拓展认知

传统的关系数据库应用中,也经常出现如表 2-2 所示的表格形式,即直观上的"大表套小表""表中有表"的形式。表 2-2 中,对应属性"职称"的"正高级"一行,所对应的"岗位"属性值又分了四级。这在用户端出现的看似和关系模型矛盾的现象,是数据库系统根据行业和用户需求而使用的"视图"(view)技术。视图是从一个或几个基本关系表中导出的虚拟表,是对关系模型下的二维表格经过二次加工以后的虚拟产品。下面我们将结合实例分析,探讨视图技术的应用过程。

从技术上而言,数据库可以存储很多数据。但为了节省数据实际存储的物理空间,在数据库设计上不可能对每种关系都创建一张单独占用物理存储空间的数据表。如对于在校学生,我们可以针对每一个学生建立其对应的数据库记录,如表 2-3 所示。

表 2－3　学生基本信息表（数据库设计时）

学号	姓名	身份证号码	性别	出生年月	院系	父亲	母亲	家庭地址
M0117006	林学文	＊＊＊＊＊＊＊＊＊	男	1998 年 5 月	文学院	林峰	刘玉	＊＊＊＊＊＊
…	…	…	…	…	…	…	…	…
M0117057	张晓松	＊＊＊＊＊＊＊＊＊	男	1998 年 2 月	物理系	张明	王芳	＊＊＊＊＊＊
…	…	…	…	…	…	…	…	…

在对学生进行奖学金评定的时候，我们可能会用到如表 2－3 所示的统计表格。对比表 2－3 和表 2－4，我们会发现，表 2－3 和表 2－4 中带底纹的部分（为了方便读者更好地理解，这里特意对表 2－3 和表 2－4 中的部分内容加上了底纹），其属性名是一样的，对应的属性值也是一样的。如果我们针对奖学金评定，单独设计如表 2－4 所示的一张二维表格，并且把相应的数据也单独存放，我们就会发现对于学号为 M0117006 的林学文和学号为 M0117057 的张晓松，他们的"学号""姓名""身份证号码""性别""出生年月""院系"对应的数据，在数据库的物理空间中存放了两份。这就是"数据冗余"。当计算机中出现大量数据冗余的现象时，就会降低数据库的性能和使用效率。例如，在数据库操作过程中，为了保证数据的一致性，需要对多份同样的数据记录进行同步更新。这就会增加数据库背后操作的复杂性。

表 2－4　学生奖学金获奖名单统计表

学号	姓名	身份证号码	性别	出生年月	院系	奖学金类型	奖金数额/元
M0117006	林学文	＊＊＊＊＊＊＊＊＊	男	1998 年 5 月	文学院	国家奖学金	20 000
M0117057	张晓松	＊＊＊＊＊＊＊＊＊	男	1998 年 2 月	物理系	华为奖学金	6 000
…	…	…	…	…	…	…	…

为了满足实际需要，又能充分利用数据库现有的基本数据，避免应用过程中产生数据冗余现象，一项名为"视图"的数据库技术，有效地解决了这类应用问题。视图是从一个或几个基表中导出来的一个虚拟表，也叫虚表。产生视图的表叫作该视图的基表，是物理上组成数据库系统的关系表格。在数据库的物理存储空间中，一个或几个基表对应一个存储文件。存储文件的逻辑结构，组成了数据库系统的内模式。存储文件的物理结构对数据库用户是不隐蔽的、可见的。

视图技术本质上是一种有选择地对数据进行提取和显示的虚拟技术。视图体现了数据库中原始数据的多种灵活显示方式。技术上可以将视图看成一个移动的窗口，通过它可以把用户感兴趣的数据以动态选择的方式，框进用户的视野中。

它需要过滤掉那些和当前用户的应用无关的数据项,即使被过滤掉的数据项和视图中显示的数据项来自同一张表格。而在视图中显示出来的数据项,也可以来自数据库系统中不同的关系表格。

形式上,视图也是一种表格,而且可以有表格嵌套等较为复杂的表现形式,看上去非常像数据库的物理表。但对它的操作,譬如通过视图修改数据,实际上是在改变基表中的数据,基表数据的改变也会自动反映在由基表产生的视图中。由于逻辑上的原因,有些视图可以修改对应的基表,而有些则不能(仅仅能查询)。因此,在实际的数据库物理存储空间中,并没有对应视图内容而形成一个单独的数据存储区域。视图本身不独立存储在数据库中,因为视图中的数据来自基表,所以数据库中只存放视图的定义,而不再另外单独存放与视图对应的数据。

例如,表 2-5 是各类奖学金的分类和统计明细表。这时我们可以发现,表 2-4 不需要单独构造,只需要摘取表 2-3 中的前六个属性和表 2-5 中的前两个属性,然后把这两部分内容合并在一起,这样通过属性切割和逻辑叠加的操作,就产生了表 2-4,表 2-4 中的数据来源是表 2-3 和表 2-5,我们不用为表 2-4 单独地去构建一张新表,这就是使用视图技术产生一个新表的应用案例。这里的表 2-3 和表 2-5,就是表 2-4 的基表。

表 2-5　奖学金类型明细表

奖学金类型	奖金数额/元	赞助单位	奖励人数/人	奖励院系	入围条件	备注
国家奖学金	20 000	教育部	20	全校院系	******	
华为奖学金	6 000	华 为	50	理科院系	******	

利用视图技术,不仅避免了此前提到的数据冗余现象,还获得了一种灵活多变的数据显示技术。可以说,视图本质上是查询需求驱动的虚拟表格构建技术,视图一旦存储了某种查询定义,就如同存储了一个新的关系定义。用户可以直接对视图中所存储的关系进行各种操作,如同面对一个真实的数据表。但这种操作是基于视图数据逻辑上的独立性,屏蔽了真实表的结构带来的影响。具体表现为,视图保证了应用程序和数据库表在一定程度上的相互独立性。如果没有视图,应用部署只能建立在数据库真实的关系表上。通过视图技术,后续的应用程序可以建立在视图之上,程序与数据库关系表之间就有了一定的独立性,从而提高了程序开发的灵活性。

在对关系模型有了直观认知的基础上,我们将自下一节开始,从更为严谨的概念定义出发,介绍关系模型的理论基础。

2.4 关系模型的预备知识

关系模型的理论基础是关系代数。关系代数的基础理论源于数学领域中的集合论。为了更好地理解数据库中关系模型的相关定义,本节先介绍与关系模型密切相关的集合论中几个基本的数学概念。

概念1 集合（set）： 具有某种相同属性的事物的全体称为集合。

概念2 元素（element）： 组成集合的基本对象,叫作集合的元素。

<u>拓展理解</u>

- 含有有限个元素的集合叫作有限集,含有无限个元素的集合叫作无限集,不含任何元素的集合叫作空集,空集可用"Φ"或"$\{\}$"表示。

- 集合常用大写字母 $A,B,C,\cdots$ 表示,元素常用小写字母 $a,b,c,\cdots$ 表示。

- 元素和集合之间的关系为:如果一个元素 a"属于"集合 A,则表示为 $a \in A$;如果一个元素 a"不属于"集合 A,则表示为 $a \notin A$。

- 集合的基数:一个集合中含有元素的个数,叫作这个集合的基数。

集合的表示方法主要有以下两种。

（1）列举法。通过列举的方式将集合中的所有元素表示出来,并用大括号将元素括起来表示。譬如,对于有 n 个元素的集合 A,每个元素为 a_i 的形式。集合 A 的列举法表示形式如下:$A = \{a_1, a_2, \cdots, a_n\}$。

列举法要求必须把全部元素详尽列出来,不能遗漏任何一个元素,集合中的元素没有顺序之分且不重复。

（2）谓词表示法。用谓词逻辑的形式,来描述集合中的元素和元素具有的共同性质。譬如,对一个集合 A,如果 A 是由且仅由满足性质 P 的所有对象所组成的,此时集合 A 的表示形式如下:$A = \{a \mid P(a)\}$。就是说对于任一个属于集合 A 的元素 a,即 $a \in A$,a 应该满足性质 P。

概念3 子集（sub-set）： 设 A 和 B 是两个集合,如果集合 A 中的任何一个元素,都是集合 B 中的元素,则称集合 A 是集合 B 的子集,表示为:$A \subseteq B$。

<u>拓展理解</u>

- A 中的任何一个元素,都是集合 B 中的元素;集合 B 中的任何一个元素,都是集合 A 中的元素,即集合 A、集合 B 互为对方的子集,则称集合 A 等于集合 B,表示为:$A = B$。

- 如果集合 A 是集合 B 的子集,$A \subseteq B$,但 $A \neq B$,即至少存在一个元素 b,$b \in B$ 但

$b \notin A$，此时我们认为集合 A 是集合 B 的真子集，表示为：$A \subset B$。

概念 4 幂集（power set）： 由集合 A 的所有子集（包括一个空集和集合 A 本身）构成的集合，称为集合 A 的幂集，记作 $\rho(A)$。

幂集是一个类似递归的嵌套定义，即集合 A 的幂集是一个特殊的集合，这个特殊集合中的元素也是一个集合。譬如，对于集合 $A = \{a, b, c\}$，空集是每个集合的子集。所以 A 的幂集为：$\{\Phi, \{a\}, \{b\}, \{c\}, \{a,b\}, \{a,c\}, \{b,c\}, \{a,b,c\}\}$。

2.5 关系数据库的基本原理

关系模型理论是关系数据库的核心理论。关系模型由关系的数据结构、关系操作、关系完整性约束条件三部分组成。我们先介绍关系模型的数据结构。

2.5.1 关系的概念定义

当我们对关系模型和二维表的表示形式有了直观的认知以后，我们就可以对关系模型中的"关系"给出严格的定义。

定义 1 笛卡尔积（Cartesian Product）。 设 $D_1, D_2, \cdots, D_n$ 是 n 个域，则它们的笛卡尔积为：$D_1 \times D_2 \times \cdots \times D_n = \{(d_1, d_2, \cdots, d_n) \mid d_i \in D_i, i = 1, 2, \cdots, n\}$。其中每一个元素称为一个 n 元组（n-tuple），简称元组；元组中的每个值 d_i 称为一个分量（component）。

域本质上是一个集合，可以是一个有限集，也可以是一个无限集。如人的性别属性，对应的取值范围，即它的域，是$\{$男，女$\}$，这时的域就是一个有限集。如果一个事物的属性名是"偶数"，这个属性的取值范围，即它的域，就是一个无限集。

若域 D_i 的基数为 m_i，即域 D_i 中含有 m_i 个元素，则笛卡尔积的基数，即元组的个数为 $m_1 \times m_2 \times \cdots \times m_n$。

定义 2 关系（Relation）。 $D_1 \times D_2 \times \cdots \times D_n$ 的子集，叫作在域 $D_1, D_2, \cdots D_n$ 上的关系，记作 $R(D_1, D_2, \cdots, D_n)$，R 称为关系名，n 称为关系 R 的目或度（degree）。

关系是笛卡尔积 $D_1 \times D_2 \times \cdots \times D_n$ 的一个有限子集。笛卡尔积 $D_1 \times D_2 \times \cdots \times D_n$ 是没有实际含义的，只有它的某个真子集才有实际的应用价值。如何理解这个结论呢？我们以如下实例操作，对此进行原理解析。

例如：设集合 D_1 为学生名单，D_2 为选课名单，D_3 为考试成绩。通常情况下，假设 $D_1 = \{$张晓松，宋一飞$\}$，$D_2 = \{$数学，语文$\}$，$D_3 = \{$合格，不合格$\}$。根据笛卡尔积的定义，D_1, D_2, D_3 的笛卡尔积如表 2-6 所示。

表 2-6 D_1,D_2,D_3 的笛卡尔积

姓 名	课 程	考试成绩
张晓松	数学	合格
张晓松	数学	不合格
张晓松	语文	合格
张晓松	语文	不合格
宋一飞	数学	合格
宋一飞	数学	不合格
宋一飞	语文	合格
宋一飞	语文	不合格

在现实的教学过程中,表 2-6 中的某些行是不可能同时出现的。譬如张晓松一旦选择了数学课程,他的成绩要么是合格,要么是不合格,不会出现成绩既合格又不合格的情况。因此,$R(D_1,D_2,D_3)$ 只可能是如表 2-7 或表 2-8 所示的情况。所以说,"笛卡尔积 $D_1 \times D_2 \times \cdots \times D_n$ 是没有实际含义的,只有它的某个真子集才有实际的应用价值"。

这里请注意,表 2-7 和表 2-8 只列出了 $R(D_1,D_2,D_3)$ 的两种表现形式,感兴趣的读者可以列出 $R(D_1,D_2,D_3)$ 的其他二维表表现形式,以加深对关系定义的感性认识。

表 2-7 $R(D_1,D_2,D_3)$ 的实例 1

姓 名	课 程	考试成绩
张晓松	数学	合格
张晓松	语文	合格
宋一飞	数学	不合格
宋一飞	语文	合格

表 2-8 $R(D_1,D_2,D_3)$ 的实例 2

姓 名	课 程	考试成绩
张晓松	数学	合格
张晓松	语文	合格
宋一飞	数学	合格
宋一飞	语文	合格

拓展理解

结合关系模型的直观认知，我们对关系定义中的几个概念的表现形式总结如下。

（1）关系是一个二维表，每行对应一个元组。

（2）每列可起一个名字，称为属性。属性的取值范围为一个域，元组中的一个属性值是一个分量。

（3）二维表中，列是同质的，即每列中的数据必须来自同一个域。

（4）二维表中，不能有相同的行，并且行、列次序无关。

（5）二维表中，每一列必须是不可再分的数据项（不允许表中套表，即满足数据库设计的第一范式要求，这方面的内容将在后续关系模式的定义中加以讨论）。

（6）关系在数据库中有三种呈现方式：基本关系、查询表和视图表。基本关系通常又称为基本表或基表，是物理存储空间中实际存储的数据的逻辑表示；查询表是查询结果对应的表；视图表，也叫视图，是从基本表或其他视图表中导出的虚表，是动态衍生出的虚拟关系，在本章 2.3 节已经做过详细的介绍。

定义 3　关系的候选码。关系中某一属性或属性组的值，能够唯一地标识某一元组，而其子集则不能唯一地标识该元组，则称该属性组为候选码（candidate key）。如果一个关系有多个候选码，则选定其中一个为主码（primary key）。在具体的数据库系统中，主码有时也称为主键。

拓展理解

候选码本质上是可以区别一个元组（即表中的一行数据）的属性值所对应的属性的集合。例如，有一个学生表定义如下：Student（Stu-ID，name，ID-Number，age，sex，dept-Number）。其中的学号 Stu-ID 的值可以唯一地标识这个学生表中的一个元组，这样属性 Stu-ID 可以看作一个候选码。这里的候选码对应的属性组集合{Stu-ID}只包含一个元素。

考察另外一种情况，Stu-ID 和 name 这两个属性的组合可不可以唯一区别一个元组呢？显然也是可以的。但在这里，Stu-ID 和 name 的组合，即属性组集合{Stu-ID，name}不能称为候选码，因为属性组集合{Stu-ID，name}的子集{Stu-ID}已经能够唯一地标识学生表中的元组了，这就违反了关系候选码的"而其子集则不能唯一地标识该元组"这一定义内容。

再考察第三种情况，学生表定义中的身份证号码 ID-Number 的值，同样也可以唯一地标识这个学生表中的一个元组。在这种情况下，属性 ID-Number 也可以看作一个候选码。因此，我们对于一个关系表，可以有多个候选码。在这个例子中，我们可以选择学号 Stu-ID 作为学生表的主码,也可以选择身份证号 ID-Number 作为学生表的主码,总之可根据数据库系统设计的需要,自行选择一个主码。在很多商用数据库系统中,选定的主码也被称为主键。这里,如果选定属性 Stu-ID 作为学生关系表的主码(主键),在形式上表达如下:Student(<u>Stu-ID</u>, name, ID-Number, age, sex, dept-Number)。对作为主码的属性 Stu-ID,用下划线显示标注。我们在 2.5.3 节关系表设计的完整性约束条件的讨论中,还会用这种表示方式进行实例分析。

对于某个属性来说,如果这个属性存在于一个候选码中,它就被称为主属性(prime attribute)。譬如 Stu-ID 就是主属性,ID-Number 也是主属性。对于某个属性来说,如果这个属性不存在于任何一个候选码中,它就被称为非主属性(no-prime attribute)。最简单的情况下,候选码只包含一个属性。最极端的情况则是一个关系模式中的所有属性组成一个候选码,这种情况称为全码(all-key)。

从关系的定义中,我们可以发现一个关系直观上对应一张表。随着数据库中数据的不断更新,对应某个关系的二维表的元组数量和元组中各个属性的域值会动态变化。如何从内容和形式上,利用关系的基本概念,把二维表的动态更新过程和规约这些更新的属性框架有效地区分开来? 为此,我们把规约二维表更新的属性框架称为**关系模式。** 严格的关系模式的定义如下。

定义 4　关系模式(Relation Schema)。有关关系的框架描述,称为关系模式。其严格的形式化定义如下:$R(U, D, DOM, F)$。这里 R 为关系名,U 为组成该关系的属性名集合,D 为 U 中每个属性所来自的域的集合,DOM 为 U 向 D 的映象集合,F 为属性间数据的依赖关系集合。

在使用过程中,关系模式也可以简记为:$R(U)$ 或 $R(A_1, A_2, \cdots, A_n)$。其中 R 为关系名,U 为属性名集合,$A_1, A_2, \cdots, A_n$ 为各属性名。关系模式是型,是对一个关系的属性结构的定义与描述;关系是值,是对一个明确的属性结构定义进行赋值后的表现形式,是关系模式在某一个时刻的状态或者内容。关系模式类似于面向对象程序设计中的"类",而关系则是与某个"类"对应的一个"对象"。本质上可以把"关系"理解为一张带数据的表,而"关系模式"是这张数据表录入数据前的表结构,也是我们平常所说的"表头"的概念。

有了关系模式的概念和定义以后,我们就可以从更严谨的理论层面上建立关系数据库的操作规范。这方面的理论研究,主要是围绕关系模式定义中的 F 而开展的一系列范式理论的研究,目的是建立更为科学规范的数据库系统。

一个好的数据模式,应该能够保证后续的关系操作不会出现诸如数据冗余、更新异常、插入异常、删除异常等现象。譬如,一个如表 2-9 所示的学生选课表 Student(Stu-ID, name, course, score),就不是一个好的关系模式。因为对于一个选多门课程的学生来说,其学号 Stu-ID 和姓名 name 属性会在关系表中多次重复赋值,直接导致我们前面提到的数据冗余现象。

表 2-9 学生选课表

Stu-ID	name	course	score
...	...	...	...
M01703045	齐晓龙	数据结构	95
M01703045	齐晓龙	操作系统	88
M01703045	齐晓龙	编译原理	90
M01703045	齐晓龙	离散数学	92
M01703045	齐晓龙	中国革命史	86
...	...	...	...

理论上而言,关系模式中各个属性值之间的数据依赖,是导致上述异常现象发生的内在原因。数据模式的设计,直接影响到数据库的存储性能。为了从理论层面上保证数据模式设计的合理性和科学性,最大可能地避免出现诸如数据冗余、更新异常、插入异常、删除异常等现象,需要制定一定的规范和要求,指导关系模式的合理设计,进而优化数据库的数据存储。在关系型数据库中,这些规范和要求称为范式,是设计数据库结构过程中所遵循的规则和指导方法。

(1)第一范式: 如果关系 R 的所有属性值都是不可分的数据项,满足这个条件的关系模式 R 就称为满足第一范式。第一范式简记为 1NF。

第一范式确保了关系模式中每一个属性的原子性。直观上来看,对应关系的二维表中的每一列(字段),必须是不可拆分的最小单元。这样就确保了每列的原子性,即列不能够再分成其他几列。满足第一范式,是关系模式规范化的最低要求,否则,将有很多基本操作在这样的关系模式中不能实现。如在表 2-10 中,属性"家庭信息"和"学历状态",不是单一属性;在表 2-11 中,表格中出现了嵌套。因此,表2-10、表 2-11 就不满足第一范式的要求,表 2-12 则是满足第一范式要求的关系表。

表 2-10 不满足第一范式的示例 1

学号	姓名	性别	家庭信息	学历状态
...	...	...	...	...
M01703045	齐晓龙	男	北京,3 人	本科,大三
M01703046	王兰敏	女	山东,4 人	硕士,研二
...	...	...	...	...

表 2-11 不满足第一范式的示例 2

学号	姓名	性别	家庭信息		学历状态	
			户籍	家庭人口	学历	年级
…	…	…	…	…	…	…
M01703045	齐晓龙	男	北京	3	本科	大三
M01703046	王兰敏	女	山东	4	硕士	研二
…	…	…	…	…	…	…

表 2-12 满足第一范式的关系表示例

学号	姓名	性别	户籍	家庭人口	学历	年级
…	…	…	…	…	…	…
M01703045	齐晓龙	男	北京	3	本科	大三
M01703046	王兰敏	女	山东	4	硕士	研二
…	…	…	…	…	…	…

（2）**第二范式**：如果关系模式 R 满足第一范式，并且 R 的所有非主属性都完全依赖于 R 的任何一个候选码，则称关系模式 R 满足第二范式。第二范式简记为 2NF。

满足 1NF 后要求表中的所有列，每一行的数据只能与其中一列相关，即一行数据只做一件事。只要数据列中出现数据重复，就要把表拆分开来。

（3）**第三范式**：设关系模式 R 是一个满足第二范式条件的关系模式，X 是 R 的任意属性集，如果 X 非传递依赖于 R 的任意一个候选关键字，则称关系模式 R 满足第三范式。第三范式简记为 3NF。

一个好的数据库结构，其数据模式的组成，必须先满足第一范式才能满足第二范式，必须同时满足第一范式和第二范式才能满足第三范式。第二范式与第三范式的本质区别在于有没有分出多张表。第二范式要求，如果一张表中包含了多种不同实体的属性，那么必须要分成多张表。第三范式则是规约已经分好的多张表，即一张表 T_i 中只能有另一张表 T_j 的主键 ID，而不能有 T_j 的其他任何数据项，T_j 其他数据项一律通过 T_j 的主键 ID 在 T_j 中进行查询。

2.5.2 关系操作

在 2.5.1 节对关系的数据结构进行分析、归纳和提炼的基础上，本节重点分析关系模型中的关系操作。鉴于关系的表现形式是一张二维表格,为了让读者更好地理解关系操作的应用过程,在对关系操作进行理论分析时,我们会根据理解的需要,对关系采取"关系表"的说法,以便实例分析。

关系操作的特点是:关系操作的对象和结果都是集合。这种操作方式简称为一次一集合(set-at-a-time)。而非关系数据模型的数据操作则是一次一记录(record-at-a-time)的方式。在很多教科书上,关系操作分为两类,一类是查询操作,一类是插入、删除、修改等操作,较少有提及背后的分类标准。理论上而言,操作是否改变所操作的目标元组在物理存储空间中的存储地址或存储内容,是这种分类法背后的判断标准,详见图 2-4。

图 2-4　关系操作的分类标准和操作类型

按照这种分类标准,查询操作显然只是从指针或地址查找的角度对目标元组进行操作,所以独立地被划分为一类。插入、删除、修改这三个操作属于一类,操作的结果分别对应所操作的元组内容的改变或物理存储位置的更新。从应用逻辑上进一步来看,对于改变目标元组物理存储地址和内容的插入、删除、修改这三个操作,都是基于查询操作完成的,都是在做完查询操作后,再对查询到的目标数据进行内容更改和物理存储地址的更新。这个过程类似于文件操作过程中的先"读"地址、再"写"内容的过程。因此,查询操作是关系操作中最重要、最复杂的组成部分。

这里我们重点讨论数据库的查询操作。关系代数理论是查询操作背后的理论基础。这种理论具体表现为一种抽象的查询语言,支持对单张关系表的查询以及多张关系表之间的组合查询。

1. 查询操作的分类

任何一种运算,都基于一定的运算逻辑,作用于一定的运算对象之上,得到预期的运算结果。这里提到的运算逻辑在形式上体现为运算符的概念。关系代数用到的运算符主要有以下两类:集合运算符和专门的关系运算符。因此,运算对象、运算符、运算结果是运算的三大要素,关系代数中的运算对象是关系,运算结果亦为关系。

关系表的查询操作,集中体现了数据库技术在数据管理方面的快捷高效。为了满足用户的各种查询需求,数据库在查询方面的操作逻辑主要有选择、投影、并、差、笛卡尔积、连接、除、交等,这些操作组成了关系代数理论的核心部分,详见表 2－13。其中,选择、投影、并、差、笛卡尔积这五种操作称为查询操作的基本操作模式。连接、除、交这三种操作,都可以通过选择、投影、并、差、笛卡尔积这五种基本操作模式的组合,实现其操作目标。引进连接、除、交这三种操作,是为了简化地表达关系的操作目标,并不能提高关系的操作能力,即通过选择、投影、并、交、笛卡尔积这五个基本操作的逻辑组合,就能实现连接、除、交这三种复杂操作。

表 2－13　关系代数运算

运算符	含义	
集合运算符	∪	并
	－	差
	∩	交
	×	笛卡尔积
专用的关系运算符	σ	选择
	Π	投影
	⋈	连接
	÷	除

在表 2－13 中,按照关系间运算逻辑的不同,关系代数中的运算类型也可以分为传统的集合运算和专门的关系运算两类,分别对应表中的集合运算符和专用的关系运算符。传统的集合运算将关系看成元组的集合,是从关系的"水平"方向,即"行"的角度,对关系进行运算操作。而专门的关系运算过程,不仅涉及行的操作运算,还会涉及列的操作运算。此外,诸如一些比较运算符和逻辑运算符,则会被用来辅助专用的关系运算符进行操作。结合图 2－4 关系操作的分类标准和操作类型,图 2－5 对查询操作的各种操作逻辑进行了进一步的划分与总结。

2. 关系代数中的集合运算

关系间的集合运算,对应传统的集合运算中的二目运算,主要包括并、差、交、笛卡尔积四种运算。

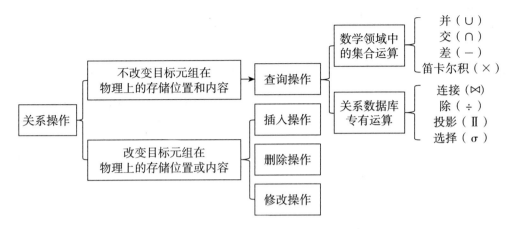

图 2-5 关系操作的分类标准、操作类型及具体的关系操作逻辑

设关系 R 和关系 S 具有相同的目 n（即两个关系都有 n 个属性），且相应的属性取自同一个域，t 是元组变量，$t \in R$ 表示 t 是 R 的一个元组。在这种假设下，并、差、交、笛卡尔积的运算定义如下。

（1）并运算（union）。

关系 R 与关系 S 的并运算记作 $R \cup S = \{t | t \in R \vee t \in S\}$，并运算后的结果仍为 n 目关系，由属于 R 或属于 S 的元组组成。

（2）差运算（except）。

关系 R 与关系 S 的差运算记作 $R - S = \{t | t \in R \wedge t \notin S\}$，差运算后的结果仍为 n 目关系，由属于 R 而不属于 S 的所有元组组成。

（3）交运算（intersection）。

关系 R 与关系 S 的交运算记作 $R \cap S = \{t | t \in R \wedge t \in S\}$，交运算后的结果仍为 n 目关系，由既属于 R 又属于 S 的元组组成。

例：表 2-14 和表 2-15 分别表示两个三目的关系 R 和 S。表 2-16 表示这两个集合的并运算，表 2-17 表示这两个集合的差运算，表 2-18 表示这两个集合的交运算。

表 2-14 关系 R

A	B	C
a_1	b_1	c_2
a_2	b_2	c_1

表 2-15 关系 S

A	B	C
a_1	b_2	c_2
a_2	b_2	c_1
a_2	b_1	c_1

表 2－16　$R \cup S$ 操作后的结果

A	B	C
a_1	b_1	c_2
a_2	b_2	c_1
a_1	b_2	c_2
a_2	b_2	c_1
a_2	b_1	c_1

表 2－17　$R － S$ 操作后的结果

A	B	C
a_1	b_1	c_2

表 2－18　$R \cap S$ 操作后的结果

A	B	C
a_2	b_2	c_1

（4）笛卡尔积（cartesian product）。

这里的笛卡尔积，严格来讲，是一种广义的笛卡尔积（extended cartesian product），因为这里笛卡尔积的元素是元组，而不是 2.5.1 节笛卡尔积定义中的域的概念。两个分别为 n 目和 m 目的关系 R 和 S 的笛卡尔积是一个（n+m）列的元组的集合。元组的前 n 列是关系 R 的一个元组，后 m 列是关系 S 的一个元组。若 R 有 k_1 个元组 t_r，S 有 k_2 个元组 t_s，则关系 R 和关系 S 的笛卡尔积有 $k_1 \times k_2$ 个元组，记作：

$$R \times S = \{ \widehat{(t_r t_s)} \mid t_r \in \wedge t_s \in S \}$$

例：表 2－19 和表 2－20 分别表示两个关系 R 和 S，R 是二目关系，S 是三目关系。对 R 和 S 进行笛卡尔积操作，结果如表 2－21 所示。

表 2－19　关系 R

A	B
a_1	b_2
a_2	b_2

表 2－20　关系 S

A	B	C
a_1	b_2	c_2
a_1	b_1	c_1
a_2	b_2	c_2

表 2－21　$R \times S$

R.A	R.B	S.A	S.B	S.C
a_1	b_2	a_1	b_2	c_2
a_1	b_2	a_1	b_1	c_1
a_1	b_2	a_2	b_2	c_2
a_2	b_2	a_1	b_2	c_2
a_2	b_2	a_1	b_1	c_1
a_2	b_2	a_2	b_2	c_2

3. 专门的关系运算

专门的关系运算包括选择、投影、连接、除运算等,基本概念如下。

(1) 设关系模式为 $R(A_1, A_2, \cdots, A_n)$,对应的关系为 R。$t \in R$ 表示 t 是关系 R 的一个元组。$t[A_i]$ 则表示元组 t 中相应于属性 A_i 的一个分量。

(2) 若 $A = \{A_{i1}, A_{i2}, \cdots, A_{ik}\}$,其中 $A_{i1}, A_{i2}, \cdots, A_{ik}$ 是 $A_1, A_2, \cdots, A_n$ 中的一部分,则 A 称为属性列或属性组。$t[A] = (t[A_{i1}], t[A_{i2}], \cdots, t[A_{ik}])$ 表示元组在属性列 A 上诸分量的集合,$\bar{A}$ 则表示 $\{A_1, A_2, \cdots, A_n\}$ 中去掉 $\{A_{i1}, A_{i2}, \cdots, A_{ik}\}$ 后剩余的属性组。

(3) R 为 n 目关系,S 为 m 目关系。$t_r \in R, t_s \in S$,元组的连接(concatenation)定义见"关系代数中的集合运算"中广义的笛卡尔积的相关定义。它是一个 $(n+m)$ 列的元组,前 n 个分量为 R 中的一个 n 元组,后 m 个分量为 S 中的一个 m 元组。

(4) 给定一个关系 $R(X, Z)$,X 和 Z 为属性组。当 $t[X] = x$ 时,x 在 R 中的象集(images set)定义为 $Z = \{t[Z] \mid t \in R, t[X] = x\}$,它表示 R 中属性组 X 上值为 x 的诸元组在 Z 上分量的集合。

如前文所述,本书不是关于数据库的专门教程,这里关于数据库关系理论的相关介绍,是为了从对比分析的角度,支持后续第 3 章大数据技术方面的分析讨论。因此,对于关系数据专门的关系运算,这里不做更深入的讨论,有兴趣的读者可以参考相关的数据库教材。

2.5.3　关系表设计的完整性约束条件

关系数据库的关键特性,主要包括高效的查询机制和完善的事务处理机制。2.5.1 和 2.5.2 节中所讨论的相关内容,是支持关系数据库高效查询机制的理论基础。本节重点讨论关系数据库完善的事务处理机制。我们在 2.2 中讨论第三位图灵奖获得者格雷的杰出贡献时,已经提到了事务处理的基本概念。事务处理的基本原则是 all-or-nothing:要么不做,要么全做。事务处理技术的核心思想集中体现在对事务操作的原子性(Atomicity)、一致性(Consistency)、隔离性(Isolation)和持久性(Durability)四方面属性的定义上,简称 ACID。

在关系数据库理论中,对事务处理所规定的 ACID 属性有着详细的定义。

第一,原子性(Atomicity):事务是一个不可分割的工作单位,事务中的操作要么全部成功,要么全部失败。

第二,一致性(Consistency):事务必须使数据库从一个一致性状态变换到另外一个一致性状态。

第三,隔离性(Isolation):多个用户并发访问数据库时,数据库为每一个用户开启的事务,不能被其他事务的操作数据所干扰,多个并发事务之间要相互隔离。

第四,持久性(Durability):持久性是指一个事务一旦被提交,它对数据库中数据的改变就是永久性的,接下来即使数据库发生故障也不应该对其有任何影响。

为了保证关系数据库事务处理的 ACID 属性,在设计关系表的时候,还需要遵循一定的设计规则。本节将重点讨论指导关系表设计的完整性约束条件。

根据第 1 章的内容,数据是对客观世界的描述与记录。如何对客观世界进行基本的概念描述呢? 在数据库理论中,描述客观世界的工具是实体—联系图(Entity Relationship Diagram,E－R 图)。实体是指现实世界中客观存在的并可以相互区分的对象或事物。在现实世界,实体并不是孤立存在的,实体可以是具体的人、事、物,也可以是抽象的概念。世界是普遍联系的,因此,实体与实体之间存在或多或少的联系。例如,课程与学生之间存在选课联系,课程与教师之间存在教学任课联系。数据库领域中的关系以及操作等概念,既是对实体的描述,也是对实体之间联系的描述。实体属性以及对应的属性值,是关系操作的主要对象。

为了保证数据库中存储的数据是有意义的或正确的,与现实世界相符,全面完整地反映物理世界中实体之间的联系,关系模型需要满足一定的约束条件或规则,集中体现为关系定义的三类完整性约束,即实体完整性、参照完整性、用户自定义完整性。

1. 实体完整性约束（entity integrity）

规则定义:若属性(指一个或一组属性)A 是基本关系 R 的主属性,则 A 不能取空值。所谓空值就是"不知道""不存在"或"无意义"的值。所以,如果主码由若干属性组成,则所有这些主属性不能取空值。

规则详解

- 该约束是针对基本表的定义而设定的,一个基本表通常对应现实世界的一个实体集,不能是一个毫无意义的空表。
- 现实世界中的实体是可区分的,即它们具有某种唯一性标识。对应现实世界中的实体,关系模型中的关系主码是元组的唯一性标识。
- 主码中的属性即主属性不能取空值。如果主属性取空值,就说明存在某个不可标识的实体,即存在不可区分的实体。

例如,对于一个学生基本信息表 Student(学号,姓名,性别,户籍家庭,人口,学历,年级),表 2－22 中的内容输入就违反了关系模型中的实体完整性约束。具体表现为:

第一,属性"学号"是主码,但第 1 行和第 4 行的两个学生的学号相同,都为 M01703044,说明两个学生是同一个实体,而事实则是第 1 行和第 4 行分别对应学生徐飞和章天,这就违反了元组的唯一性标注的原则,也就违反了关系模型中的实体完整性约束。

第二,第 5 行学号为空,导致按照主码"学号"进行查找时,找不到学生刘军。这说明作为实体的刘军不可标识,而这个世界的任何事物都是可以标识的,因此违反了关系模型中的实体完整性约束。

表 2－22　违反关系模型中的实体完整性约束的关系表

学号	姓名	性别	户籍	家庭人口	学历
M01703044	徐飞	男	南京	4	本科
M01703045	齐云	男	北京	3	本科
M01703046	王敏	女	济南	4	硕士
M01703044	章天	男	徐州	3	本科
	刘军	男	西安	5	本科

2. 参照完整性约束（referential integrity）

现实世界中的实体之间往往存在某种联系,这种联系在关系模型中体现为关系与关系间的引用。参照完整性约束的内容定义较为复杂,为了更好地理解其对实际应用的约束效果,我们首先分析如下几个应用实例。

例 1:设学生实体关系和专业实体关系分别表示如下,它们的主码用下划线标识。

学生(学号,姓名,性别,年龄,专业代码)

专业设置(专业代码,专业名称,系科名称)

在实际的教务管理系统中,这两个关系之间存在着属性之间的依赖逻辑,即学生关系中的"专业代码",是专业设置表中的主码。也就是说,学生关系中某个属性的取值需要参照专业设置关系表中的某一属性的取值。显然,学生关系中的"专业代码"值,是专业设置表中确实存在的"专业代码"值,否则,就会发生引用上的"脱靶"现象。这就需要对实体之间的联系,进行一定的约束规定。

例 2:设学生实体关系表、课程实体关系表以及课程选修表分别表示如下,它们的主码用下划线标识。

学生(学号,姓名,性别,年龄,专业代码)

课程(课程 ID,课程名称,学分)

选修(学号,课程 ID,成绩)

学生和课程之间,存在着多对多的属性联系,即选修表中使用了学生表的主码

"学号"和课程表的主码"课程 ID"。选修表中的"学号"和"课程 ID"的属性值,同样要求在学生表和课程表中真实存在。

上面是两个或两个以上关系表间存在的关联分析,在某些特殊情况下,同一关系内部属性间也可能存在引用关系。

例3:在学生关系表(学号,姓名,性别,年龄,专业代码,班长)中,"学号"属性是主码,"班长"属性表示该学生所在班级的班长的学号。这里班长本身也是一名学生,他/她也有自己的学号,因此这里的"班长"属性,自引了学生关系表中的"学号"属性。

这三个例子从内外两个层次,说明了关系与关系之间存在着相互引用的关联情况。为了从数据一致性的角度保证这种关系之间的联系,需要对关系之间的引用提出明确的约束条件。下面我们先引入关系表"外码"的概念。在此基础上,给出对关系之间相互引用进行约束的参照完整性的完整定义。

定义5 设 F 是基本关系 R 的一个或一组属性,但不是关系 R 的码,K_s 是基本关系 S 的主码。如果 F 与 K_s 相对应,则称 F 是 R 的**外码**(foreign key),并称基本关系 R 为**参照关系**(referencing relation),基本关系 S 为**被参照关系**(referenced relation)或目标关系(target relation)。在有些数据库应用场合,F 也被称为基本关系 S 的**从键**。

图 2-6 是参照关系和被参照关系的逻辑示意图。这里,目标关系 S 的主码 K_s 和参照关系 R 的外码 F 必须定义在同一个(或同一组)域上。关系 R 和 S 也不一定是不同的关系。需要提醒读者,在一些教材或应用场合,被参照关系有时也被称为"主表",参照关系则被称为"从表"。

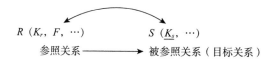

图 2-6 参照关系与被参照关系的逻辑示意图

在例1中,学生关系的"专业代码"属性与专业设置关系的主码"专业代码"相对应,因此"专业代码"属性是学生关系的外码。这里学生关系为参照关系,专业设置关系是被参照关系,如图 2-7 所示。

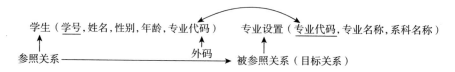

图 2-7 对应例1的参照关系与被参照关系示意图

　　在例 2 中,选修关系的"学号"属性与学生关系的主码"学号"相对应,选修关系的"课程 ID"属性与课程关系的主码"课程 ID"相对应,因此,"学号"和"课程 ID"属性是选修关系的外码。这里学生关系和课程关系均为被参照关系,选修关系为参照关系,如图 2 - 8 所示。

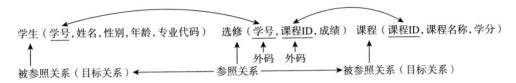

图 2 - 8　对应例 2 的参照关系与被参照关系示意图

　　在例 3 中,"班长"属性与本身的主码"学号"属性相对应,因此"班长"是外码。这里,学生关系既是参照关系也是被参照关系,如图 2 - 9 所示。

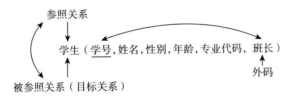

图 2 - 9　对应例 3 的参照关系与被参照关系示意图

　　关系模型中的参照完整性规则,就是围绕外码与主码之间的引用规则进行的特定的约束定义。需要指出的是,外码并不一定要与相应的主码同名,如例 3 中学生关系的主码为"学号",外码为"班长"。不过,在实际应用中,为了便于识别,当外码与相应的主码属于不同关系时,往往给它们取相同的名字。

　　结合这三个实例分析,本书对参照完整性约束的具体规则定义如下。

　　定义 6　参照完整性规则。若属性(或属性组)F 是基本关系 R 的外码,它与基本关系 S 的主码 K_s 相对应(基本关系 R 和 S 不一定是不同的关系),则 R 中每个元组在 F 上的值必须满足如下条件:

　　(1) 或者取空值(F 的每个属性值均为空值);

　　(2) 或者等于 S 中某个元组的主码值。

　　简单而言,关系之间的参照完整性规则要求,如果一个关系中的一个属性是另外一个关系中的主码,则这个属性为外码,外码的值要么为空,要么为其对应的主码中的一个值。

　　参照完整性定义了相关联的两个表之间的约束,属于表间规则。如果在两个表之间建立了关联关系,则对一个关系进行的操作要影响到另一个表中的记录。譬如,按照参照完整性规则的要求,如果在"学生表"和"选修课程表"之间用学号建立关联,"学生表"是主表,"选修课程表"是从表,那么,在向从表"选修课程表"中输入一条新记录时,系统要检查新记录的学号是否在主表"学生表"中已存在,如果存在,则允许执行输入操作,否则拒绝输入,这就是参照完整性。参照完整性还体现在对主表中的记录进行删除和更新操作时,例如,如果删除主表中的一条记录,则从表中凡是外键值与主表的主键值相同的记录也会被同时删除,我们将此称为级联删除;如果修改主表中主键的值,则从表中相应记录的外键值也随之被修改,我们将此称为级联更新。反之,如果不遵守关系之间的参照完整性规则,在更新、插入或删除记录时,就会影响数据库中同一个实体属性数据的完整性和一致性。

3. 用户定义的完整性(user defined integrity)

实体完整性和参照完整性,适用于任何关系型数据库系统,它们主要是针对关系的主键和外键取值必须有效而做出的约束。用户定义的完整性,则是根据应用环境的要求和实际的需要,对某一具体应用所涉及的数据提出约束性条件。它反映某一具体应用所涉及的数据必须满足的语义要求,它是应用领域需要遵循的约束条件,体现了具体领域中的语义约束。譬如,课程分数以 100 分计,则用户在输入课程成绩时,系统自动进行域值检查,以确保满足这一特定的整数区间。如果输入的是 102 或-98,系统则自动进行错误提示。再如,性别属性只能取"男"或"女",年龄不能取负数,等。这一约束机制一般不是由应用程序提供,而是由关系模型提供定义并检验。在具体的数据库系统中,用户定义的完整性主要体现为字段有效性约束和记录有效性。

2.6 关系数据库体系的优化设计

客观存在并可以相互区分的事物叫实体。属性相同的实体,具有相同的特征和性质。用实体名及其属性名集合对同类实体进行抽象描述,称为实体型。同型实体的集合称为实体集,不同实体型的实体集之间的联系,主要有一对一、一对多、多对多三种类型。关系表直观地表达了实体集、关系表之间的关联方式,也直观地体现了实体集之间的联系。在关系数据库系统中,关系表的设计优化是关系数据库系统中的核心优化技术。

关系表之间关联方式的优化设计,可以看作关系范式、完整性约束等理论指导下的具体技术应用。通过这三种关联模式的组合叠加,就可以描述更为复杂的实体关联,进而全面完整地对数据库系统进行体系结构的分析和设计。数据库系统的整体设计步骤如图 2－10 所示。借助关系模型理论和关系的完整性约束定义,用户可以实现对物理世界中各种实体及其联系的结构化描述。这种层次化的数据库体系结构,在具体的应用过程中,对应一个基于数据库标准语言 SQL 的三级优化体系。

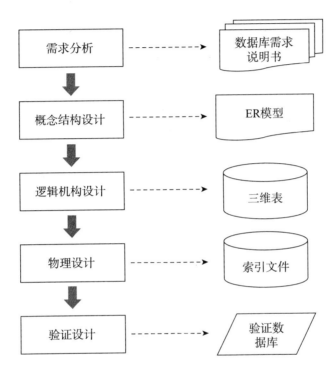

图 2－10　数据库系统的整体设计路线图

　　本节围绕实体关系的关联类型,从具体的关系表到宏观的体系结构,分两个层次介绍关系数据库设计过程中的一些优化思路,并以关系数据库标准语言 SQL 为例,直观地描述关系表及其关联优化的建立过程。

2.6.1　关系表的优化设计

　　下面我们结合实例分析,分别对基于“一对一”“一对多”“多对多”这三种联系的关系表,进行优化设计方面的讨论分析。

　　1. 基于“一对一”关联方式的关系表优化设计

　　“一对一”的关联方式,如同一个人与其身份证号码之间的一一对应关系,如图 2－11 所示。具体到关系表之间的关联,一张表 A 的一条记录,只能与另外一张表 B 的一条记录进行对应,反之亦然,这就是实体间“一对一”的关联方式。

图 2-11 基于"一对一"关联方式的关系表优化设计逻辑图

譬如,现实生活中,对于作为特定实体的个人而言,身份证号、姓名、性别、年龄属于常用属性数据,身高、体重、籍贯、家庭住址和紧急联系人为不常用属性数据。如果我们利用关系表:个人情况(身份证号,姓名,性别,年龄,身高,体重,籍贯,家庭住址,紧急联系人),来描述作为实体的个人情况,就不是一个很好的设计方案。这种设计方案会在后续的关系数据查询时,影响数据库系统的查询效率。譬如,我们根据个人情况关系表的"身份证号"属性进行常用数据的查询或修改操作时,每次操作,系统都需要读(或写)这个关系表中的所有数据,即使是不常用的数据,也会被系统反复访问,而实际应用又常常用不到这些数据。这就直接影响了数据库系统的操作效率。如何从关系表优化设计的角度避免这种组织结构不清晰、扩展性差的现象呢?

针对这种现象,有效的优化解决方案是:将个人情况表中常用的属性数据和不常用的属性数据分别存储,分成两张关系表——常用信息表和不常用信息表,具体如下所示。

常用信息表(身份证号,姓名,性别,年龄)

不常用信息表(身份证号,身高,体重,籍贯,家庭住址,紧急联系人)

围绕这两张表,利用关系设计的参照完整性规则,在两张关系表之间通过主键和从键进行关系关联。通过共享属性"身份证号"来连接两张表,从而不仅保证了常用信息表与不常用信息表之间"一对一"关联,还有效地提高了数据库查询的操作效率。

2. 基于"一对多"关联方式的关系表优化设计

"一对多"的关联方式,如同一个母亲与其子女之间的对应关系,如图 2-12 所示。具体到关系表之间的关联,一张表 A 中有一条记录可以对应另一张表 B 中的多条记录;但是反过来,另一张表 B 的一条记录,只能对应第一张表 A 的一条记录。这就是实体间"一对多"或"多对一"的关联方式。

譬如,针对母子间这种一对多的关联方式,一个母亲可以在孩子表中找到多条记录(也可能是一条),但是对每一个孩子,只能在母亲表中找到一个妈妈,这是一个典型的实体间一对多的关联模式。在这个例子中,我们建立如下两张关系表。

图 2－12　基于"一对多"关联方式的关系表优化设计逻辑图

母亲表(<u>M-ID</u>,名字,年龄,性别)

孩子表(<u>C-ID</u>,名字,年龄,性别)

这种关系表的设计,分别对母亲和孩子两个实体进行了关系表描述。但是,这两张关系表没有解决母子之间的"一对多"的关联问题。具体表现为,在母亲表中,母亲找不到孩子;在孩子表中,孩子也找不到母亲。

针对这种现象,有效的优化解决方案是:在某一张表中增加一个字段,使我们能够找到另外一张表中的记录。譬如,在孩子表中增加一个字段指向母亲表,因为孩子表的记录只能匹配到一条母亲表的记录。据此,我们对母亲和孩子这两个实体重新进行关系表优化设计。

母亲表(<u>M-ID</u>,名字,年龄,性别)

孩子表(<u>C-ID</u>,名字,年龄,性别,M-ID)

这里孩子表中的 M-ID,是母亲表中的主键,同时又是孩子表中汇总的外键。通过对母亲表和孩子表进行这种关系优化,可以有效实现母亲和孩子两个实体间"一对多"的关联方式。

3. 基于"多对多"关联方式的关系表优化设计

"多对多"的关联方式,如同学生和课程之间的选修关系,如图 2－13 所示。具体到关系表之间的关联,则体现为一张表 A 中的一条记录,能够对应另一张表 B 中的多条记录,同时表 B 中的一条记录也能对应表 A 中的多条记录,这就是实体间"多对多"的关联方式。

图 2－13　基于"多对多"关联方式的关系表优化设计逻辑图

譬如,针对学生和课程之间的选课关联,一个学生可以选修多门课程,一门课程可以被多个学生选修。这是一个典型的"多对多"的实体关联模式。这种实体间的关联方式,可以按照类似"一对多"的方式建表,但冗余信息太多,一种好的方式是实体和关系分离并单独建表,实体表为学生表和课程表,关系表为选修表,其中关系表采用联合主键的方式(由学生表主键和课程表主键组成)建表。

具体的优化解决方案如下,首先建立如下两张关系表。

学生表(Stu-ID,名字,年龄,性别,班级)

课程表(Cou-ID,课程名称,学分,授课教师)

这两种关系表的设计,分别对学生和课程两个实体进行了属性描述。但是,这两张关系表还没有解决学生和课程之间的"多对多"的关联问题。具体表现为,学生表中找不到他选修的课程;课程表中,授课教师不知道哪些学生选修了该课程。

针对这种应用需求,我们进而设计如下所示的一张选课表。

选课表(Stu-ID,Cou-ID,成绩)

在选课表中,学生表中的主键 Stu-ID 和课程表中的主键 Cou-ID,作为选课表的联合主键。通过选课表的桥梁作用,有效实现了学生和课程这两个实体间"多对多"的关联方式。在 2.6.3 节中,我们将利用数据库标准语言 SQL,真实演示这种关系的建立过程。

2.6.2 基于数据库标准语言 SQL 的三级优化体系

包括关系数据库在内的数据库领域,其标准的数据库系统结构是三级体系形式:外模式、模式和内模式。模式是数据的逻辑结构和特征描述,对应数据库中全部数据的逻辑结构和特征的系统描述。外模式是部分数据的逻辑结构和特征描述,对应于某一应用和用户有关的数据的逻辑表示。内模式则对应数据在存储介质上的存储方式和物理结构,对应着实际存储在存储介质上的数据库。用户层面对应外模式,实体概念层面对应模式,物理存储层面对应内模式。

图 2-14 是一个标准数据库系统的三级体系的形式化实例表达。通过三级模式结构,当数据库模式发生变化时,如数据库系统中增加新的关系、改变关系的属性数据类型等,只需要调整外模式/模式之间的映像关系,就可以保证面向用户的外模式不变。而应用程序是依据数据的外模式编写的,从而保证了应用程序不必修改,实现了数据与应用程序的逻辑独立性,即数据的逻辑独立性。又如,当数据库中数据的物理存储结构改变时,如定义和选用了另一种存储结构和存储媒介,只需要调整模式/内模式之间的映像关系,就能保持数据库模式不变,数据库系统的外模式和各个应用程序也不必随之改变。这样就保证了数据库中数据与应用程序间的物理独立性,简称数据的物理独立性。数据库的逻辑独立性和物理独立性,保障了数据

的有效组织和有序管理,简化了数据库系统的应用开发。

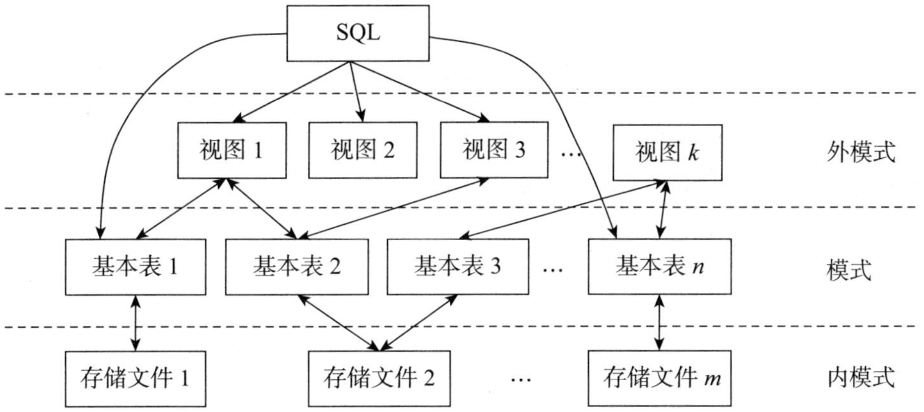

图 2 - 14　标准数据库系统的三级体系结构图

图 2 - 14 中的 SQL,全称为 Structured Query Language,即结构化查询语言的英文缩写,是关系数据库的标准操作语言。1974 年,IBM 的雷·博伊斯(Ray Boyce)和唐·钱柏林(Don Chamberlin)将埃德加·考特(Edgar Frank Codd)关系数据库理论中的 12 条准则的数学定义,以简单的关键字语法表现出来,创造性地提出了 SQL 语言。SQL 的功能包括查询、操纵、定义和控制,是一种综合通用的关系数据库语言,同时又是一种高度非过程化的语言,只要求用户指出做什么而不需要指出怎么做。作为 IBM 关系数据库原型 System R 的原型关系语言,SQL 有效地实现了关系数据库中的数据检索。

自产生之日起,SQL 便成了检验关系数据库的试金石。20 世纪 80 年代初,美国国家标准学会(ANSI)开始着手制定 SQL 标准。最早的 SQL 标准于 1986 年完成,缩写为 SQL - 86,并于 1987 年得到国际标准化组织(ISO)的认定。SQL - 86 的制定,使得 SQL 成为关系数据库领域的行业标准。1992 年,在 SQL - 86 的基础上,ISO 推出一个更新版的 SQL 标准,即 SQL - 92,全称为"International Standard ISO/IEC 9075:1992,Database Language SQS"。SQL 的标准化,使得大多数关系数据库系统都支持 SQL,而 SQL 标准的每一次变更都指导着关系数据库产品的发展方向。

SQL 集成实现了数据库生命周期中的全部操作,提供了与关系数据库进行交互的方法。SQL 可以与标准的编程语言一起工作。在 2003 年、2008 年、2013 年,SQL 标准几经修改和完善,目前 SQL 已经发展成为多种平台进行交互操作的底层会话语言,其不仅仅具有查询功能,还能进行关系模式创建及数据的插入和修改、删除等操作,并具有数据库完整性定义和控制等一系列功能。虽然没有一个商用关系数据库系统能够支持SQL标准的所有概念和特性,但作为数据库操作的基本标准,它为规范数据库产业的发展做出了巨大贡献。

2.6.3 基于“多对多”关联方式的关系表优化实现：以SQL语言为例

鉴于SQL语言良好的可读性,本节我们直接利用SQL语言,结合2.6.1节中提到的“多对多”关系表的优化设计思路,实现具体的关系表创建和数据录入,作为一个“多对多”关联方式的关系表优化设计的应用实例。

对三张关系表定义如下:

学生表(Stu-ID,名字,年龄,性别,班级)

课程表(Cou-ID,课程名称,学分,授课教师)

选课表(Stu-ID,Cou-ID,成绩)

图2-15至图2-17,分别展示的是用SQL构建上述三张表格并录入相关数据的过程。

```sql
CREATE TABLE  学生
(
    `Stu-ID`    VARCHAR(10) PRIMARY KEY,
    `名字`    VARCHAR(10),
    `年龄`    INT,
    `性别`    VARCHAR(10),
    `班级`    VARCHAR(10)
);
INSERT INTO 学生 VALUES  ('M01703044','许云飞',21,'男','一班');
INSERT INTO 学生 VALUES  ('M01703045','齐晓龙',22,'男','一班');
INSERT INTO 学生 VALUES  ('M01703046','王兰敏',23,'女','一班');
INSERT INTO 学生 VALUES  ('M01703047','张天瑞',22,'男','二班');
INSERT INTO 学生 VALUES  ('M01703048','刘军宁',22,'男','二班');
```

(a)利用SQL建立学生表的过程

Stu-ID	名字	年龄	性别	班级
M01703044	许云飞	21	男	一班
M01703045	齐晓龙	22	男	一班
M01703046	王兰敏	23	女	一班
M01703047	张天瑞	22	男	二班
M01703048	刘军宁	22	男	二班

(b)SQL运行后的学生表内容

图2-15 利用SQL建立学生表及录入数据后的表格内容

```sql
CREATE TABLE  课程
(
    `Cou-ID`    VARCHAR(10) PRIMARY KEY,
    `课程名称`    VARCHAR(10),
    `学分`    INT,
    `授课教师`    VARCHAR(10)
);
INSERT INTO 课程 VALUES  ('C01','汇编语言',3,'刘大海');
INSERT INTO 课程 VALUES  ('C02','高等数学',5,'庞久坤');
INSERT INTO 课程 VALUES  ('C03','计算机图形学',3,'孙卓君');
INSERT INTO 课程 VALUES  ('C04','机器学习',3,'张宇');
INSERT INTO 课程 VALUES  ('C05','数据结构',4,'王芳');
```

(a)利用SQL建立学生表的过程

Cou-ID	课程名称	学分	授课教师
C01	汇编语言	3	刘大海
C02	高等数学	5	庞久坤
C03	计算机图形学	3	孙卓君
C04	机器学习	3	张宇
C05	数据结构	4	王芳

(b)SQL运行后的学生表内容

图2-16 利用SQL建立课程表及录入数据后的表格内容

```
1   CREATE TABLE  选课表
2   (
3       `Stu-ID`      VARCHAR(10),
4       `Cou-ID`      VARCHAR(10),
5       `成绩`         INT
6   );
7
8   INSERT INTO 选课表 VALUES ('M01703044','C02',78)
9   INSERT INTO 选课表 VALUES ('M01703044','C03',92)
10  INSERT INTO 选课表 VALUES ('M01703045','C01',87)
11  INSERT INTO 选课表 VALUES ('M01703045','C03',95)
12  INSERT INTO 选课表 VALUES ('M01703045','C04',75)
13  INSERT INTO 选课表 VALUES ('M01703046','C04',78)
14  INSERT INTO 选课表 VALUES ('M01703046','C05',88)
15  INSERT INTO 选课表 VALUES ('M01703047','C01',84)
16  INSERT INTO 选课表 VALUES ('M01703047','C05',86)
17  INSERT INTO 选课表 VALUES ('M01703048','C02',83)
18  INSERT INTO 选课表 VALUES ('M01703048','C04',81)
```

Stu-ID ∨	Cou-ID	成绩
M01703044	C02	78
M01703044	C03	92
M01703045	C01	87
M01703045	C03	95
M01703045	C04	75
M01703046	C04	78
M01703046	C05	88
M01703047	C01	84
M01703047	C05	86
M01703048	C02	83
M01703048	C04	81

（a）利用SQL建立学生表的过程　　　　　　　（b）SQL运行后的学生表内容

图 2-17　利用 SQL 建立选课表及录入数据后的表格内容

2.7　本章小结

数据库系统的研究和开发从 20 世纪 60 年代中期开始,几十年间经历三代演变,取得了十分辉煌的成就。在大数据技术还没有出现之前,就成功造就了查尔斯·巴克曼、埃德加·考特和吉姆·格雷三位图灵奖得主,这充分说明数据库是一个充满活力和创新精神的领域。坚实的理论基础,以数据建模为核心技术的数据库管理系统(DBMS)的相关产品,不仅带动了数以千亿美元计的软件产业发展,还使之成为一门研究内容丰富的学科。今天,随着计算机系统硬件技术以及互联网技术的发展,数据库系统所管理的数据以及应用环境发生了很大的变化。数据种类越来越多、越来越复杂,数据量剧增,应用领域越来越广泛,可以说数据管理无处不需、无处不在,数据库技术和系统已经成为信息基础设施的核心技术和重要基础。

数据库是依照严格定义好的"数据结构"模式进行数据的存储、检索和其他操作,结构化特点突出。我们看到的关系表定义得非常有条理,操作者可以把相关的数据集合组织成一张张表、一条条数据,这体现了数据管理的结构化特点。传统的数据库技术历经半个多世纪的发展,尤其是关系数据库技术的发展与成熟,为人类社会的发展插上了科技的翅膀。对本章关系数据库的相关内容,我们从关系数据库的理论基础、数据结构和应用操作三个角度出发对其总结,如表 2-23 所示。

风月虽同天,山川仍异域,有结构化就有非结构化。随着社会发展和互联网技术的普及,人类社会进入了一个无处不"网"、无时不"网"的历史发展阶段。在互联网环境下,非结构化数据逐渐成为支撑互联网应用的主流数据结构。被数据库技术边缘化的非结构化数据,在互联网环境下,不仅体量上呈现指数级的井喷势头,其内部蕴含的科学与商业价值成分,也愈来愈被行业认可。原本强大的结构化数据库技术,在面临互联网环境下以网页内容检索为代表的应用需求时,在处理非结构化数据资源时呈现出越来越多的技术短板。互联网应用环境下催生出来的非结构化数据,逐渐成为传统数据库面临的一道新的技术屏障。这种现象本不是评价数据库技术优劣的理由,因为历史发展规律告诉我们,任何新生事物的出现,总是会伴随一系列新的技术变革或技术革命。面临互联网环境下非结构化数据为主的应用特点,总要有解决此类应用需求的数据管理方案。在这一社会历史的发展背景下,专注于非结构化数据处理的大数据技术应运而生。什么是非结构化数据?传统的成熟的数据库技术,为什么在面临非结构化数据时会捉襟见肘?表2-23从宏观上揭示了大数据技术的体系组成。我们将在下一章对大数据技术的体系组成进行详尽的探讨,逐层揭开大数据技术的神秘面纱。

表2-23 关系数据库的技术体系和大数据的技术体系

名称	关系数据库系统(结构化)	大数据技术(非结构化)
理论基础	关系代数(源于集合论)	MapReduce 分而治之的思想
数据结构	关系模型(二维表格)	大表(Bigtable)、文件管理系统(GFS)等
应用操作	体现关系运算的 SQL 语言,一次一集合(set-at-a-time)	NoSQL,一次一记录(record-at-a-time)

第3章 大数据与大数据关键技术

3.1 大数据来了

世界著名的政治家、英国原首相丘吉尔曾说过一句名言:"你能看到多远的过去,就能看到多远的未来。"(The farther backward you can look,the farther forward you are likely to see.)本书第1章对数据进行了明确的内涵与定义分析:数据是客观存在的描述和记录。第1章中也明确提到,第一台现代化的电子计算机诞生于1946年。那么,1946年以前的数据是怎么管理的呢? 没有文字的远古时代,结绳计数就是一种典型的数据管理方法,也是传统账本制度的雏形。直到现在,这种计数方式还在某些民族中沿用。据宋代资料记载,"鞑靼无文字,每调发军马,即结草为约,使人传达,急于星火"。这里是用结草来调发军马,传达要调拨的人数。有了文字以后,对客观存在的描述和记录,就会以手工刻录的文字方式或口授相传的教育方式,被保存和继承下来。那些不以计算机作为载体的客观存在的描述和记录,大都也有自己的某种形式化表达方式。

随着计算机应用的普及与发展,对物理世界中的各种客观存在进行电子化和数字化的描述和记录,成为数据产生的主流方式。而各种数据库技术,尤其是关系数据库中的结构化数据建模方法及其对应的技术体系,为有序描述、记录和管理物理世界中的各种客观存在,提供了一种新的强有力的技术手段。

在第2章的数据库技术综述中,我们知道,数据是数据库管理系统的管理对象。数据库中的数据,特指电子数据,是依附于计算机这一现代化的计算设备而存在的。历史已经证明,数据库技术的发展,为人类社会的有序管理提供了高效的发展引擎。数据库技术从20世纪50年代诞生到现在,在半个多世纪的时间里,形成了坚实的理论基础,在广泛的应用领域中催生了一系列成熟的商用数据库产品,吸引了越来越多的研究者加入其中。数据库的诞生和发展引发了计算机数据管理的巨大革命。

因此,了解大数据技术,必须首先要对"传统"的数据库管理技术及其发展状况有一定的背景了解。"大数据"一词在概念上似乎是"传统"数据库技术的升级版,先不论这种理解是否正确,我们至少要知道在大数据技术出现之前管理数据的相关技术。技术领域里,没有放之四海而皆准的方法和技术手段。只有对数据库技术有充分的了解,才能知道看似强大的数据库技术,在某些新兴的应用场景下,也有"技止此耳"或"一筹莫展"的时候,从而也就能充分体会到大数据技术到底"大"在哪里,"新"在哪里,"强"在哪里。

世界上唯一不变的是变化,世界的运行是有序的,世界的运行也是无序的。

以牛顿古典力学为代表的古典物理学的精髓,集中体现为对现实物理空间中各种事物的分割,以及分割后各种事物之间互相影响的规律的形式化表述。在这种理论体系下,物理世界中存在的各种事物之间,界限是清楚的。从时空描述的角度,能够准确地定位一个事物的结束和另一个事物的开始。整个物理世界就像是一台机器,组成机器的每个零部件都有其确定的位置。

数据库的关系模型理论,就像经典的物理学原理,将相互关联的社会网络分割成若干个相对独立的部分(对应关系模型中的实体),并对组成物理世界的各种实体,进行清晰的本体定义和界限划分,包括角色、责任、上下级关系、责任范围等方面的严格定义(如基于属性划分的关系定义等)。在此基础上,通过定义实体之间的关联模式,实现物理世界中社会网络的虚拟化重构。这种具有严谨理论基础的技术体系,从行业规范和行为约束的角度,配合了社会的有序运行。

如果把数据库技术看作生产力领域的组成要素,那么在20世纪八九十年代,数据库技术全面适应了当时的社会生产关系,极大地促进了社会的快速发展。但是,随着2004年前后互联网环境从Web 1.0的运行模式逐渐向Web 2.0模式转变,数据库技术越来越不适应这种新生产关系概念下的数据组织模式。这里需要强调的是,如果不考虑Web 2.0运行模式下的互联网环境,针对传统的数据管理需求,数据库技术依然是一种非常有效的技术手段。但是Web 2.0的出现,使得数据库技术遇到了前所未有的挑战。

什么是Web 2.0的运行模式?

Web 2.0是相对Web 1.0(2004年以前的互联网模式)而言的一类新的互联网应用模式的统称。Web 1.0的互联网运行模式,主要是指从20世纪90年代到21世纪初这一段时间内互联网的运行模式。在这个历史阶段的互联网运行模式下,网页是静态的,基于只读模式的html网页浏览方式,网页不支持用户之间的联系和互动。浏览网页的用户,彼此间是一种"背靠背"的存在状态。

2004年前后,Web 2.0互联网运行模式出现,该模式全面支持终端用户实时地交互和协作。这种交互,不仅是用户在发布内容的过程中实现的与网络服务器之间的交互,而且也是同一网站不同用户之间的交互,以及不同网站之间信息的交互。从而,互联网由支持单纯的"读"操作,发展到了一个支持用户"可读可写"、充分

发挥集体智慧的高级阶段,实现了专业人员和一般终端用户都可以参与"织"网的
一种创新的互联网运行模式。因此,Web 2.0 运行模式下的互联网,也被称为读
写网络。

　　2004 年至今,我们一直处在 Web 2.0 运行模式下的互联网时代。Web 2.0 运行
模式,是互联网环境下生产关系层面的应用革命,是互联网应用环境的一次理念和
思想体系的升级换代。原来自上而下的由少数资源控制者集中控制主导的互联网
体系,转变为自下而上的由广大用户集体智慧和力量主导的互联网体系。目前包括
微博、微信、QQ、淘宝、亚马逊购物、谷歌搜索、新闻的点评与跟帖等的网站服务,都
体现了 Web 2.0 时代互联网环境下跨界、跨域、跨平台进行开放互动的功能特点,集
中体现了对 Web 1.0 应用模式的功能拓展。

　　互联网环境下 Web 2.0 运行模式的出现,使得互联网环境下的普通用户,从单
向封闭的互联网环境,走进了用户和用户、用户和网络管理者之间双向互动的开放
的互联网环境。互联网环境下这种新的生产关系的出现,对原有生产关系下的生产
力提出了新的应用需求。于是,需求驱动下的大数据技术应运而生。2008 年,国际
知名刊物 *Nature* 首次以专刊的形式,围绕主题词"big data"发表了若干篇文章(见图
3-1)。从此,大数据快速成为技术和商业领域中的热点话题。

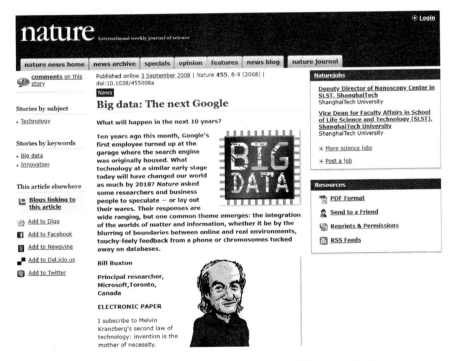

图 3-1　*Nature* 首次以专刊的形式讨论主题词"big data"

根据维基百科对大数据的概念定义(见图3-2),大数据是指传统数据处理应用软件不足以处理的大或复杂的数据集,也可以定义为来自各种来源的大量非结构化或结构化数据。这些数据集合,无法在一定时间内用常规软件工具对其内容进行抓取、管理和处理。在这一概念解析下,用传统算法和数据库系统可以处理的数据,其数据量再大,都不能算作大数据资源。因此,只有那些导致传统的数据处理技术无论在存储数据的能力还是在处理数据的能力方面都渐显瓶颈的数据资源,我们才称为大数据。

图3-2　维基百科对大数据的概念定义

什么情况下会导致出现传统数据处理应用软件不足以处理的大或复杂的数据集呢? 我们将在下一节,通过分析 Web 2.0 环境下数据资源生产的规律和特点,探讨并总结传统关系数据库面临的技术挑战,并从技术进化和对比分析的角度,探析大数据技术在面对传统数据处理应用软件不足以处理的大或复杂的数据集时,如何实现核心技术突破。

3.2　Web 2.0 模式对关系数据库的技术挑战

凡是过去,皆为序章,大数据绝非横空出世! 政治经济学的基本原理告诉我们,人类社会的发展,遵循螺旋式上升和否定之否定的进化规律。社会发展的历史阶段,往往会决定社会网络外在的表现形式和内在的行为规律。任何新技术的出现,或是原有某一技术体系的完善,或是为应对新的应用需求或社会要求。随着通信与互联网技术的不断发展,人际沟通和交流手段的不断丰富和完善,社交活动网络化、时空交互虚拟化、主题内容碎片化、信息传播敏捷化、通信手段多样化等社交行为特征越来越突出。相对这种无序非结构化的网络资源管理,传统的数据库技术面临前所未有的技术挑战。

随着无时不"网"、无处不"网"的 Web 2.0 时代互联网基础设施的形成,人类社会发展到了一个崭新的社会运行阶段。传统的数据库技术使得 20 世纪五六十年代计算机环境下混乱的数据管理变得有序规整,大大提升了行业和社会管理的效率。而自 2004 年前后开始,Web 2.0 模式下的互联网环境,则又催生了一个新的混沌的数据生产场景。在这个基于 Web 2.0 运行模式的互联网环境下,人和人之间也形成了一种前所未有的新的生产关系。在这一新的生产关系下,到底出现了哪些前所未有的现象呢?

根据 2018 年 8 月 20 日中国互联网络信息中心发布的第 42 次《中国互联网络发展状况统计报告》,截至 2018 年 6 月,我国网民规模达 8.02 亿,普及率为 57.7%。网民通过手机接入互联网的比例高达 98.3%。我国手机网民数量约占全球网民数量的 1/5。社交平台和工具方面,截至 2018 年 6 月,微信朋友圈、QQ 空间的使用率分别为 86.9% 和 64.7%,微博使用率为 40.9%。2019 年 1 月 9 日,微信公布的《2018 微信数据报告》指出,2018 年,每天发送消息 450 亿次,同比增长 18%;每日音视频通话 4.1 亿次,同比增长 100%;相比 2015 年,2018 年人均加好友数量增长 110%。2018 年 11 月 28 日,新浪微博官方发布的 2018 年第三季度财报显示,截至 2018 年 9 月 30 日,微博月活跃用户达 4.46 亿,拥有 7 000 万的同比净增长,月活跃用户中 93% 为移动端用户,日活跃用户达到 1.95 亿。而快手、抖音等社交 APP 的用户也数以亿计。与此类似,作为全球最受欢迎的社交软件,Facebook 于 2019 年 1 月 30 日公布的 2018 年度财报显示,其日活跃用户约为 15.2 亿,月活跃用户更是高达 23.2 亿。

这种数字化的社会行为模式,在 Web 1.0 年代是不可想象的事情。社会行为数字化的转变过程,使得各类社交媒体平台成为行为大数据的主要集散地,是科学分析、模拟、预判大规模社群活动的行为规律和行为模式,进而成为构建良好的新型生产关系、维护社会有序发展的主要数据来源和研判依据。

从理论上而言,混沌状态往往伴随一个快速迭代的过程。任何一个系统,如果想保持生机勃勃的运行状态,都必须具备进入混沌状态的潜能,即催生这种迭代过程的原动力。催生互联网内在混沌状态演变的潜能或原动力,就是 Web 2.0 运行模式下互联网具有的良好的可扩展性。这种虚拟数字环境下的可扩展性,极大地提升了人类群体活动交互的效率和频率,从而加速了混沌状态的快速迭代。

因为 Web 2.0 鼓励普通用户积极参与到网页内容的发布中来,并为之提供灵活便捷地“写”网页内容的操作方式,这就使得基于 Web 2.0 运行模式的互联网环境,具有良好的可扩展性、支持数据的高并发读写、系统具有很高的可用性、数据模型比较简单、数据一致性要求不高、关注基于海量数据存储的实时分析等系统特点。而这些新的系统应用特点,极大地限制了传统关系数据库优势的发挥。高效的查询机制和完善的事务处理机制,是关系数据库的技术优势。但是,Web 2.0 网站通常不要求严格的事务处理,不要求严格的读写实时性,较少包含复杂的结构化查询。这就使得关系数据库引以为傲的核心技术,成了可有可无的技术配备。

现有的关系数据库的理论框架,其数据组织模式略显机械化,面对混沌的互联网环境,其在应用和技术上受到越来越多的挑战,以致无法对这个新生的数据生产场景实现有效的规约与管理。但是,这个新生的、相对较为混沌的数据生产场景,在混沌之中又蕴含着某种未知的组织秩序,在混沌之中又潜在地体现了某种群体行为规律或社会运行规则。在互联网环境的混沌状态中,一些应用场景需要结构化的规约,如网上银行的相关业务。但更多的 Web 应用,如包括谷歌、百度在内的搜索网站,包括亚马逊、淘宝、京东在内的网上购物服务平台,以及如微博、微信、Facebook等在内的各类社交网站,在应用扩展性方面的要求都很高。这就需要一种新的灵活多变的数据结构,而原有的关系数据模型在处理这些 Web 应用方面面临很大的技术挑战。

针对基于 Web 2.0 运行模式的混沌的互联网环境,超越以结构化关系数据库为代表的传统数据采集和管理模式,从中发现并验证推进社会良性发展的行业与社会运行规律,实现数据管理和决策分析方面的技术创新,进而更好地为社会不同的领域应用提供科学合理的决策依据,引导或促进社会的良性发展,是大数据技术崛起背后的社会推动力和技术原动力。

为了更好地理解面向结构化数据管理的数据库技术与面向非结构化数据管理的大数据技术之间的本质区别,我们先定义以下三个基本概念。

定义 1 结构化数据,是指严格按照关系模型所定义的数据结构,进行有序存放和管理的数据集合。

定义 2 狭义的非结构化数据,也指纯非结构化数据,即完全不按照关系模型所定义的数据结构进行有序存放和管理的数据集合。

定义 3 广义的非结构化数据,是指既包含结构化数据,又包含纯非结构化数据的数据集合。

支持结构化数据的存储体系架构,是按照"行"相关的应用关联进行空间分配,数据库的事务处理技术保证数据应用的高一致性,主要适合于小批量数据以及联机事务型数据处理。它较难应对分布式数据的高并发读写要求、海量数据的高效率存储和访问需求、数据库的高可扩展性和高可用性要求。鉴于 SQL 对关系数据库的配置和实现的重要性,SQL 已经成了各类关系数据库的代名词。所以,在"非 0 即 1"的思路下,早年基于 Web 2.0 运行模式的互联网环境下的各类非关系数据库技术,就被笼统地称为 NoSQL,以表示用新型技术处理互联网环境下的非结构化数据。在本书中,这种专门针对非结构化数据处理而研发的数据处理技术,我们称为"狭义"的大数据技术。

但是,随着这类旨在处理非结构化数据的"狭义"的大数据技术的应用深入,人们发现完全脱离成熟的关系数据库系统,是一种不切实际的理想目标,毕竟关系数据库系统在社会的各个层面都具有非常多的成功应用。于是,在关系数据库技术与 Web 2.0 运行模式"相爱相杀"的过程中,NoSQL 就逐渐演变成了 Not only SQL 这样一种关系数据库与非结构化数据处理技术并存的技术生态环境。在本书中,这种关系数据库与非结构化数据处理技术并存的技术生态体系,我们称为"广义"的大数据技术。这种技术与理念的演变路线见图 3-3。

狭义大数据理解   广义大数据理解

SQL   概念演变→   **Not only SQL**

最初表示SQL运动   现在表示关系和非关系型数据库各有优缺点
用新型的非关系数据库取代关系数据库   彼此都无法互相取代,需要和谐共生

图 3-3   NoSQL 到 Not only SQL 的技术与理念的演变路线

问题驱动和需求驱动,是新技术崛起的核心推动力。在本章3.1和3.2节中,我们系统地回顾了 Web 1.0 到 Web 2.0 的技术生态发展路线(见图 3-4),主要是想强调在 21 世纪初,一个大的、新的、富含应用价值的数据生产平台的崛起,以及在这个新的平台上新的应用需求所催生的新的技术体系。

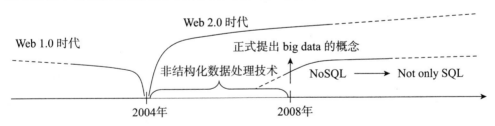

图 3-4   从 Web 1.0 到 Web 2.0 的技术生态发展路线

正如《礼记·中庸》中所说,"万物并育而不相害,道并行而不相悖"。同样的道理,强调大数据技术的重要性,绝不是否定现有成熟的数据库技术。结合本章3.1节和3.2节中相关数据管理技术的溯源分析,我们不难发现,从技术融合和应用拓展的角度,社会发展需要一个完整的数据管理体系。回顾 NoSQL 概念的衍变过程,对传统的数据库技术与大数据技术进行详尽的对比分析,不是要在技术上拼个你死

我活,而是为了更好地取长补短,携手拥抱,更好地服务我们这个越来越数字化的"地球村"。伴随现代社会的发展,一个技术越来越强大,功能越来越完备,能够从各个层面促进社会全面发展的泛化集成的数据管理体系(见图3-5),已逐渐发展为现代社会必需的一个技术引擎。

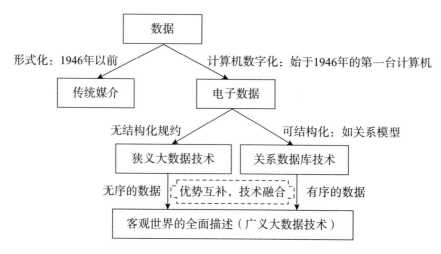

图 3-5 一个基于技术融合泛化集成的数据管理体系

3.3 大数据关键技术的分析研究

本节将从"狭义"和"广义"的角度,通过对比分析的方式,探讨结构化的数据库技术和非结构化的大数据技术之间的区别和联系,并通过比对 SQL 数据库与 NoSQL 数据库个性化的技术特点,揭示大数据应用的关键技术。

3.3.1 SQL 数据库 vs NoSQL 数据库:数据结构方面的对比分析

从第2章关系数据库的基本原理中,我们知道传统的关系数据库技术具有非常严谨完备的关系模型理论。关系代数理论以及相应的关系模式,是关系数据库应用的理论基础。基于这一理论框架而开发的关系数据库系统,在数据紧耦合、强相关的应用环境下,具有高效的优化查询机制,这是传统关系数据库的技术优势。但是,在数据松耦合、弱相关的互联网环境下,数据模型比较简单,数据一致性要求不高,复杂的结构化查询少,这一应用需求方面的变化导致传统的关系数据库无法发挥其固有的技术优势。而 Web 应用之间天然存在的良好的可扩展性,数据高并发、高扩展、高可用等方面的特点,要求的则是灵活多变的数据模型,以支持互联网环境下具有这些应用特点的数据查询、交互和管理。但是,严谨的关系模型无法有效应对这种弹性多变的应用需求,这就给传统的 SQL 数据库系统带来了技术上的挑战。

譬如,如果按照关系数据库的思路,每出现一个新的网站或网页,就需要建立一个新的关系表。但是网站或网页内容的更新,更多的是一种随机产生的方式,属性多、内容杂、更新快、网站或网页之间的关联存在很大的动态不确定性。从数据结构的角度,"one size fits all"的单一的关系数据库管理模式,很难适用于 Web 2.0 环境下遍布的异构业务场景,尤其是不同业务应用模式并存的互联网环境。在第 2 章的2.6.1 节中,即关系表的优化设计中,我们提到了一种"多对多"的关系表设计优化方式,为了在学生表和课程表之间建立选课关系,又建立了一张选课表。这种相对机械的"先定义、后使用"的关系模式,还是很难适应动态变化的 Web 应用。

看似抽象的数据结构,不仅要考虑数据规范管理的客观要求,还需要考虑产生数据资源的应用特点和应用所在系统平台的架构特点。数据结构是软硬件平台开发与设计的理论基础与应用起点。Web 2.0 模式下的互联网应用平台,除了需要适应各种弹性可扩展的伸缩性应用,还需要构建相应的具有可伸缩性的基础架构。因此,支持非结构化互联网应用的大数据技术,首先需要在数据结构的设计方面,突破传统关系数据库结构化理论框架的约束和限制。

第 2 章所讨论的关系数据库在应用上的技术优点,主要是基于其严谨的关系模型。而支持弹性可扩展 Web 应用的互联网系统平台,也需要与之相适应的数据结构。从技术上而言,互联网环境下支持 Web 2.0 模式应用需求的数据结构,必须具备良好的可扩展性,能够灵活有效地管理互联网环境下各种非结构化或不可预知的数据类型,这是保证 Web 应用高性能、高可用性和可伸缩性扩展的前提条件。因此,为了适应互联网环境下动态、在线、实时、关联不确定的数据管理的需要,很多非结构化数据表示方法在应用中逐渐发展并成熟起来。

在 Web 2.0 模式下非结构化数据管理的应用实践中,谷歌搜索引擎的技术设计与应用实施,集中体现了互联网环境下非结构化数据管理的技术理念,也充分体现了支持大数据应用创新的非结构化数据模型的重要性。这里,我们先以谷歌网页大数据搜索引擎的技术应用为例,从直观上体会如何高效地管理非结构化数据资源。

截至 2019 年,谷歌在 Alexa 流量排名上已经连续多年第一。在实际应用中,谷歌每天为海量用户收集远超万亿比特的个性化检索数据。早在 2004 年,谷歌的存储容量就已经达到了 5PB。这些个性化的超大规模的数据存储,没有固定的模式,在应用中更多地强调横向扩展。谷歌大约有 100 多万台服务器,超过 500 个计算机集群,支撑其主流的搜索功能。这其中没有类似"蓝色基因"那样的超级计算机,100多万台服务器大都是非常普通的 PC 级别的服务器。更为极端的是,这 100 多万台服务器,采用的是 PC 级别的主板而非昂贵的服务器专用主板。谷歌的集群也全部是自己搭建的,没有采用先进昂贵的集群连接技术。更让人惊奇的是,谷歌没有使用任何磁盘阵列,哪怕是低端的磁盘阵列也没用。谷歌的方法是为集群中的每一台PC级服务器,配备两个普通 IDE 硬盘来存储。谷歌这样一个以 PC 级别的服务器搭建起来的系统,怎么能承受巨大的搜索和存储等方面的工作负载,并且保证其高可用性呢? 实际情况是这些低端的服务器经常出现故障,如硬盘坏道、系统宕机等事故每天都在这 100 多万台服务器中发生。但是谷歌利用看似便宜、不牢靠的 PC 级服务器,组建了 100 多万台的服务器集群,成为全球最完善、最稳定的系统之一,这就是谷歌公司开发的各种先进技术的应用支撑。

支撑这种小马拉大车成功应用的是谷歌引以为傲的三项关键支撑技术,即 GFS(Google File System)、MapReduce 和 Bigtable。其中的 Bigtable 就是一种突破传统关系数据库结构化理论框架的约束和限制,适应高性能、高伸缩性基础架构应用开发的数据结构。通过这种面向非结构化数据的存储设计,结合 GFS 和 MapReduce,谷歌实现了从底层储存到用户接口各个层面的非结构化数据的高效管理。

我们再以 MapReduce 在谷歌网页大数据处理的技术应用为例,体会其大数据数据处理的精妙性。谷歌拥有 100 多万台服务器,虽然数量众多的服务器职能都非常明确,但是处理它们之间在并发计算、分布数据、实效处理、负载均衡等方面的协同工作,技术挑战性非常强。为了发挥 100 多万台服务器协同工作的强大功能,MapReduce 设计了一个简单而强大的任务协同接口,将计算自动地进行并发部署和分布执行,从而通过普通的 PC 集群,实现高性能计算的应用效果。在谷歌以廉价服务器组建的集群中,某一台计算机失效或者 I/O 出现问题都极为常见,MapReduce 的解决方法是用多个计算机同时计算一个任务,一旦一台计算机有了结果,其他计算机就停止该任务而进入下一任务。这就大大提升了集群处理计算失效的容错能力,其背后对应的是非常精妙的数据结构对上层应用的支撑。

传统的关系数据库,支持可垂直伸缩的应用开发,通过增加单个服务器上的处理器、RAM、SSD 等来管理增加的负载(类似于通过增加楼层容纳更多的住户数量)。以谷歌公司为代表的 NoSQL 数据库技术则重点支持可水平伸缩的系统应用(类似于通过在空地上增加更多的低矮建筑容纳更多的住户数量),通过简单地将一些额外的服务器添加到现有的数据库基础设施中,即能提高系统处理海量数据的能力。

目前的大数据应用领域中,非结构化或半结构化数据常用的数据结构,主要有以下几种:键-值对存储、文档存储、列存储、图形数据库等。

(1)键-值对是 NoSQL 数据库最简单的表现形式,即将一个键与一个或多个具体的值相关联。具体的商用产品有 Redis、Riak、SimpleDB、Chordless、Scalaris、Memcached 等。

(2)键-值对形式的 NoSQL 中,如果一个键对应的一个或多个值,以文档的形式存储,则形成了面向文档的 NoSQL 数据库。具体的商用产品有 MongoDB、CouchDB、Terrastore、ThruDB、RavenDB、SisoDB、RaptorDB、CloudKit、Perservere、Jackrabbit 等。

（3）列存储的 NoSQL 数据库,又称列族数据库,一般采用列族数据模型。即数据库由多个行构成,每行数据包含多个列族。不同的行可以有不同的列族,属于同一列族的数据会被存放在一起,每行数据通过行键进行定位。具体的商用产品有Bigtable、HBase、Cassandra、HadoopDB、GreenPlum 等。

（4）图形数据库是一种基于图结构的网络数据库,它将数据元素存储在图结构中,使得在节点之间创建关联成为可能,是一种支持互联网环境下推荐社交网络、模式识别、依赖分析、推荐系统等应用开发的数据结构。具体的商用产品有 Neo4J、OrientDB、InfoGrid、Infinite Graph、GraphDB 等。

NoSQL 都有一个共同的技术特点:支持比传统关系数据库更为灵活和更动态的应用模型。上述四种非结构化和半结构化的数据结构都有自己的属性和限制,没有哪一种数据库可以解决所有数据类型的管理问题。这里,我们以非关系型数据库MongoDB 为例,通过对比分析的方法,主要介绍两种典型的非结构化数据结构:键-值对存储和文档存储所采用的数据结构。关于列存储的 NoSQL 数据库,我们将在本章 3.5.5 节,结合网页检索的具体应用,对其数据结构进行具体的应用分析。而NoSQL 中的图形数据库,我们将在第 8 章结合教育大数据中的知识图谱进行实例化的应用分析。

1. 键-值对存储（Key-Value 存储）

即数据按照 Key-Value 形式进行组织、索引和存储。如<"site":"www. runoob. com">和<"name":"菜鸟教程">,就是两个键-值对。这里,site 和 name 分别对应两个键,"www. runoob. com"是键 site 的值,"菜鸟教程"是键 name 的值。Key-Value 存储非常适合不涉及过多数据事务关系的业务数据。

2. 文档存储

文档由一组键值<key:value>对组成,多个键及其关联的值有序地放在一起就构成了文档。文档以封包键-值对的方式进行存储。文档是非关系数据库 MongoDB中的基本数据结构。与关系模型不同的是,文档存储模型支持嵌套结构,字段的"值"又可以嵌套存储其他文档,文档存储模型也支持数组和列值键。

在第 2 章 2.4 节中,我们针对关系数据库的优化设计,详细讨论了学生表和课程表的关联设计,即选课表的设计思路。为了有效地在学生和课程之间建立关联,关系型数据库需要建立三张表格,并严格按照关系模型的相关定义,以主键和从键的方式,在表格之间建立关联。相比这种严谨复杂的关系模型,非关系型数据库MongoDB 对这种"多对多"关联逻辑的处理,在步骤和形式上就显得简单很多。

下面我们将结合实例分析的方法,具体分析非关系型数据库 MongoDB 处理非结构化数据的技术方法。这里使用的数据库版本为 MongoDB 4.2.3,操作环境为 Mongo shell 4.2.3。为了更好地对比分析,SQL 关系数据库和 MongoDB 中的概念术语详见表 3-1。

表 3-1　SQL 关系数据库和非结构化数据库 MongoDB 概念术语之间的语义对比

SQL 关系数据库中的术语	MongoDB 中的术语	分别对应的中文翻译
database	database	数据库/数据库
table	collection	表或关系表/集合
row	document	数据记录行字段或列/文档
column	field	字段或列/域
index	index	索引/索引
table joins	无	表连接,MongoDB 不支持
primary key	primary key	主键/主键 但 MongoDB 自动将_id 字段设置为主键

实例1：非结构化数据的定义和赋值

第一,打开 Mongo shell。

在安装和配置好 MongoDB 并启动 MongoDB 后,我们在命令行中输入命令"Mongo",打开 Mongo shell。

第二,创建数据库。

我们使用下面的命令,创建一个名为"school_db"的数据库。

```
> use school_db
```

得到的结果如下:

```
switched to db school_db
```

这代表当前数据库成功切换到了"school_db",如果"school_db"数据库不存在,则创建"school_db"数据库。

第三,插入数据。

一个 MongoDB 数据库中可以有多个集合(对应关系数据库,则是多个关系表)。集合由多个文档组成。在 MongoDB 中,一条记录就是一个文档,文档是一种由键-值对构成的数据结构。

通过以下代码,我们向当前数据库的 student 集合中插入两条文档(若不存在 student 集合则自动创建集合)。

```
> db. student. insertMany([
    {"stu-ID":"M01703044","name":"许云飞","course-chosed":["汇编语
言","高等数学","计算机图形学"],"score":[92,90,88]},
    {"stu-ID":"M01703045","name":"王兰敏","course-chosed":["汇编语
言","高等数学","计算机图形学"],"score":[90,85,86]}
])
```

上面代码的执行结果如下：

```
{
        "acknowledged" :true,
        "insertedIds" :[
                ObjectId("5e6322ad92b393cccf8e8a20"),
                ObjectId("5e6322ad92b393cccf8e8a21")
        ]
}
```

这一执行结果表明插入操作成功。MongoDB 为两个文档各添加了一个"_id"属性,该属性的值在本集合中是唯一的。本例中,系统自动生成了两个 ObjectId 对象,作为两个文档"_id"属性的值,从上面执行结果的"insertedIds"中,我们也可以看到这两个 ObjectId 对象。

第四,查询数据。

下面,我们使用 find 函数,查询出 student 集合中的所有文档。

```
> db. student. find()
```

返回的查询结果如下：

```
{"_id" :ObjectId("5e6322ad92b393cccf8e8a20"),"stu-ID" :"M01703044","
name" :"许云飞","course-chosed" :["汇编语言","高等数学","计算机图形
学"],"score" :[92,90,88]}
{"_id" :ObjectId("5e6322ad92b393cccf8e8a21"),"stu-ID" :"M01703045","
name" :"王兰敏","course-chosed" :["汇编语言","高等数学","计算机图形
学"],"score" :[90,85,86]}
```

可以看到,上面的这两个文档,就是我们刚才插入的两个文档,即两条记录。这集中体现了非关系数据模型的数据操作规则:操作的对象和结果都是记录,操作过程为一次一记录(record-at-a-time)。而在第 2 章中,我们已经总结过关系数据库操作的特点:操作的对象和结果都是集合,操作过程为一次一集合(set-at-a-time)。显然,关系数据库和非关系数据库在操作规则上有着明显的区别。

如果我们用表格的形式(注:这里的表格不是关系表,主要是和关系数据库中的关系表进行直观的对比分析),对上述两个学生的选课成绩进行统计表示,这两个学生的选课表所对应的数据组织形式如表3-2所示。

表 3-2　非关系模型下的嵌套表格形式

Stu-ID	姓名	选修课程	成绩
M01703044	许云飞	汇编语言	92
		高等数学	90
		计算机图形学	88
M01703045	王兰敏	汇编语言	90
		高等数学	85
		操作系统	86

这里我们可以看到表3-2中的数据组织形式,不是二维表格的形式,显然不符合第2章所讨论的关系模型的理论要求,并且在直观上出现了大表套小表、表中有表的形式,而关系型数据库的表中是不会有这样的嵌套结构的。显然,这种非规范表示方式,不是关系模型下的关系模式。我们在第2章关系模型的基本概念中,曾明确指出这种表格形式不符合关系模型的基本定义。

实例2:非结构化数据的灵活扩展

第一,插入数据。

通过下面的代码,我们向 product 集合中,添加一个商品列表文档。

```
db. product. insertOne( {
    "_id" :"10001" ,
    "name" :"商品列表1" ,
    "items" :[
        {
            "category" :"food" ,
            "name" :"apple"
        },
        {
            "category" :"food" ,
            "name" :"banana"
```

```
            },
            {
                "category" :"tool",
                "name" :"hammer"
            }
        ]
})
```

返回的结果如下:

{"acknowledged" :true,"insertedId" :"10001"}

这一执行结果表明插入操作成功。注意在这个例子中,我们插入数据时,给定了"_id"属性的值,因此,mongoDB 没有再自动生成 ObjectId 对象。

第二,查询数据。

下面,我们使用 find 函数,查询出刚才插入的文档。

> db. product. find( )

返回的结果如下:

{"_id" :"10001","name" :"商品列表 1","items" :[{"category" :"food","name" :"apple"},{"category" :"food","name" :"banana"},{"category" :"tool","name" :"hammer"}]]

第三,修改数据。

现在,我们想要给苹果加上产地信息"中国山东",操作代码如下:

```
db. product. updateOne(
    {"items. name" :"apple"},
    { $ set:{"items. $ . placeOfOrigin" :"中国山东"}}
)
```

在上面的代码中,{"items. name" :"apple"}表示匹配 items 数组中 name 为"apple"的对象,{ $ set:{"items. $. placeOfOrigin" :"中国山东"}}表示将匹配到的对象的 placeOfOrigin 属性改为"中国山东"。

代码的执行结果如下:

{"acknowledged" :true,"matchedCount" :1,"modifiedCount" :1}

这一执行结果表示成功匹配和修改了 1 个文档。

现在,我们使用 find 函数观察被修改后的文档内容,代码如下:

> db. product. find( )

代码的执行结果如下:

```
{"_id" :" 10001" ,"name" :"商品列表 1" ,"items" :[{"category" :"food" ,"
name" :"apple" ,"placeOfOrigin" :"中国山东"},{"category" :"food" ,"name"
:"banana"},{"category" :"tool" ,"name" :"hammer"}]}
```

可以看到,我们成功地给这条文档的 items 数组中 name 为"apple"的对象添加了产地(placeOfOrigin)属性。Mongo shell 还提供了 pretty 函数,对返回结果进行更加美观易读的排版,代码如下:

```
> db. product. find( ). pretty( )
```

代码的执行结果如下:

```
{
        "_id" :"10001" ,
        "name" :"商品列表 1" ,
        "items" :[
                {
                        "category" :"food" ,
                        "name" :"apple" ,
                        "placeOfOrigin" :"中国山东"
                },
                {
                        "category" :"food" ,
                        "name" :"banana"
                },
                {
                        "category" :"tool" ,
                        "name" :"hammer"
                }
        ]
}
```

关于上述实例的拓展分析

(1) 与纯键值存储不同的是,有些针对文档存储方式的存储引擎,在设计的时候还会考虑文档的内部嵌套结构,直接支持二级索引,从而允许对更多的字段进行高效查询。

(2) 为什么这种看似不规整的数据结构,适合处理互联网环境下的 Web 应用呢？这是因为,相比关系型数据库的二维表结构,这种看似不规整的数据结构,能够很方便地实现互联网环境下 Web 应用的个性化需求,保证了 Web 应用具有良好的可扩展性。而数据可以嵌套,也有利于从应用逻辑上适应网页之间的数据关联。MongoDB 的文档存储设计,就是面向小文件的分布式存储,如系统日志的采集和存储、互联网微博应用方面的存储功能等特定的 Web 应用场景。

（3）这种非结构化的数据定义方式,除了非常适合扩展性强的 Web 应用之外,还非常适合互联网环境下社交网站的分布式数据管理的应用需求。譬如,照片、视频等大文件的写入操作,在各类社交网站上大量存在。对于非分布式关系型数据库MySQL 而言,因为其不是分布式数据库,其写入操作的性能受单一服务器节点的性能限制。我们假设该数据库服务器的网速为 1Gbps,一张手机照片的大小约为4MB,通过简单的计算（1Gbps/4MB≈31）可知,该数据库服务器一秒最多能接收 31张图片,当同时有大量图片的写入请求到达时,MySQL 是难以应对的。从存储容量的角度,单一的服务器硬盘容量也非常有限,无法满足存储大量图片、视频数据的应用要求。因此,必须从分布式协同处理的角度,来满足互联网上这种操作频繁的大容量非结构化文件的读写要求。

这里我们以另外一个具体的商用分布式非关系型数据库 Cassandra 为例,分析支持并发读写的处理技术。Cassandra 是一套开源分布式的 NoSQL 数据库系统,它最初由 Facebook 开发,此后由于 Cassandra 良好的可扩展性,它被 Digg、Twitter 等知名 Web 2.0 网站所采纳,成为一种流行的分布式非结构化数据存储方案。基于它的分布式设计,Cassandra 能够把大量的“写”请求分配到不同的节点上去执行操作,从而不会受单一节点的性能局限。当同时有大量图片“写”请求时,其灵活的非结构化的数据管理模式,有效保证了这种分布式协同处理的高效执行,大大提高了网站后台数据库系统的整体性能。

相对关系数据库中结构化的数据结构,非结构化的数据结构定义格式灵活,便于应用扩展,较好地支持了互联网环境下的 Web 应用。但相对而言,非结构化的数据结构,应用上的技术缺陷也非常明显。这种技术缺陷,集中体现为增加了后续数据查询和数据修改的复杂度。譬如,在实例 1 的分析中,course-chosed 键里存的是数组,通过 course-chosed 的键值,可以查到学生选了哪些课,但如果我们需要查询“高等数学”这门课有哪些学生选,我们就需要将一个一个 student 对象遍历检索,这样速度缓慢,不能像关系型数据库中查二维表一样,通过索引快速查出结果。

此外,MongoDB 支持灵活多变的嵌套结构,这种使用灵活的数据输入模式,也方便了后续的数据查询操作。当数据保存为嵌套结构时,对嵌套结构内的数据查询会比较麻烦。但关系型数据库二维表的形式,结构规范工整,更有利于数据的查询。

因此,关系型数据库适合需要对数据做各种复杂查询的场合,例如金融分析系统、仓库管理系统。关系模型中,通过对关系表进行严谨的主码/主键以及从码/从键的定义,可以实现关系表相互之间的引用关联。为了保证关系表之间关联数据的一致性,数据的读写和迁移,都需要利用"锁"的机制,这种严谨的事务操作保证了应用逻辑和操作过程的一致性。

相对地,MongoDB 这样的非关系型数据库更适合存储结构灵活多变的数据,例如存储不同来源的网站日志信息。我们选择数据库时,需要根据自己的需求来选择合适的数据库。当前大数据处理中,有大量的网页、视频、图片等半结构化、非结构化数据,这些数据不方便存储在关系型数据库中,但更容易存储在非关系型数据库中。此外,非机构化数据的数据记录格式是不规则的,每一条记录包含了所有有关某个"键"的数据项。尤其需要指出的是,以"记录"形式存在的大数据的数据结构,不存在任何外部的引用定义,即"记录"是一种"自包含"的逻辑形式。因为"记录"这种各自为政"自包含"的逻辑形式,使得一条内容丰富的记录,可以很容易地从一台服务器快速、完全、简捷地迁移到另一台服务器上,这是保证 Web 应用易于扩展的前提条件。

3.3.2　SQL 数据库 vs NoSQL 数据库:理论体系层面的对比分析

1. 分布式系统中的 CAP 定理

关系模型为建立数据库的高效查询机制奠定了理论基础。而关系数据库中完善的事务机制,尤其是事务的原子性、一致性、隔离性、持久性(ACID)方面的规定,则从数据一致性方面保证了数据库系统的有效运行。但是,关系数据库引以为傲的两个关键特性,在 Web 2.0 时代,"性价比"急剧下降。让关系数据库技术受挫的是 Web 2.0 环境下特有的一些应用特点。

(1)Web 2.0 网站系统通常在数据操作方面,对严格的数据库事务要求不高。银行网上转账需要严格的事务管理,但对于用户在购物篮中放入一件想买的商品,随意性却很大。

(2)Web 2.0 并不要求严格的读写实时性。如刚刚发布一条微博,很多时候不要求后面的用户立刻就能看到,数据间的时效逻辑松散。

(3)Web 2.0 通常不包含大量复杂的 SQL 查询,类似多表连接查询的要求不多。随着存储设备性价比的大幅提升,在允许适当数据冗余的前提下,用更多的存储空间换取更好的查询性能,可抵消 Web 2.0 环境下去结构化造成的非规范化的负面效果。

因此,作为关系数据库的技术优势,如完善的关系代数理论、基于 ACID 严格约束的事务处理标准、专门的索引机制可以实现高效的查询等,在开放的互联网平台上,反而成了限制互联网分布式环境下很多需要灵活扩展的 Web 2.0 应用的技术桎梏。适应 Web 2.0 应用灵活扩展的 NoSQL 数据库,具有支持超大规模数据存储、强大的横向扩展能力等技术优势,而相对完备的关系数据库技术,又有缺乏严谨的理论基础、复杂查询性能不高、数据完整性不能保证等问题。这就决定了在一些需要保证强事务一致性的关键性业务上,如银行的网上转付账系统、各种网上票务系统等领域,只能采用关系数据库技术,不能采用 NoSQL 的数据管理模式。

关系数据库和 NoSQL 数据库各有优缺点,彼此无法取代。因此,不同业务模式并存的互联网环境下,"One size fits all"的数据管理模式,很难适用于所有的业务应用场景。因此,正如我们前面所提到的,"万物并育而不相害,道并行而不相悖",传统的数据库技术与大数据技术之间的关系不是"非 0 即 1"的针锋相对的互相否定的关系,而是需要技术融合,携手建立一个更加全面完备的综合技术体系,这才是人类科技文明发展的正确选择。

针对这种进退失据的技术矛盾,结合 NoSQL 的演变路线,下面我们从技术发展的角度,对支持 NoSQL 数据库应用的理论体系与支持 SQL 数据库应用的理论体系进行对比分析,从应用进化的角度,发掘互联网环境下应用开发的技术特点。

早在 2000 年,加州大学计算机科学家埃里克 • 布鲁尔(Eric Brewer),就在分布式领域著名的国际会议 ACM Symposium on Principles of Distributed Computing(PODC 2000)上,针对分布式系统如何围绕一致性(Consistency)、可用性(Availability)和分区容忍性(Partition Tolerance)进行多目标优化,提出了一个被学术界和工业界普遍认可的理论模型,即 CAP 定理。该猜想在提出两年后被证明成立,在随后的七八年内,NoSQL 的理论与技术人员将 CAP 定理当作对抗传统关系型数据库、支持 NoSQL 放宽对数据一致性要求的理论依据。随后国际范围内针对 CAP 理论的讨论越来越多,使得该理论成为分布式系统,特别是分布式存储领域中被讨论最多的理论,即后来我们熟知的 CAP 定理,又被称作布鲁尔定理(Brewer's theorem)。

CAP 定理首先围绕分布式系统的应用特性,定义了三个性能指标,即一致性、可用性和分区容忍性。然后明确指出,对于一个分布式计算系统来说,不可能同时满足这三方面的性能指标,最多只能同时满足其中的两项。

具体而言,分布式系统的三个性能指标定义如下。

(1)一致性:all nodes see the same data at the same time,即更新操作成功并返回客户端后,所有节点在同一时间的数据完全一致,这就是分布式的一致性。

(2)可用性:Reads and writes always succeed,系统应保证每个读写请求不管成功还是失败都有响应,而且是正常响应,即服务一直可用。

（3）分区容忍性：分布式系统在遇到某节点或网络分区故障的时候，仍然能够对外提供满足一致性或可用性的服务。

一致性强调的内容主要包括：分布式系统中，存于多个节点之上的多个副本之间能够保持一致的特性。关系数据库中，事务的一致性是指在执行前后，数据库都必须处于一致性状态。也就是说，事务的执行结果必须是使数据库从一个一致性状态转变到另一个一致性状态。分布式系统中，一份数据会在不同节点存有它的副本。如果对第一个节点的数据成功进行了更新操作，而第二个节点上的数据却没有得到相应更新，这时候读取的第二个节点的数据依然是更新前的数据，即脏数据，这就是分布式系统数据不一致的情况。在分布式系统中，如果能够做到针对一个数据项的更新操作执行成功后，后续所有用户读取到的都是更新过的数据，那么这样的系统就被认为具有强一致性（或严格的一致性）。CAP 理论中所提到的一致性，就是指这种强一致性要求。如果针对一个数据项的更新操作执行成功后，有些后续用户读取的是最新的版本，而有些用户读取的则是脏数据，这样的系统就被认为具有弱一致性。如发布一张网页到 CDN，多个服务器存有这个网页的副本。在后续该网页内容更新的过程中，需要每个服务器都更新一遍。由于一般而言，网页的更新不是特别强调一致性，因此短时期内，一些用户看到的是老版本，另一些用户看到的是新版本。但当所有存有该网页的服务器都更新一遍该网页后，所有用户都会看到新版本的网页。这个案例是在某些场合，分布式系统的可用性高于一致性的应用实例。

可用性强调的内容主要包括：读写操作在某一单台服务器上出现问题，即某个读写操作在该服务器上无法完成时，系统需要保证这种读写操作在其他服务器上能够完成，从而保证系统提供的服务一直处于可用的状态，即保证对用户的每一个读写请求，总是能够在有限的时间内返回结果。这里我们重点讨论"有限的时间内"和"返回结果"这两个外在的技术表现。对于用户的一个操作请求，系统必须能够在指定的时间（响应时间）内返回对应的处理结果，如果超过了这个时间范围，那么系统就被认为在"有限的时间内"是不可用的。另外，"有限的时间内"是一个在系统设计之初就设定好的系统运行指标，故而在不同系统、不同应用场合要区别对待。譬如，对于一个在线搜索引擎来说，通常需要在 0.5 秒内给出用户搜索关键词对应的检索结果。以谷歌为例，针对用户输入的一个关键词，它能够在 0.3 秒左右的时间，返回大约上千万条检索结果。而对于一个移动终端的海量数据查询平台来说，正常的一次数据检索时间可能在 2~3 秒。因此，用户对于一个系统的请求响应时间的期望值不尽相同。但是，无论系统之间的差异有多大，唯一相同的就是对于用户请求，系统必须存在一个合理的响应时间，否则用户便会对系统感到失望。"返回结果"是可用性的另一个非常重要的指标,它要求系统在完成对用户请求的处理后,返回一个正常的响应结果。正常的响应结果通常能够明确地反映出对请求的处理结果,即成功或失败,而不是一个让用户感到困惑的返回结果。用户输入指定的搜索关键词后,如果返回的结果是一个系统错误,通常类似于"Out of Memory Error"或"System Has Crashed"等提示语,那么我们认为此时的系统是不可用的。

分区容忍性强调的内容主要包括:分布式系统在遇到任何网络分区故障的时候,仍然能够保证对外提供满足一致性和可用性的服务,除非是整个网络环境都发生了故障。对于一个分布式系统而言,节点组成的网络应该互相连通。但在实际运行中,可能因为某些物理或软件故障,导致有些节点之间的连通断开。在这种情况下,整个网络就分成了几块区域,而数据就散布在这些不连通的区域中,这被称为分区。由于特殊原因导致分区之间网络不连通,从而导致整个系统的网络环境被切分成了若干个孤立的区域。当一个数据项只在一个节点中保存时,那么分区出现后,和这个节点不连通的部分就无法访问该数据,这时的分区就是无法容忍的。需要注意的是,组成一个分布式系统的每个节点的加入与退出都可以看作一个特殊的网络分区。分区容忍性要求一个分布式系统是一个运转正常的整体。如分布式系统中有某一个或者几个机器"宕"掉了,其他节点的机器还能够正常运转并满足系统需求,用户体验不到系统中因局部"宕机"而产生的业务影响,除非是整个网络环境都发生了故障。在实际应用中,分区容忍性还体现为集群架构和数据存储能够支持动态横向扩展。所谓"动态",就是系统不停机;"横向扩展"则是指当一套系统性能达到瓶颈时,运维人员可以通过简单增加廉价的或同类型的服务器数量的方式,来提升系统性能,而不是通过购买更为昂贵的高性能服务器的方式实现性能拓展。

提高分区容忍性的办法就是将一个数据项复制到多个节点上,那么出现分区之后,这一数据项仍然能在其他区中读取,这样容忍性就提高了。然而,如果把数据复制到多个节点,就会带来数据读写一致性的问题。要保证分布式环境下数据读写的一致性,每次写操作时,系统都要等待全部节点更新成功,而这一等待又会带来可用性的问题。这就是一致性、可用性、分区容忍性之间的相互制约关系。总体而言,数据存在的节点越多,分区容忍性就越高,但要复制更新的数据就越多,一致性就越难保证。为了保证一致性,更新所有节点数据所需要的时间就越长,可用性就会降低。

因此,分布式系统中对一致性、可用性和分区容忍性这三个性能进行折中处理的各种技术方案,就缩写成 CAP 定理。CAP 定理的优化思路如图 3-6 所示。

根据图 3-6,从理论上而言,围绕 C、A、P 三种性能的折中处理,NoSQL 数据库可以分成如下三类。

(1) 满足 CA 原则的 NoSQL 数据库:单点服务器,满足一致性和可用性,但单点服务器显然不具备较强的可扩展性。

（2）满足 CP 原则的 NoSQL 数据库：满足一致性和分区容忍性，通常可用性会受到影响，从而直接在响应时间上影响用户体验。

（3）满足 AP 原则的 NoSQL 数据库：满足可用性和分区容忍性的系统，其数据一致性会降低，放弃的是数据的实时一致性，但依然要求保障数据操作的最终一致性。

分别满足 CA 原则、满足 CP 原则、满足 AP 原则的三类 NoSQL 数据库，即 CAP 定理应用的原理总结如表 3-3 所示。

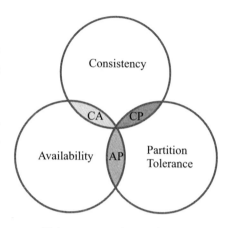

图 3-6　CAP 定理示意图

表 3-3　CAP 定理应用

NoSQL 数据库	原理说明
满足 CA 原则 （CA without P）	为了避免出现分区容忍性问题，分布式系统中最简单的做法，是将所有的数据（或者仅仅是那些与事务相关的数据）都放在一个节点上。这样的做法虽然无法完全保证系统不会出错，但至少避免了由网络分区带来的性能影响。很明显，放弃 P 性能，意味着放弃了系统的可扩展性
满足 CP 原则 （CP without A）	放弃可用性方面的性能保障，意味着一旦系统遇到网络分区或其他故障时，受到影响的服务必须等待一定的时间。等待期间，系统无法对外提供正常的服务，即不可用，这种等待可能会超出用户的期待极限，出现用户操作失败或者访问超时等用户体验不好的情况
满足 AP 原则 （AP without C）	放弃一致性方面的性能保障，并不是完全不需要数据一致性，否则系统将毫无应用价值。放弃一致性，经常是指放弃数据的强一致性，而保留数据的最终一致性。这样的系统无法保证数据保持实时的一致性，但系统能够保证数据最终会达到一个一致的状态。这就引入了一个时间窗口的概念，具体多久能够达到数据一致取决于系统的设计，取决于数据副本在不同节点之间的复制时间和中间的延时

如图 3-6 所示，如果把分布式系统看作在互相隔离的空间中提供数据服务的一个网络系统，C（一致性）代表状态一致，A（可用性）代表时间并发，P（分区容忍性）代表不同空间，而对应的理想的 CAP 状态抽象，则表示存储在不同空间中的数据，在同一时间应该状态一致。

在表 3-3 中，满足 CP 原则，则表示对于不同空间中的数据，如果要求它们所有状态一致，则它们必然不在同一时间点。满足 AP 原则，则表示不同空间中，如果要求同一时间可以从任意的空间拿到数据，则必然数据的状态不可能会保持一致。满足 CA 原则，则表示对于不同空间的数据，如果要求任意时间都可以从任意空间拿到状态一致的数据,则空间数必然为 1。

对于 CAP 定理,需要明确的一点是,既然是一个分布式系统,那么分布式系统中的组件必然需要被部署到不同的节点,形成一个应用网络,否则也就无所谓分布式系统。因此,对于一个分布式系统而言,P(分区容忍性)是一个最基本的要求。此外,对于分布式系统而言,网络问题是一个必定会出现的选项,因此分区容忍性也就成为一个分布式系统必然需要面对和解决的问题。在这一前提下,实际的应用过程中,系统架构设计师只能根据业务特点,在 C(一致性)和 A(可用性)之间寻求平衡。

2. 互联网环境下的 BASE 理论

当分布式系统扩展成互联网这个超大平台时,CAP 理论也就相应地延伸成 BASE 理论。典型的应用如某款商品的抢购过程,可能前几秒用户浏览商品的时候页面提示是有库存的,当用户选择完商品准备下单的时候,因为系统不是强一致性,系统提示其下单失败,商品已售完。这其实就是先在 A(可用性)方面保证系统可以正常地服务,然后在数据的一致性方面做了些牺牲,弱一致性或最终一致性虽然多少会影响用户体验,但保证了系统整体的可用性。

互联网环境下的这种 Web 应用,体现的就是 BASE 理论的基本思想,其基本原理是,互联网环境下的 Web 应用,即使无法做到 CAP 理论的强一致性(在分布式系统中,针对一个数据项的更新操作执行成功后,所有的用户都能读取到最新的值),也要保证以下基本性能,即基本可用(Basically Available)、软状态(Soft State)、最终一致性(Eventual Consistency)。

(1)基本可用是指分布式系统在出现故障的时候,允许损失部分功能和响应时间等,以保证系统的整体可用。譬如,购物网站在购物高峰时期(如“双十一”),为了保护系统的稳定性,将部分消费者引导到一个降级页面,通过对一些非必要服务功能的屏蔽,保证系统核心功能的可用。在电商系统中,购物车、结算这类功能就是核心功能,是绝对需要保证可用的,而像个性化的自动商品推荐服务等就可以暂时不提供,这就是通过部分功能上的损失,保证系统的整体可用。再如,正常情况下搜索引擎要求在 0.5 秒之内就要返回给用户相应的查询结果,但在系统出现故障(比如系统部分机房发生断电或断网故障)的情况下,查询响应时间可能会延迟为 1~2 秒,这是通过响应时间的损失,保证系统的整体可用。

(2)软状态是指允许系统存在中间状态,而该中间状态不会影响系统整体可用性。分布式存储中一般一份数据会有多个副本,允许不同副本同步延时就是软状态的一种体现。

(3)最终一致性是弱一致性的一种特殊情况,是指不能保证在任意时刻、任意节点上同一项数据的各个备份其版本相同。但是随着时间的迁移,系统经历一段时间后,所有数据副本都得到全部更新,最终能够达到强一致性的效果。

例如,网上商城的订单系统中,在下单完成进行支付的过程中,页面显示"支付中",这是等待支付系统彻底同步完数据,订单系统才显示支付完成。页面显示"支付中"的这段时间,就是系统存在中间状态的阶段,但这个中间态不会影响系统整体可用性,它可以理解为是弱一致性的表现。在允许出现中间状态的情况下,经过一段时间之后,所有数据状态才最终达到一致,从而在页面上显示为"支付成功"。

3.3.3 SQL 数据库 vs NoSQL 数据库:核心技术上的对比分析

关系模型和事务处理技术是曾获得图灵奖的重大科研成果和技术突破,是支撑关系数据库成功应用的核心。在第 2 章中,我们对关系模型和事务处理进行了较为详细的技术分析。为了更好地揭示 NoSQL 数据库核心技术的应用特点,体现其在特定应用领域里技术应用上的本质突破,我们以最能够体现大数据核心技术思想的 MapReduce 为例,对关系数据库和 NoSQL 数据库进行核心技术上的对比分析。

能够体现大数据核心技术思想的 MapReduce,为大数据技术体系的建立和完善提供了最基本的编程和计算模型,该模型有效地支持了分布式集群应用的横向扩展,成功地推动了大数据技术的崛起和后续的成熟应用。在很多大数据处理框架中,MapReduce 不仅是核心的大数据处理技术,而且还能为大数据应用提供核心的编程环境。

在具体的技术上,MapReduce 采用"分而治之"的思路,把对大规模数据集的处理过程高度抽象为两个函数:Map 和 Reduce。Map 负责把一个任务分解成多个子任务,Reduce 负责把分解后的多个子任务处理的结果汇总起来。通过一个主节点的 Map 操作,把任务分发给其管理下的各个分节点来共同完成,然后通过整合各个节点的中间结果(对应 Reduce),得到最终结果。因此,MapReduce 的执行过程就是:任务分解+结果汇总。MapReduce 巧妙地利用弹性空间和有效的任务分解,对分布式计算过程进行了有效的拆分和整合,非常适用于数据挖掘与机器学习等需要反复迭代计算的应用场景。

需要注意的是,用 MapReduce 来处理的数据集(或任务)必须具备以下特点:待处理的数据集可以分解成许多小的数据集,而且每一个小数据集都可以完全并行地进行处理。在这个前提下,支持分布式计算的 MapReduce 框架,负责处理并行编程中的分布式存储任务调度。虽然 MapReduce 的计算思想是由谷歌在搜索引擎的开发过程中首先提出的,但由于谷歌对于其商业机密的保护,旁人无从知道其具体实现的技术细节。作为开源软件的杰出代表,Apache Hadoop 利用 MapReduce 思想,成功地实现了一个面向大数据处理的计算框架,并形成了一个高速发展、广泛支持大数据应用的生态系统。在 Hadoop 中,每个 MapReduce 任务都被初始化为一个 Job,每个 Job 又可以分为两个阶段:Map 阶段和 Reduce 阶段。这两个阶段分别用两个函数表示,即 Map 函数和 Reduce 函数。Map 函数接收一组<key:value>形式的输入,通过集群内部一系列应用操作,产生一组新的形式如<key:(list of values)>的中间输出。然后 Reduce 对这个 value 集合进行特定的运算处理,最后作为计算结果的输出,也是一组<key:value>的形式。

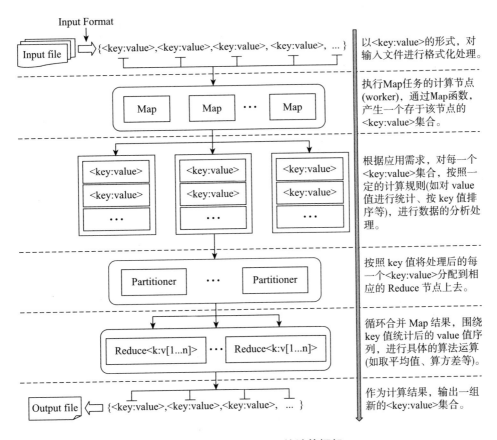

图 3－7　MapReduce 的计算框架

图 3－7 从应用逻辑的角度,对 MapReduce 计算思想进行了模型的框架描述。在 MapReduce 的计算框架下,Map 和 Reduce 是两个泛化的函数概念。在具体应用中,Map 和 Reduce 函数,尤其是 Reduce 函数,其对应的具体操作和算法,由程序员根据大数据系统开发的需要,自行进行算法设计。在 Hadoop 的大数据平台下,MapReduce 对应一个具体的计算模型,其计算过程需要与 HDFS 紧密配合。但操作的数据集是明确的<key:value>集合的形式。例如,假设你的手机通话信息保存在一

个 HDFS 的文件 callList. txt 中,你想找到与同事 A 的所有通话记录并排序。因为 HDFS 会把 callLst. txt 分成几块分别存储,比如说分成 5 块,那么对应的 Map 过程就是找到这 5 块所在的 5 个节点,让它们分别找到相应存储与同事 A 通话记录的存储块,对应的 Reduce 过程就是把这 5 个节点过滤后的通话记录合并在一起并按时间排序。MapReduce 的计算模型通常把 HDFS 作为数据来源。

对应如图 3 - 7 所示 MapReduce 的计算框架描述,我们给出一个具体的应用事例。

假设某电商平台,根据需要临时决定统计汇总各种商品在一时间段内的点击次数,用于后续各种个性化服务推送的设计等方面的决策分析。支持这一应用需求,在电商平台动态时间窗口下,统计各种商品浏览次数的数据格式及所统计的部分数据如图 3 - 8 所示。

针对图 3 - 8 所示的数据集,我们直觉地认为,传统的关系数据库很容易处理这样简单的数据统计要求。但是,经过认真分析,我们发现,在这样一个特定的应用场景下,传统的关系数据库会遇到很多在静态应用环境下未曾出现的技术挑战。

商品 ID. 浏览次数
042125. 5
042108. 33
042112. 20
042127. 6
042156. 28
042122. 45
042090. 9
042143. 15
042127. 53
042108. 9
042127. 42
042082. 12
042056. 40
042108. 10
042012. 9
042122. 13
042007. 12
042012. 32
042108. 18
042127. 25
042105. 8
042056. 24

图 3 - 8 某电商平台动态时间窗口下统计各种商品浏览次数的数据格式

(1)关系数据库适合于单机存储,其存储容量有限。相同的配置,几十万行的表还勉强可以设置索引,把平均查询时间控制在 1 秒左右,但千万行的表维护起来就很难了,有些查询甚至要耗费一分钟。而电商网站每天的点击记录数量是百亿级别的,这会导致传统数据库的性能急剧下降。本例中,若使用关系型数据库中的关系表保存商品的浏览次数,当一次统计分析任务开始后,表就会被锁定。而一次统计分析任务是需要耗费时间的,在这段时间内,数据库管理系统将不能对该表进行写操作。若此时有新的浏览记录要被写入数据库,则可能面临写入失败的风险,而电商平台本身就是一个写操作频繁的场景,在执行分析任务的这段时间,如果系统无法响应写操作,势必会造成系统在一段时间内无法实现样本数据的采集。

(2)电商网站可以获取的数据非常多,一条记录可能包括上百个属性。本例中对各类商品的点击数进行统计,也许只是随机地进行市场用户分析。如果利用传统数据库的方法,首先需要针对原始数据,建立至少包含商品 ID 和点击数这两个字段的关系表,然后对这个表进行数值输入,再进行统计和汇总操作。处理系统运行过程中不确定的应用需求,不是传统数据库支持的应用模式。

（3）传统关系型数据库只能处理关系模型（二维表）的形式。如果要处理的数据含有图片等多媒体数据，则传统关系型数据库已无法进行处理。本例中，数据来源是文本文件，传统关系型数据库若要对文本文件中的数据进行处理，需要先建立关系模型，每张表有什么字段（列）要预先设计好，然后将原始数据按照格式填入表中，最后再对表进行操作，这虽然能够满足数据统计的应用需求，但操作较为烦琐。

联机并行处理数据不是传统关系数据库的技术优势，传统的关系数据面临的上述技术难题，恰恰是诸如 MapReduce 等大数据技术擅长处理的应用需求。MapReduce"分而治之"的技术思想，其核心竞争力就是支持多机并行处理，所以对电商平台大规模的点击量进行统计分析时，MapReduce 具有先天的性能优势。

（1）MapReduce 可处理多种多样、不同格式、不同来源的数据，包括本例中的文本文件形式的数据源。它不需要严格的数据格式，不需要预先建立表，只需要在数据读入后进行相应的处理，这样就避免了额外建表的开销。

（2）使用 MapReduce 对电商平台的各类商品的点击率进行统计分析，没有表锁定的应用过程。即任务开始时建一个数据文件，所有的写操作都由该文件进行记录汇总，然后在分析阶段开始之前另建新文件，统计分析过程的数据操作任务时，读取旧文件中的数据，执行分析任务期间的数据采集，写入新文件，不会影响系统对后续各种实时数据在写操作方面的响应。

（3）传统数据库中的数据组织形式是具有索引的 B+树结构。检索数据时是通过查找 B+树，获取数据的存储地址，再按照地址进行磁盘索引，最终找到所需要的数据。每一次数据库查询都要经过这几个步骤，所以传统数据库适合小规模数据的操作处理。对于大规模数据，若使用传统数据库进行分析，就会在磁盘读写操作上耗费大量的时间，导致性能的急剧下降。对于 MapReduce 来说，它往往不要求数据有确定的格式，支持批量读写（一次写入多次读取），处理数据时按照批量顺序读写。这样 MapReduce 在处理大规模数据时，花费在磁盘寻址上的时间会大大缩短。因此，针对统计电商平台一段时间内各个商品的点击数这个应用任务，即使能够利用传统数据库进行分析，由于该任务需要大量的磁盘读写操作，性能表现也比较差。MapReduce 批量读写的技术特点，避免了多次磁盘寻址操作带来的时间消耗，使统计和分析的性能大幅提升。

结合图 3-7 所示的 MapReduce 的技术处理过程，对电商平台上各种商品进行动态点击率汇总分析的技术路线如图 3-9 所示。

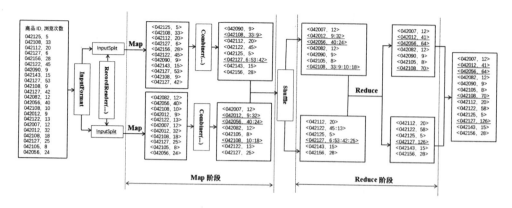

图 3-9　对应图 3-7"MapReduce 的计算框架"的一个应用实例

3.3.4　关系数据库 vs NoSQL：平台架构层面的要素整合与技术融合

并行关系数据库技术追求高度的数据一致性和系统容错性。根据 CAP 理论，在分布式系统中，一致性、可用性、分区容忍性三者不可兼得。因此，传统的关系数据库无法胜任大数据分析的任务，无法支持较强的应用扩展。而系统的高扩展性，则是大数据分析最重要的应用需求。以 Hadoop 为代表的非关系数据库分析技术，具有很强的高扩展性，能够满足大数据分析的应用需求，在互联网信息搜索和其他大数据分析领域取得重大进展，但在一些需要保证强事务一致性的关键性业务上，目前包括 MapReduce、Hadoop、Spark 在内的一些主流大数据计算框架和大数据处理技术，则往往只能采用传统的关系数据库的事务处理技术。

Web 应用的自由扩展，导致互联网环境下数据格式的多种多样。如果不能从数据整合的角度进行综合的大数据关联分析，则互联网环境下的大数据资源价值会大打折扣。因此，如何实现各种数据格式的整合分析，是大数据技术面临的一个重要的技术与应用挑战。图像、语音、文字都有不同的数据格式，在大数据存储和处理中，图像、语音、文字的融合，即多媒体数据格式的应用处理，已经体现了多格式数据融合的应用趋势。从数据融合和数据整合的角度，实现多平台数据格式的无缝集成和多维应用分析，是大数据技术未来的一个重要发展方向。

从高扩展性的角度、数据结构的角度以及数据融合的角度，SQL 和 NoSQL 构成了一枚硬币的两面。随着互联网环境下业务模式融合度的加深，为了实现个人、企业和各种应用之间各种数据的有效整合，对于那些结构化、非结构化乃至半结构化数据并存的复杂业务环境，经常会采用混合架构的广义大数据架构平台。这种广义的大数据架构平台，能够多维度地满足业务一致性、数据海量化、资源高可用、平台高扩展的层次化应用需求。基于对客观世界全面描述的需要和 Not only SQL 这种多元价值融合的思想,结合此前图 3 - 5 所示的一个基于技术融合泛化集成的数据管理体系,我们从基本数据概念集成的角度出发,对泛数据库体系的内涵进行了扩容,其扩容方向如图 3 - 10 所示。

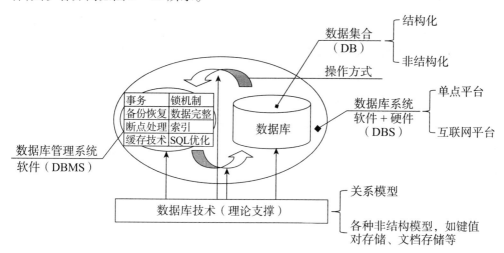

图 3 - 10　泛数据库体系的内涵扩容方向

　　而这种技术融合的思想,也逐渐在很多商用大数据平台的架构中得以体现。如图 3 - 11 所示的网易猛犸大数据的平台结构中,就对传统的结构化数据技术和互联网环境下的非结构、半结构化的数据技术进行了混成式的系统集成,以满足不同层次、不同用户、不同场景、不同类型的应用需求。再如,亚马逊作为一个遍布全球的大型购物平台,就使用不同类型的数据库来支撑它不同环节的电子商务应用:对于"购物篮"这种临时性数据,采用键-值对存储;对于提交的订单数据,利用关系数据库系统;而对于大量的历史订单,则是将其保存在类似 MongoDB 的文档数据库中。

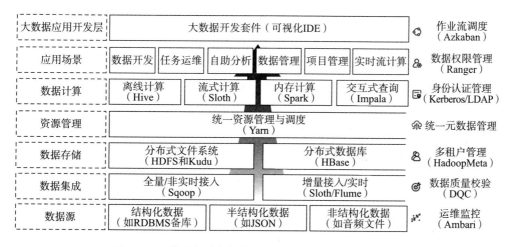

图 3 - 11　集成多种数据格式的网易猛犸大数据平台架构

3.4 大数据的技术门派及对比分析

3.4.1 谷歌 vs Hadoop

大数据领域的技术产品,公认最好的是谷歌公司的搜索引擎。业界只知道它是基于 C++语言开发的,这一款世界上最为成功的搜索引擎一直蒙着一层神秘的技术面纱。谷歌搜索引擎成功执行的核心技术及其原理,是谷歌公司最为顶级的核心商业机密。但英雄总不会一直甘于寂寞,为了维护自己作为行业技术先驱的霸主地位,通过适当地秀"肌肉"巩固自己在行业中的盟主地位,也是一种常用的商业手段。为此,谷歌公司分别于 2003 年、2004 年、2006 年,在相关的顶级国际会议上先后发表了 3 篇学术论文,从技术原理的角度介绍了支持其搜索引擎高效运行的技术原理,一时轰动计算机学术界,成为计算机发展史上一个里程碑式的存在。为了更好地描述大数据技术的演变路线,我们详细地列出这三篇代表作。

(1) 2003 年,提出了一种名叫 GFS(Google File System,Google 文件系统)的大数据存储方式(偏底层架构)。

Sanjay Ghemawat,Howard Gobioff,Shun-Tak Leung. The Google File System. SOSP' 2003:29 - 43.

(2) 2004 年,提出了一种名为 MapReduce 的大数据处理的编程模型(偏数据处理思想)。

Jeffrey Dean,Sanjay Ghemawat. MapReduce:Simplified Data Processing on Large Clusters. OSDI' 2004:137 - 150.

(3) 2006 年,提出了一种名为 Bigtable 的大数据存储方式(偏数据库本身)。

Fay Chang,Jeffrey Dean,Sanjay Ghemawat,et al. Bigtable:A Distributed Storage System for Structured Data. OSDI' 2006:205 - 218.

关于这三篇大数据领域奠基性的学术论文,其学术思想总结如下。

(1) 2003 年发表的是有关 GFS 技术的论文,GFS 本质上是一个支持数据敏捷扩展的分布式文件系统,可以实现对大型、动态、分布式的海量数据的有效管理。传统数据库的文件系统存在如下问题:一是硬盘不够大,二是数据存储容错性弱。而谷歌提出的 GFS 技术,则有针对性地解决了这两个问题。具体而言,GFS 针对性的核心技术是:第一,有效实现了硬盘的动态横向扩展;第二,利用数据冗余提高系统的容错能力。如我们在 CAP 理论中提到的,分布式系统的动态横向扩展,是在系统不停机的前提下,运维人员通过简单增加服务器数量的方式实现的,尤其是通过简单增加廉价的或同类型的服务器数量,突破系统性能的瓶颈限制,进而提升系统性能。因为 GFS 部署在廉价的普通硬件上,存储能力动态的横向扩展,在理论上可以保证数据库系统能存储无限量的数据。与之对应的则是,硬件系统成本的大幅降低,可以将文件分割成很多块,用冗余的方式储存于机器集群中,数据冗余多份备存,多份数据同时损坏的概率几乎为零,这就从根本上提高了系统的容错性。后来实现这个技术的 Hadoop 大数据计算框架,客户端的原始数据项在集群上默认的数据冗余度是 3,即用户端的数据项在集群上再做三个副本备份。通常的策略是,第一个副本放在和 Client 相同机架的节点上(如果 Client 不在集群里,那么第一个副本就随机选取有空闲资源的集群节点),第二个副本放在与第一个节点不同的机架上,第三个副本则存放在第二个副本所在机架的不同的节点上。

(2) 2004 年发表的 MapReduce 相关论文,描述了大数据的分布式计算方式,主要思想是将计算任务分解,然后在多台处理能力较弱的计算节点中同时处理,再将结果合并从而完成大数据处理。我们在 3.3.3 节中已经详细介绍过了其基本原理,这里不再赘述。

(3) 2006 年发表的有关 Bigtable 的论文,提出了一个 Bigtable 的数据存储思想:把大量的属性集合组合成一张表。一般而言,Bigtable 可以包含多个列簇。Bigtable 中的一个列簇,等价于一个关系表的属性集合,或是多个关系表的属性组合。Bigtable 可以看作对 GFS 底层应用透明的上层数据建模。GFS 是分布式文件系统,Bigtable 是建立在 GFS 之上的。这就像文件系统需要数据库来存储结构化数据一样,GFS 也需要 Bigtable 来存储结构化或半结构化数据,每个 Bigtable 都是一个多维的稀疏图,为了管理巨大的 table,把 table 根据行分割,这些分割后的数据统称为 tablets。每个 tablets 大概有 100~200 MB,每个机器存储 100 个左右的 tablets。底层的架构是 GFS。由于 GFS 是一种分布式的文件系统,采用 tablets 的机制后,可以获得很好的负载均衡。可以把经常响应的表移动到一些空闲机器上,然后快速重建,提高系统的响应速度。

正是 GFS、MapReduce 和 Bigtable 的技术火花,催生了后续的一大批大数据技术产品,成为后续绝大部分商用大数据技术产品追求的技术方向。鉴于谷歌公司技术上的保密性,业界在那个历史阶段只能从原理上理解谷歌搜索引擎成功执行的技术思路,而针对自己的业务需求,开发一套功能类似乃至超过谷歌公司产品性能的大数据处理产品,在当时是一项可望而不可即的事情。

数据搜索引擎的巨大市场需求,是不会允许一家独大的商业模式长期存在的。"小荷才露尖尖角,早有蜻蜓立上头。"2004 年谷歌 MapReduce 的大数据处理思想刚一提出,就引起了一位刚刚失业、名叫 Doug Cutting 的业界程序员的关注。根据 MapReduce 的计算思想,分布式应用可以很容易地实现跨服务器集群的超大规模并行计算。Doug Cutting 当时正在研发一个名叫 Lucene 的搜索技术,利用谷歌提出的 MapReduce 中分布式并行计算的思想,他所面临的技术瓶颈,即分布式系统横向的存储扩展问题,得到了根本性的应用突破。进而,根据 GFS 和 MapReduce 的思想,Doug Cutting 创建了一个开源的分布式计算框架,支持使用简单的编程模型,实现跨计算机集群进行大型数据集合的处理。如何给他的新产品(从后来的技术发展看,这只是 Hadoop 的一个早期原型系统)起个很酷的名字呢? 有一天,Doug Cutting 看到牙牙学语的儿子,抱着个黄色小象,并亲昵地叫它 Hadoop,他灵光一闪,就把这项技术命名为 Hadoop,而且还用了黄色小象作为自己产品的 Logo(如图 3-12 所示)。

图 3-12 Hadoop 之父 Doug Cutting 以及 Hadoop 的产品 logo

此后不久,Doug Cutting 就在美国 Apache 软件基金会(Apache Software Foundation,简称为 ASF)的资助下,发布了他的开源 Hadoop 系统。Apache 软件基金会是一个专门为支持开源软件项目而创办的非营利性组织。该基金会对商业领域的开源软件的使用较为友好,如果使用其提供的开源软件的公司,在使用过程中有了自己的技术贡献或技术拓展,则基金会不强求公司开源发布,公司可以将其视为自己的商业资产。因此,Apache 软件基金会资助的开源软件,用户基础非常广泛。这就为 Hadoop 的技术推广奠定了良好的业界生态环境。Hadoop 是基于 Java 编程语言实现的一种开源软件,Java 平台本身就是一种开源的软件开发模式,在程序员群体中的应用程度最高。因此,基于 Java 开发的产品放在 Apache 上更有利于交流改进。从 Doug Cutting 提出 Hadoop 原始版开始,这款作为全球技术福利的大数据技术,得到了众多软件爱好者的集体青睐。借助美国 Apache 软件基金会的资助,Hadoop 更是受到了全球搜索引擎领域软件程序员的关注。

2006 年,Cutting 正式加入雅虎(Yahoo)公司。这时他领导着一支一百人的团队帮助完善了他的 Hadoop 项目,这期间的开发工作进行得卓有成效。不久之后,雅虎就宣布,将其旗下搜索业务的架构迁移到 Hadoop 上。两年后,雅虎便基于 Hadoop 启动了第一个应用项目 Webmap。这是一个用来计算网页间链接关系的算法,该算法在相同的硬件环境下,基于 Hadoop 的 Webmap 的数据处理速度是之前系统的 33 倍,极大地体现了基于 Hadoop 框架的技术应用优势。

技术垄断是世界开放的绊脚石。以谷歌搜索引擎为代表的大数据技术,是基于C++语言而实现的商用产品,其内在的实现过程和技术细节,属于谷歌的商业机密,"不足为外人道也"。开源生态系统所凝聚的群智力量和强大的技术生态体系,不仅大大地改善了 Hadoop 软硬件产品的用户体验,还跨越性地促进了产品研发的创新发展。与其说最终是 Hadoop 战胜了谷歌,不如说是开源模式战胜了封闭模式,这也成了最早成功实现大数据技术应用的谷歌公司的一块心病。为他人作嫁衣的遗憾,促使谷歌在后来推出智能手机操作系统,即谷歌的安卓系统时,很明智地选择了开源软件的商业模式,这也是谷歌汲取此前的 MapReduce 技术的经验教训而采取的一种明智之举。

虽然 Hadoop 表现惊艳,但在当时并非所有公司都有条件来使用,与此同时,用户需求却在日益增加。传统行业大公司(如银行、电信公司、大型零售商等)只关注自身的产品,却不想在技术工程和咨询服务上过多投入,它们需要一个可以帮助其解决问题的平台,希望通过 Hadoop 来处理之前只能被直接抛弃的大规模数据。开源技术集思广益的强势发展,使得 Hadoop 迅速成为大数据领域主流的技术产品,全球范围内众多企业借助开源免费的 Hadoop 技术,极大地推动了各自的业务开展。于是在对 MapReduce 思想进行深入理解和技术实现的过程中,Hadoop 的技术越来越趋向于一个普适的大数据处理平台技术。

2006 年,Hadoop 项目正式在 Yahoo 商用时,Hadoop 只代表了两个组件:HDFS(Hadoop Distributed File System)和 MapReduce。鉴于 Hadoop 是基于开放源代码所建构起来的一套大数据处理技术,发展到现在,Hadoop 这个单词还逐渐代表与之相关的一个不断成长的生态系统。海纳百川的系统开源模式,集中了更多的智慧火花。众多软件爱好者和程序员的集体智慧,使得 Hadoop 技术不断得到完善,促成了Hadoop 从草根阶层到行业翘楚的身份逆袭,后来居上,快速成为国际范围内大数据领域的主流技术,其应用遍布制造、电信、金融等众多行业。

作为对比分析,表 3-4 列出了谷歌公司的大数据关键技术名称,以及 Apache旗下 Hadoop 的关键技术名称。

表 3-4　大数据关键技术名称:谷歌 vs Hadoop

谷歌公司原创的关键技术名称	Apache 旗下 Hadoop 的关键技术名称
GFS(Google 文件系统)	HDFS(Hadoop Distributed File System)
MapReduce(一种编程模型)	MapReduce(拿来主义)
Bigtable(分布式数据存储系统)	HBase(分布式的、面向列的开源数据库)
独家技术(不开源,如何实现不对外公布)	开源软件

Hadoop 的 HDFS 和 HBase 是依靠外存(硬盘),实现分布式文件存储和分布式表存储。HDFS 是基于"云储存"的一个分布式文件系统,即把一个文件分块,通过冗余存储的方式,分别存储在多个(默认是 3 个)节点(集群内的服务器)上。因此,即使出现少数节点的失效(如硬盘损坏、掉电等),文件访问也不受影响。相对HDFS 文件级别的存储,HBase 是表级别的存储。HBase 是表模型,但比 SQL 数据库的表要简单得多,没有链接、聚集等功能。HBase 的表是物理存储在 HDFS 上的。譬如,一个 HBase 表,可以分成 4 个 HDFS 文件并进行存储,所以 HBase 不再做备份处理。

3.4.2 Hadoop vs Spark

Hadoop 和 Spark 都是 Apache 旗下的大数据框架。Hadoop 由一系列技术元素构成,具有完整的技术生态环境。Hadoop 技术框架的底部是 HDFS,HDFS 以文件管理的方式,存储了 Hadoop 集群中所有存储节点的文件。HDFS 的上层是 MapReduce引擎,该引擎由 JobTrackers 和 TaskTrackers 组成。利用 Hadoop 的 HDFS 和 MapReduce,上层的编程环境给用户提供了 HBase 的表模型。利用 HBase,用户也可以进行大数据的编程处理。Spark 是在 Hadoop MapReduce 模型上发展起来的一个大数据计算框架。Spark 的技术创新,是基于 Hadoop 在特定应用下的技术突破。在某种程度上,Spark 可以看作 Hadoop 的升级版。

就核心技术而言,Spark 的技术创新集中体现为,把内存计算引入到大数据的处理过程中,技术对标环节是 Hadoop 的 MapReduce。在这个大数据处理环节,Spark具有明显的技术突破。Hadoop 的数据处理技术路线是:从 HDFS 读取数据,进行一次 Map 处理,将中间结果写到 HDFS,再进行一次 Reduce 处理,最后将最终结果存到HDFS 中。这个过程不可避免地会涉及磁盘读写(I/O)的发生。在数据挖掘与机器学习等应用过程中,经常会涉及大量的迭代计算。迭代运算的数据处理环节,除了每次迭代使用上次迭代的结果外,几乎没有其他方面的计算关联。但每一轮次的迭代过程,都会导致两次磁盘读写的发生,即磁盘的 I/O 操作。相对于内存的读写,磁盘的 I/O 操作是一个非常耗时的寻址过程。因此,现有的 Hadoop 大数据计算框架,对这两类应用的处理效果并不理想:一类是以迭代式算法为主的应用,而迭代式算法在图计算和机器学习领域是很常见的算法操作;第二类是基于流计算模式的交互式数据挖掘应用,如基于实时大数据流的在线数据分析。

示例: 计算 1+2+3+4+5+6+7+8+9+10。

分析说明

对于这个从 1 加到 10 的迭代计算,在具体的大数据应用中,绝不会出现这么简单的计算任务。但是,这个例子能够很好地帮助读者理解迭代计算的计算特点。如果我们利用 Hadoop 的计算框架进行计算,Hadoop 在处理的时候,第一次计算 1+2,得到结果 3 以后,系统会将结果写入 HDFS。本次任务结束后,再开启一个新的任务计算 3+3,以此类推,直到计算结束。在这个计算过程中,每次迭代的计算过程,就对应一次读写磁盘(I/O)的过程,在逻辑上对应一个个子任务的拼接过程。如果利用 Spark 的计算框架,每一轮的计算过程都基于内存的读写过程,只在最后一轮将结果写入 HDFS。这在逻辑上就是一个迭代任务,而不是很多个子任务的拼接。因此,Hadoop 基于磁盘读写的计算过程,在计算速度上比 Spark 基于内存读写的计算过程要慢很多。

计算速度是大数据处理的首要技术追求。针对这些特定应用场景下的计算需求,Spark 有针对性地对 Hadoop 的 MapReduce 应用环节进行了技术创新。从技术上而言,Spark 很好地利用了目前服务器内存越来越大这一优点,通过内存计算的方式,减少磁盘的 I/O 操作次数,实现计算性能的大幅提升。或许读者会问:如果应用程序特别大,内存能放下多少 GB 呢?而实际的应用情况是,截至目前,IBM 服务器的内存已经能够扩展到 TB 级别。通过利用内存计算技术,Spark 对 Hadoop 计算框架下的 MapReduce 环节进行了有效的技术创新,有效地提高了大数据的计算速度。Apache Spark 公开的技术指标测试表明,在执行 Logistic regression 任务时,用 Spark 要比用 Hadoop 快大约 100 倍。

Spark 中最核心的概念为 RDD(Resilient Distributed DataSets,弹性分布式数据集)。利用 RDD 技术,Spark 将中间数据处理放到内存中进行高速执行,仅在内存不足时才批量存入磁盘中。基于内存计算的设计思路,使 Spark 有效减少了磁盘的 I/O 操作,提升了计算过程的处理速度,尤其是在流式计算、迭代计算、图计算等方面,计算的迭代次数越多,Spark 的优势越明显。

此外,Hadoop 的 MapReduce 计算环节,主要处理大规模的静态数据,没有考虑到对动态数据的计算支持。对于需要实时处理的任务,它只能一个一个地完成任务,每次任务执行都要启动一次 JVM,从而产生一定的时间延迟。而 Spark 计算框架在处理基于流计算模式的动态数据时,只启动一次 JVM 就能够实时地快速响应处理,适用于实时推荐系统等在线大规模数据处理的应用场景。

Spark 有效支持迭代计算和流计算的应用优势,这也给它带来了计算场景的依赖性。对于大规模静态数据处理,Spark 的计算框架相对 Hadoop 无明显的技术优势。Spark 的缓存技术在面对单次任务的时候也并无优势可言。而更高的容错率使得 Hadoop 成为数据密集型并行计算方面的首选。Spark 为诸如迭代计算为主的计算场景提供了新的计算引擎。作为 Apache 旗下的大数据处理技术,Spark 和 Hadoop 有效地实现了技术上的优势互补。而为了能够有效地实现技术上的向下兼容,Spark 也很好地支持了 Hadoop 的生态环境。一些 Hadoop 使用的组件(如 YARN、HDFS),在 Spark 中也能够很好地进行应用兼容。因此,可以将 Spark 看作 Hadoop 生态圈中的一员。

图 3-13 对 Google、Hadoop 和 Spark 三个主流的大数据处理技术,进行了一体化的技术生态衍化分析。

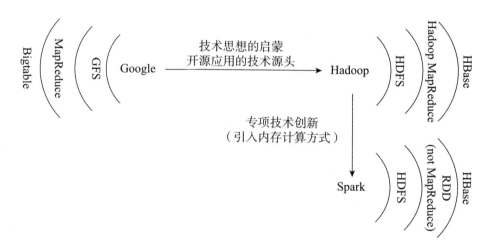

图 3-13　典型大数据技术 Google、Hadoop 和 Spark 内在的技术衍化分析

3.5　网页大数据应用实例:网页检索的技术路线

本节我们以搜索引擎为例,针对网页大数据资源,讨论网页检索的技术路线。搜索引擎的处理对象是互联网网页,网页是一类特殊的文档形式。在实际的应用中,文档的概念更为宽泛,代表以文本形式存在的存储对象,Word、PDF、html、XML 等不同格式的文件都可以称为文档,一封邮件、一条短信、一条微博也可以称为文档。若干文档构成的集合称为文档集合,海量的互联网网页或者大量的电子邮件,都是文档集合的具体例子。

3.5.1　网页检索的基本原理

索引本质上是基于目标内容而预先创建的一种数据结构,目的在于提高对目标内容的查询效率。例如,图书目录就是一种典型的索引形式。我们在翻看图书的时候,利用目录内容可以很容易地找到相应的章、节及其对应的页码位置。

以图书目录为例,我们进一步思考:创作的时候,是先构思一个目录大纲,还是先毫无目标地乱写一通? 显然是先考虑基本的目录大纲,然后围绕设计好的目录大纲,组织材料进行内容撰写。因此,为了更好地对网页大数据资源进行有效的查询管理,需要设计一种高效的索引机制。纲举目张,说的就是这个道理。

支持网页检索的索引机制,利用的是一种称为"倒排索引"的技术手段。什么是倒排索引? 如果没有正排索引,那何来倒排索引? 因此,我们这里需要先知道什么是正排索引。

3.5.2　正向索引的基本原理

正排索引,学术上正式的名称为"正向索引"(forward index);倒排索引,学术上正式的名称为"反向索引"(inverted index)。为了全面理解普遍应用于互联网检索的倒排索引技术,我们先讨论正排索引的基本原理。

从技术上而言,对索引的对象,首先会以文档的形式进行命名处理。每一个文档对应一个唯一的 ID。文档的内容,则可以形式化地表达为一系列关键词的组合。经过这种形式上的统一处理,每一个文件就会分别对应一系列关键词的集合。在此基础上,还会对每一个关键词进行特定的属性描述,如该关键词在文档中出现的次数、在文档中每次出现的位置信息等。

利用这种预处理后的各种数据信息,正向索引的数据结构可以用以下的方式进行描述和定义。

文档 i. ID｛关键词 1:出现次数,出现的位置列表;关键词 2:出现次数,出现的位置列表;…关键词 n:出现次数,出现的位置列表｝

正向索引的数据结构,是一种典型的键-值对存储形式的数据结构,这里文档 ID 是键(key),对应某一个文档的所有关键词及相关属性,就是文档的值(value)。

基于正向索引机制的网页索引库的构建实例

我们以 2019 年 5 月 18 日发布的网页"Cloud Computing Definition"(https://www. investopedia. com/terms/c/cloud-computing. asp)为例,对正向索引的建立过程进行实例分析。假设网页已经以文档的形式保存在磁盘上,该网页的 ID 为"5001",文件名为"5001. html",若我们要对这张网页中的内容建立正向索引,需要如下几个步骤。

第一,网页内容的预处理过程。

即过滤掉多余的 HTML 标签、代码等信息,仅保留有效的文本内容。经过预处理后的网页部分内容,如图 3-14 所示。

Cloud computing is the delivery of different services through the Internet. These resources include tools and applications like data storage, servers, databases, networking, and software.
...
Cloud computing can be both public and private. Public cloud services provide their services over the Internet for a fee. Private cloud services, on the other hand, only provide services to a certain number of people.
...
As with any technology, there is a learning curve for both employees and managers.
...

图 3-14 网页 https://www.investopedia.com/terms/c/cloud-computing.asp 经过预处理后的部分内容

第二,网页内容的分词过程。

在 3.3.1 节中,我们利用非关系型数据库 MongoDB,对基于键-值对的数据结构及其应用进行了实例分析。这里我们依然使用数据库 MongoDB 作为非结构数据的处理平台,分析对网页进行正向索引的操作过程。

对第一步预处理过的网页内容,使用分词算法,分隔出内容中的每个单词。这里我们需注意的是,我们是以英文网页为例,对于中文或其他的语种,都有相对应的分词算法。对于英文内容来说,可以以空格和标点符号作为分隔符,分隔出每个单词。当分词算法运行时,会顺序扫描整个文档,逐个分隔。为方便起见,我们将其都转为小写。在扫描的过程中,每分隔出一个单词,我们就将该单词出现的位置记录下来,将该单词出现次数的变量加 1。

第三,针对单个网页的索引建立过程。

以 https://www.investopedia.com/terms/c/cloud-computing.asp 为例,我们使用 MongoDB 提供的接口,为该网页建立正向索引的操作过程如图 3-15 所示。正向索引的内容,对应的就是对该网页进行分词操作的处理结果,这是后续对该网页进行正向索引的检索依据。从图 3-15 中我们可以很清楚地知道:单词"dictionary"出现了 2 次,其位置分别在第 6 行、第 525 行;单词"technical"出现了 2 次,其位置分别在第 30 行、第 140 行。

```
{
    "webID": "5001",
    "forwardIndex": {
        "education": {"count": 3, "position": [2, 114, 492]},
        "general": {"count": 2, "position": [5, 277]},
        "dictionary": {"count": 2, "position": [6, 525]},
        "economics": {"count": 1, "position": [9]},
        "technical": {"count": 2, "position": [30, 140]},
        "risk": {"count": 1, "position": [32]},
        ......
    }
}
```

图 3 - 15　为 https://www.investopedia.com/terms/c/cloud-computing.asp 建立正向索引
的操作过程

第四，网页索引数据库的建立过程。

对于互联网环境下的众多网页，需要对每一个网页都进行上述处理，从而形成一个网页索引数据库。针对网页 https://www.investopedia.com/terms/c/cloud-computing.asp，图 3 - 16 以关键词"education""general""dictionary""economics""technical""risk"为例，演示了把正向索引作为一条记录，录入网页索引数据库的操作过程。

```
C:\Users\Rin>mongo
MongoDB shell version v4.2.3
connecting to: mongodb://127.0.0.1:27017/?compressors=disabled&gssapiServiceName=mongodb
Implicit session: session { "id" : UUID("a4b5973c-71aa-4bbf-94d2-8239fa5063d5") }
MongoDB server version: 4.2.3
Server has startup warnings:
2020-05-26T00:53:39.564+0800 I  CONTROL  [initandlisten]
2020-05-26T00:53:39.564+0800 I  CONTROL  [initandlisten] ** WARNING: Access control is not e
nabled for the database.
2020-05-26T00:53:39.564+0800 I  CONTROL  [initandlisten] **          Read and write access t
o data and configuration is unrestricted.
2020-05-26T00:53:39.564+0800 I  CONTROL  [initandlisten]

Enable MongoDB's free cloud-based monitoring service, which will then receive and display
metrics about your deployment (disk utilization, CPU, operation statistics, etc).

The monitoring data will be available on a MongoDB website with a unique URL accessible to y
ou
and anyone you share the URL with. MongoDB may use this information to make product
improvements and to suggest MongoDB products and deployment options to you.

To enable free monitoring, run the following command: db.enableFreeMonitoring()
To permanently disable this reminder, run the following command: db.disableFreeMonitoring()

> db.forwardIndex.insert({
...     "webID": "5001",
...     "forwardIndex": {
...         "education": {"count": 3, "position": [2, 114, 492]},
...         "general": {"count": 2, "position": [5, 277]},
...         "dictionary": {"count": 2, "position": [6, 525]},
...         "economics": {"count": 1, "position": [9]},
...         "technical": {"count": 2, "position": [30, 140]},
...         "risk": {"count": 1, "position": [32]}
...     }
... })
WriteResult({ "nInserted" : 1 })
```

图 3 - 16　以关键词"education""general""dictionary""economics""technical""risk"
为例，为网页 https://www.investopedia.com/terms/c/cloud-computing.asp
录入索引数据库的操作过程

这里需要强调的是,在互联网环境下,索引内容是由系统程序逐条录入后台数据库中的。为了方便读者理解索引的建立和使用过程,本章所演示的索引建立过程,是通过命令行的形式展示的。至此,我们已经完成了为一个网页建立正向索引的操作过程。

第五,基于正向索引的网页检索过程。

若搜索引擎使用的是正向索引机制,则搜索引擎需要对每一个被收录的网页,都分别构建一个正向索引。对于用户提交的基于关键词的检索要求,搜索引擎会在其管理的索引库中进行检索操作。譬如,若用户要搜索含有关键词"education"的网页,搜索引擎就会在其建立的所有正向索引中,查询包含关键词"education"的正向索引,查询语句为:

```
> db. forwardIndex. find( {"forwardIndex. education" : { $ exists : true } } )
```

返回的查询结果如图 3 - 17 所示。从查询结果中,我们可以看到,编号为"5001"的网页的正向索引中,包含了关键词"education"。

```
> db. forwardIndex. find({"forwardIndex. education":{$exists:true}})
{ "_id" : ObjectId("5ee2016a5fbcf239af67de9e"), "webID" : "5001", "forwardIndex" : {
"education" : { "count" : 3, "position" : [ 2, 114, 492 ] }, "general" : { "count" :
2, "position" : [ 5, 277 ] }, "dictionary" : { "count" : 2, "position" : [ 6, 525 ] }
, "economics" : { "count" : 1, "position" : [ 9 ] }, "technical" : { "count" : 2, "po
sition" : [ 30, 140 ] }, "risk" : { "count" : 1, "position" : [ 32 ] } } }
>
```

图 3 - 17 基于正向索引机制对关键词"education"的查询结果

3.5.3 倒排索引的基本原理

搜索引擎的索引机制,本质上是一种实现"单词"到"文档"的映射机制。技术上有很多不同的方式来实现这一概念模型。正向索引的一个实例化的数据结构,可以形式化成如表 3 - 5 所示的"文档→单词"矩阵。通过查询索引库中的所有索引文件,可找到对应用户输入的关键词(单词)的文档。这个过程需要遍历所有的文档,然后针对关键词的属性规律,按照某种排序算法,将文档排序输出。这是一种典型的"文档"到"单词"的映射关系,即"文档→单词"的形式。基于这种数据结构的搜索引擎,需要遍历表 3 - 5 中所有文档的索引文件,才能得出最后的检索结果。

表 3 - 5 "文档→单词"的矩阵实例

	词 1	词 2	词 3	词 4	词 5	词 6	词 7	词 8
文档 1	√		√		√		√	
文档 2		√					√	

续表

	词 1	词 2	词 3	词 4	词 5	词 6	词 7	词 8
文档 3			√	√		√		
文档 4	√					√		√
文档 5		√		√				
文档 6	√				√		√	

　　具体而言,我们以表 3-6 所列的网页为例,讨论正向排序的应用效果。上节实例分析所使用的网页,在表 3-6 中的 ID 是 5001。假设表 3-6 中的所有网页,都已经按照 3.5.2 节中的技术路线,建立了正向索引库。当用户在搜索引擎中输入关键词"education"时,基于正向索引技术的搜索引擎,需要扫描如表 3-6 中所列出的网页大数据资源,找出所有包含关键词"education"的网页文档。根据"education"出现的频数多少,按照降序算法进行网页排序,并按照先后顺序呈现给终端用户。互联网环境下,对应表 3-6 中的网页数量几乎是天文数字。如果按照正向排序的索引方式,网页检索时间较长,很容易导致系统无法满足用户近乎实时的检索要求,即在用户可以接受的时间范围内(谷歌的技术要求响应时间≤0.2 秒),返回网页检索的排名结果。

表 3-6　网页集合实例

网页 ID	标题	网页 URL
...	...	...
5001	Cloud Computing Definition	https://www.investopedia.com/terms/c/cloud-computing.asp
5002	Learn Java Programming with Resources for Student	https://go.java/student-resources/
5003	Artificial brains may need sleep too	https://www.sciencedaily.com/releases/2020/06/200608093004.htm
5004	World's fastest Internet speed from a single optical chip	https://www.sciencedaily.com/releases/2020/05/200522095504.htm
5005	Edge Computing-Microsoft Research	https://www.microsoft.com/en-us/research/project/edge-computing/
...	...	...

　　为了缩短关键词检索的响应时间,我们对正向索引机制进行逻辑上的修订,即按照表 3-7 所示的"单词→文档"的数据结构,为搜索引擎建立一种称为"倒排索引"的索引机制。这里"倒排"的概念,是专门针对表 3-5 所示的数据结构的一种对

比格式,即针对"文档→单词"的这种应用逻辑,实现"单词→文档"的逻辑逆转。

表3-7 "单词→文档"的矩阵实例

	文档1	文档2	文档3	文档4	文档5	文档6	文档7	文档8
词1	√		√		√		√	
词2		√					√	
词3			√	√		√		
词4	√					√		√
词5		√		√				
词6	√				√		√	

在对网页进行分词处理的前提下,对正向索引的数据结构进行改造和重新构建,把文件 ID 到关键词的映射结构(文件 ID→关键词),转换为关键词到文件 ID 的映射结构(关键词→文件 ID),这就形成了非常适合网页搜索的倒排索引技术。

倒排索引的数据结构可以用以下的方式进行描述和定义。

关键词 i {文档 ID1:出现次数,出现的位置列表;文档 ID2:出现次数,出现的位置列表;…文档 IDn:出现次数,出现的位置列表}

这里的关键词 i 是 key,而该关键词对应的文档属性则是对应的 value,如文档的 ID 就是 key(关键词 i)的 value。每个关键词都对应着一组文档,这些文档中都包含这个关键词及其相关属性。显然,倒排索引的方式更能体现网页搜索的应用逻辑。

基于正向检索的数据统计结果,用倒排的方式建立支持关键词搜索的索引机制,这是互联网环境下数据检索在应用上的技术创新。各项实验数据表明,倒排索引是实现单词到文档映射关系的最佳方式,搜索引擎的效率会大大提升。譬如,对表3-5和表3-7进行对比分析,我们可以发现,基于倒排索引的搜索引擎,极端情况是需要遍历表3-7的每一行。按照统计分布规律,搜索引擎的平均查找时间,对应检索 $n/2$ 行(这里的 n 是矩阵行数)的操作时间。而表3-5对应的正向索引,每一次都需要遍历表的每一行才能得到最终的检索结果,搜索引擎的平均查找时间,对应检索 n 行(这里的 n 是矩阵行数)的操作时间。

更为突出的是,设文档总数为 x,关键词的个数为 y。在实际的互联网检索环境下,显然有 $x \gg y$,因为英语单词总数只有几十万,但互联网上的网页数以亿计,并且在不断增加。如果使用正向索引来检索某个关键词,必须遍历所有的文档,总时间是 x 的常数倍,这几乎是不可接受的。如果是倒排索引,因为单词是按序排好的,所以检索某个关键词的过程如同查字典,就相关文档检索而言,耗时相对小很多(一般前5个字母即可确定一个英语单词)。如果从理论的角度对这一过程进行具体分析,结果更为明显。譬如,如果使用正向索引进行搜索,系统需要遍历每一篇文档的正向索引,在每一篇文档的正向索引中使用哈希表定位某一关键词的索引项后,才能得出搜索结果,其算法的时间复杂度为 $O(x)$。若使用倒排索引进行搜索,系统仅仅需要直接访问该关键词的倒排索引(使用哈希表或单词词典),即可获知哪些文档出现了关键词,其算法的时间复杂度为 $O(1)$。搜索引擎收录的文档数 x 往往数以亿计,因此,从理论上的时间复杂度来看,基于倒排索引的检索,会远远快于基于正向索引的检索。

下面我们结合表 3 - 6 中的网页集合,对基于倒排索引机制的网页索引库的构建过程进行实例分析。

基于倒排索引机制的网页索引库的构建实例

第一,网页内容的预处理过程。

该部分的操作原理与技术应用,与 3.5.2 节中正向索引建立过程中的预处理过程相同。

第二,网页内容的分词过程。

该部分的操作原理与技术应用,与 3.5.2 节中正向索引建立过程中的分词过程相同。

第三,针对单个网页的索引建立过程。

在倒排索引中,每一个词语都对应一个列表,该列表中的项记录了该词语在哪些网页中出现过,以及出现的次数和行号。倒排索引的结构如下:

{"keyWord":"词语 1","webList":[{"网页 ID1":{"count":出现次数,"position":出现的位置列表},"网页 ID2":{"count":出现次数,"position":出现的位置列表},……]},

{"keyWord":"词语 2","webList":[{"网页 ID1":{"count":出现次数,"position":出现的位置列表},"网页 ID2":{"count":出现次数,"position":出现的位置列表},……]},

……

通过网页内容的分词过程,我们已经知道在编号为"5001"的网页中每一个词语出现的位置。如关键词"education"在编号为"5001"的网页中出现了 3 次,出现的位置在第 2 行、第 114 行、第 492 行。接下来,我们使用下面的语句,将本网页中"education"词语出现的次数和位置,写入倒排索引中。

db. invertedIndex. update({"keyWord":"education"},{ $ push:{"webList":{"5001":{"count":3,"position":[2,114,492]}}}},true)

这条语句是一条 MongoDB 更新操作,其功能是先在倒排索引中,找到关键词为"education"的文档(MongoDB 中,称数据记录为文档),然后在它的网页列表中,追加一项记录,内容为:编号"5001"的网页中的"education"关键词出现的次数和位置。第 3 个参数为 true,意思是:若找不到关键词为"education"的文档,则新建一个关键词为"education"的文档,并插入数据。对于本网页中出现的每一个词语,都执行一次上面这条语句,以将词语的索引信息写入倒排索引中。

第四,网页索引数据库的建立过程。

对于每一个网页,都执行上面的 3 个步骤,就能将该网页的索引信息添加到倒排索引中。譬如,编号为"5001"和编号为"5005"的网页中都有关键词"technical",执行上面的第三步操作,就会在倒排索引中依次增加和该网页有关的索引内容。现在,我们对表 3 - 6 中的 5 个网页都执行上面的 3 个步骤,一个收录了 5 个网页中词语的索引信息的倒排索引就被建立起来。我们以"education""general""technical""risk"为例,通过 db. invertedIndex. update( )语句,为表 3 - 6 中所列的各个网页,建立一个倒排索引,建立完成的倒排索引如图 3 - 18 所示。从图 3 - 18 中,我们可以发现:关键词"technical"在 ID 为"5001"的网页中出现了 2 次,分别在该网页的第 30 行、140 行;在 ID 为"5005"的网页中出现了 2 次,分别在该网页的第 1358 行、2041 行。

```
> db. invertedIndex. find()
{ "_id" : ObjectId("5ee22a7757e4e6d4b352cb0e"), "keyWord" : "education", "webList" :
[ { "5001" : { "count" : 3, "position" : [ 2, 114, 492 ] } }, { "5003" : { "count" :
3, "position" : [ 690, 734, 748 ] } }, { "5004" : { "count" : 4, "position" : [ 119,
783, 827, 841 ] } }, { "5005" : { "count" : 4, "position" : [ 209, 2382, 2384, 2394 ]
} } ] }
{ "_id" : ObjectId("5ee22a7757e4e6d4b352cb10"), "keyWord" : "general", "webList" : [
{ "5001" : { "count" : 2, "position" : [ 5, 277 ] } }, { "5004" : { "count" : 1, "pos
ition" : [ 153 ] } } ] }
{ "_id" : ObjectId("5ee22a7757e4e6d4b352cb38"), "keyWord" : "technical", "webList" :
[ { "5001" : { "count" : 2, "position" : [ 30, 140 ] } }, { "5005" : { "count" : 2, "
position" : [ 1358, 2041 ] } } ] }
{ "_id" : ObjectId("5ee22a7757e4e6d4b352cb3a"), "keyWord" : "risk", "webList" : [ { "
5001" : { "count" : 1, "position" : [ 32 ] } }, { "5003" : { "count" : 1, "position"
: [ 394 ] } }, { "5004" : { "count" : 1, "position" : [ 487 ] } } ] }
```

图 3 - 18　以"education""general""technical""risk"为例建立的索引库

第五,基于倒排索引的网页检索过程。

这里,我们使用倒排索引对关键词"technical risk"进行检索。在搜索引擎的搜索过程中,首先分别对关键词"technical"和"risk"进行检索,然后合并检索到的结果,按照所含关键词的个数、每个关键词出现的次数、网站的权重等信息,将其进行综合排序,以将相关度高、重要性强的网页排在靠前的位置。我们在倒排索引中分别检索"technical"和"risk"。对关键词"technical"和"risk"的检索结果分别如图 3 - 19 和图 3 - 20 所示。

```
> db.invertedIndex.find({"keyWord":"technical"})
{ "_id" : ObjectId("5ee22a7757e4e6d4b352cb38"), "keyWord" : "technical", "webList" :
[ { "5001" : { "count" : 2, "position" : [ 30, 140 ] } }, { "5005" : { "count" : 2,
"position" : [ 1358, 2041 ] } } ] }
```

图 3-19　对关键词"technical"的检索结果

```
> db.invertedIndex.find({"keyWord":"risk"})
{ "_id" : ObjectId("5ee22a7757e4e6d4b352cb3a"), "keyWord" : "risk", "webList" : [ { "5001"
: { "count" : 1, "position" : [ 32 ] } }, { "5003" : { "count" : 1, "position" : [ 394 ]
} }, { "5004" : { "count" : 1, "position" : [ 487 ] } } ] }
```

图 3-20　对关键词"risk"的检索结果

　　通过以上结果,可知关键词"technical"在 ID 为"5001"的网页中出现了 2 次,在 ID 为"5005"的网页中出现了 2 次。关键词"risk"在 ID 为"5001"的网页中出现了 1 次,在 ID 为"5003"的网页中出现了 1 次,在 ID 为"5004"的网页中出现了 1 次。

　　如果我们以网页中关键词出现的总次数作为给结果排序的准则,那么 ID 为"5001"的网页中总共出现了 3 次"technical""risk",ID 为"5003"的网页中总共出现了 1 次"risk",ID 为"5004"的网页中总共出现了 1 次"risk",ID 为"5005"的网页中总共出现了 2 次"technical"。统计结果见表 3-8。从表 3-8 中,我们可以发现搜索引擎进行网页排序后的结果为:ID 为"5001"的网页>ID 为"5005"的网页>ID 为"5003"的网页≥ID 为"5004"的网页。

表 3-8　基于组合关键词的搜索结果汇总表

网页 ID	关键词:technical	关键词:risk	次数汇总	网页排序
5001	2	1	3	No. 1
5003		1	1	No. 3
5004		1	1	No. 4
5005	2		2	No. 2

　　在支持网页检索的数据库系统中,支持倒排索引应用的文件主要有两个,一个是单词词典,另一个是倒排文件。

　　(1)单词词典保存文档集合中出现过的所有单词,主要以字符串集合的形式保存。此外,单词词典内,每条索引项记载单词本身的一些信息以及指向"倒排列表"的指针。

　　(2)倒排列表记载了出现过某个单词的所有文档及单词在该文档中出现的位置信息,每条记录为一个倒排项。根据倒排列表,即可获知包含某个单词的所有文档的集合。

所有单词的倒排列表,往往按顺序存储在磁盘中的某个文件里,这个文件被称为倒排文件,倒排文件是存储倒排索引的物理文件。

上文的实例中,使用的是 MongoDB 数据库。具体应用过程中,应用程序建立倒排索引过程中所涉及的这些文件,由数据库管理系统负责管理,对应用程序而言是透明的。

3.5.5　倒排索引的数据结构

倒排索引是构建网页搜索引擎的一个重要技术环节。基于正向检索的数据统计结果,用倒排的方式建立支持关键词搜索的倒排索引机制,能够大大提升搜索引擎的检索效率。但层出不穷的新的网页的发布,又对倒排索引机制利用的数据结构,提出了横向敏捷扩展的应用需求。我们在讲解倒排索引机制的时候,利用了表格的形式(见表 3-7),目的是更好地理解倒排索引的技术原理。但是,实际上用于保存索引中各种标识和统计数据的数据结构,不是这种结构化的表格形式,因为这种结构化的表格形式,无法满足网页索引信息横向动态添加的应用需求。

谷歌的搜索引擎是目前网页搜索引擎领域中最为成功的商业应用。在谷歌的搜索引擎设计中,利用 Bigtable 的非结构化数据结构形式,用以保存索引中的各种标识和统计数据。在数据结构上,行是 Bigtable 的第一级索引,列是 Bigtable 的第二级索引,时间戳是 Bigtable 的第三级索引。对 Bigtable 进行检索应用时,如果只给出行、列关键词,返回的是对应最近时间(最新版本)的数据;如果指定时间戳这个关键词,那么返回的是时间小于或等于时间戳的相关数据。图 3-21 从逻辑上对 Bigtable 的数据结构进行了要素的层次划分。

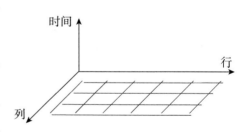

图 3-21　Bigtable 逻辑组成要素的层次划分

非常遗憾的是,鉴于可以理解的商业原因,支持谷歌搜索引擎开发的这三项大数据技术,谷歌没有提供可供参考的开源代码。考虑到原理上的互通,我们利用 Hadoop 提供的开源大数据技术,对网页搜索中的倒排索引数据结构进行技术分析。如 3.4 节所提到的那样,Hadoop 是 Apache 的相关团队,在对谷歌有关 GFS、MapReduce 和 Bigtable 等技术的相关论文进行深入消化和理解以后,用 Java 语言实现了一个开源的大数据技术应用框架。在技术的实现细节上,利用 Hadoop 相关技术开发的搜索引擎,与谷歌的搜索引擎也许会有些细节上的不同,但其核心思想是一致的。Hadoop 的 HDFS、MapReduce 和 HBase,分别从开源代码的角度,实现了谷歌的 GFS、MapReduce、Bigtable 所提出的应用目标。图 3－22 是通过集成 Hadoop 的 HDFS、MapReduce 和 HBase 三项技术,设计互联网搜索引擎的技术路线。

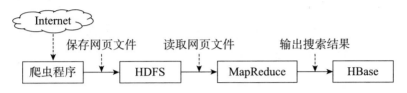

图 3－22　基于 Hadoop 开源技术的互联网搜索引擎设计路线

图 3－22 中的 HBase,是一个体现谷歌 Bigtable 非结构化大数据存储思想的开源实现技术,是一种典型的列族类非结构化数据结构。为了更为直观地理解 HBase 所对应的列族类非结构化数据结构,我们结合如下实例进行数据结构分析。

表 3－9 和表 3－10 分别对应一个结构化的关系表。对这两个表进行关联操作,得到如表 3－11 所示的视图结构。

表 3－9　学生信息表

S-ID	S-Name	S-Class
S1001	张晓峰	M1－1
S1002	李明	M1－2
S1003	王毅	M1－1

表 3－10　考试成绩表

S-ID	语文	数学	英语
S1001	90	90	90
S1003	85		85

表 3－11　考试成绩表详细统计表(视图)

ID	S-ID	S-Name	S-Class	语文	数学	英语
1	S1001	张晓峰	1	90	90	90
2	S1002	李明	2			
3	S1003	王毅	1	85		85

在 HBase 的技术实现中,建表前需要指定列族。对应表 3-9 和表 3-10,我们需要指定两个列族名称 sInfo 和 sScore,可以随意添加和删除列族下的列,但它们的数据类型必须一致。还要注意的是,如果不是为了最大限度地压缩存储,列族下的列最好有逻辑上的联系。这种列族类型的非结构化形式,不像传统的关系数据库,需要预定义模式。列族类型的非结构化数据,当插入数据时,并不需要预先定义它们的模式,即不需要事先定义数据模式和预定义表结构,数据中的每条记录都可能有不同的属性和格式,从而较好地支持互联网环境下弹性可扩展的应用需求,可以在系统运行的时候,动态增加或者删除数据。

在这种建表逻辑下,对表 3-9 和表 3-10 进行关联操作后的表 3-11,可以表示成表 3-12 的列族形式,即表中套表的形式。我们在第 2 章中曾明确地指出,在关系数据库的设计中,不允许出现表中套表的形式,所以表 3-12 不是关系数据库中的关系表格式。

表 3-12　表 3-9 和表 3-10 合并后的列族表示形式

ID	sInfo		sScore	
1	sInfo:sID	s1001	sScore:Chinese	90
	sInfo:sClass	1	sScore:Math	90
	sInfo:sName	张晓峰	sScore:English	90
2	sInfo:sID	s1002		
	sInfo:sClass	2		
	sInfo:sName	李明		
3	sInfo:sID	s1003	sScore:Chinese	85
	sInfo:sClass	1		
	sInfo:sName	王毅	sScore:English	85

根据 Hadoop 的开源技术,HBase 就是利用列族表的形式来存储倒排索引内容。结合前面倒排索引的实例分析,我们以"education""general""technical""risk"这四个单词为例,引入网页的版本信息(timeStamp),以 keyWord 作为行键,设计一个列族 webList,在这个列族下每个文档 id 对应一列,value 为文档中 keyWord 出现的次数和位置。图 3-18 中的检索结果,等价地可以用 HBase 的列族数据库进行表示(如表 3-13 所示)。

表 3－13　倒排索引在 HBase 中的表现形式

keyWord	timeStamp	webList	
education	20200510203341	webList:5001	3:[2,114,492]
	20200510203341	webList:5003	3:[690,734,748]
	20200510203341	webList:5004	4:[119,783,827,841]
	20200510203341	webList:5005	4:[209,2382,2384,2394]
general	20200510203341	webList:5001	2:[5,277]
	20200510203341	webList5004	1:[153]
technical	20200510203341	webList:5001	2:[30,140]
	20200510203341	webList:5005	2:[1358,2041]
risk	20200510203341	webList:5001	1:[32]
	20200510203341	webList:5003	1:[394]
	20200510203341	webList:5004	1:[487]

在表 3－13 中,冒号前是出现的频次,冒号后的方括号中是关键词所在位置,即第几行。此外,可以看到,表 3－13 中有一个 timeStamp 属性,这就是前文提到的时间戳(一般是指操作时间)。时间戳可以在索引录入的时候直接指定,也可以自动生成。这里系统直接指定 timeStamp 为获取这些网页的时间,如第一行的 2020 年 5 月 10 日 20:33:41。timeStamp 的作用不仅仅是记录时间,更重要的是区分版本。当我们需要修改表中的内容,但又不想舍弃之前的内容时,可以使用 timeStamp 来进行区分。譬如,如果在 2020 年 5 月 11 日 06:00:00 网页抓取程序时发现网页 5001 的内容有了新的更改。又如网页内容中第 492 行有一个单词"education"被删去。为了表示这种版本上的区别,此时在录入检索内容的时候,其变化的地方如表 3－14 所示。在表 3－14 中,对应最新网页版本,在关键词"education"对应时间"20200511060000"的定位信息中,webList 中的频次已经从 3 变成了 2,位置数据 492 已经不复存在。

表 3－14　支持版本管理的倒排索引数据结构

keyWord	timeStamp	webList	
…	…	…	…
education	20200511060000	webList:5001	2:[2,114]
	20200510203341	webList:5001	3:[2,114,492]
	…	…	…
	…	…	…
…	…	…	…

3.6　一个基于倒排索引技术的中文检索应用实例

这里,我们以表3-15所示的网页文档及内容列表为例,对倒排序的应用过程进行技术分析。该应用实例来自网上一些零散的知识点介绍(如 https://www.cnblogs.com/zlslch/p/6440114.html,https://www.zhihu.com/question/23202010),结合本书自身的理论框架,我们对搜集到的相关内容,在保证本书技术应用一致性和行文风格一致性的前提下,进行了全面的内容整合。表3-15中包括了5个文档,每个文档都有一个唯一的文档编号,每个文档对应一段中文。

表3-15　文档及内容列表

文档 ID	文档内容
1	谷歌地图之父跳槽 Facebook
2	谷歌地图之父加盟 Facebook
3	谷歌地图创始人拉斯离开谷歌加盟 Facebook
4	谷歌地图之父跳槽 Facebook 与 Wave 项目取消有关
5	谷歌地图之父拉斯加盟社交网站 Facebook

利用分词技术,对表3-15中的文档内容进行分词处理。按照分词结果,形成的基于倒排索引的单词文档矩阵见表3-16。

表3-16　倒排索引对应的"单词-文档"矩阵实例

单词 ID	单词	文档列表(文档 ID)
1	谷歌	1,2,3,4,5
2	地图	1,2,3,4,5
3	之父	1,2,4,5
4	跳槽	1,4
5	Facebook	1,2,3,4,5
6	加盟	2,3,5
7	创始人	3
8	拉斯	3,5
9	离开	3
10	与	4
11	Wave	4
12	项目	4
13	取消	4

单词 ID	单词	文档列表(文档 ID)
14	有关	4
15	社交	5
16	网站	5

表 3-16 代表了一个最简单的倒排索引系统。这个索引系统只记载了某个单词在哪些文档中出现过。在具体的应用过程中,索引系统还可以增加更多的用于索引的信息。基于表 3-16 的内容,表 3-17 是增加了单词出现频率信息的"单词—文档"矩阵实例。

与表 3-16 相比,表 3-17 不仅记录了单词出现的所有文档编号,还分别记录了该单词在每个包含该单词的文档中出现的次数,即单词出现的频率信息(TF)。频率信息在搜索结果排序时,是一个很重要的计算因子,便于后续排序时进行分值计算。例如,表 3-17 中对应单词"谷歌"的索引内容中,(3;2)表示"谷歌"这个单词在 ID 为 3 的文档中出现了 2 次。

表 3-17 增加单词出现频率信息的倒排索引系统 1

单词 ID	单词	索引内容(文档 ID+TF)
1	谷歌	(1;1),(2;1),(3;2),(4;1),(5;1)
2	地图	(1;1),(2;1),(3;1),(4;1),(5;1)
3	之父	(1;1),(2;1),(4;1),(5;1)
4	跳槽	(1;1),(4,1)
5	Facebook	(1;1),(2;1),(3;1),(4;1),(5;1)
6	加盟	(2;1),(3;1),(5;1)
7	创始人	(3;1)
8	拉斯	(3;1),(5;1)
9	离开	(3;1)
10	与	(4;1)
11	Wave	(4;1)
12	项目	(4;1)
13	取消	(4;1)
14	有关	(4;1)
15	社交	(5;1)
16	网站	(5;1)

在实用的倒排索引中,除了我们前面提到的网页中的行数已经反映网页的版本信息等,还可以记载更多的索引信息。如除了记录某个单词出现的文档编号和单词频率信息外,还可以记录该单词在文档中出现的位置信息。又如,基于表 3-17 的内容,表 3-18 是增加了单词出现位置信息的"单词—文档"矩阵实例。

表 3-18 增加单词出现频率信息的倒排索引系统 2

单词 ID	单词	文档频率	倒排列表(DocID;TF;<POS>)
1	谷歌	5	(1;1;<1>),(2;1;<1>),(3;2<1;6>),(4;1;<1>),(5;1;<1>)
2	地图	5	(1;1;<2>),(2;1;<2>),(3;1;<2>),(4;1;<2>),(5;1;<2>)
3	之父	4	(1;1;<3>),(2;1;<3>),(4;1;<3>),(5;1;<3>)
4	跳槽	2	(1;1;<4>),(4;1;<4>)
5	Facebook	5	(1;1;<5>),(2;1;<5>),(3;1;<8>),(4;1;<5>),(5;1;<8>)
6	加盟	3	(2;1;<4>),(3;1;<7>),(5;1;<5>)
7	创始人	1	(3;1;<3>)
8	拉斯	2	(3;1;<4>),(5;1;<4>)
9	离开	1	(3;1;<5>)
10	与	1	(4;1;<6>)
11	Wave	11	(4;1<7>)
12	项目	12	(4;1<8>)
13	取消	13	(4;1<8>)
14	有关	14	(4;1<10>)
15	社交	15	(5;1<6>)

在表 3-18 中,以单词"谷歌"为例,其单词编号为 1,文档频率为 5,代表整个文档集合中有 5 个文档包含这个单词,对应的倒排索引为{(1;1;<1>),(2;1;<1>),(3;2<1;6>),(4;1;<1>),(5;1;<1>)}。该倒排索引的含义具体如下。

(1)在文档 1、2、3、4、5 中(这里为了强调文档编号,文档编号对应的数字,下面都以下划线的形式表示),都出现了"谷歌"这个单词。

(2)(1;1;<1>)代表"谷歌"在文档 1 中出现的次数 1,对应的位置是 No.1,即第 1 个单词的位置。

(3)类似的,(2;1;<1>),(4;1;<1>)和(5;1;<1>),分别代表在文档 2、4、5 中,单词"谷歌"各自出现了 1 次,对应的单词位置分别是 No.1,即第 1 个单词的位置。

(4)(3;2<1;6>)代表在文档 3 中,单词"谷歌"出现了 2 次,分别出现在 No.1 和 No.6 的位置,即第 1 个单词和第 6 个单词是"谷歌"。

3.7 NoSQL 数据库和 SQL 数据库技术上的对比分析

伴随各种领域大数据应用的深入和拓展,业界对大数据特征的提炼,从 3V 特征的提取(Volume、Velocity、Variety,即大量、高速、多样),到 4V 特征的扩展(Volume、Velocity、Variety、Value,即大量、高速、多样、价值),再到 5V 特点的扩容(Volume、Velocity、Variety、Value、Veracity,即大量、高速、多样、价值、真实性)。结合对大数据这种理解维度的拓展,我们对 NoSQL 和 SQL 数据库在技术上做进一步的对比分析。

(1) 存储扩展,这可能是 NoSQL 数据库和 SQL 数据库之间最大的应用区别。NoSQL 数据库并没有一个统一的数据共享架构。相对于数据存储的全共享架构,NoSQL 数据库常用的做法是对数据进行分区,数据划分后存储在各个本地服务器上。因此,NoSQL 数据库主要支持横向扩展,天然地支持分布式存储,技术上通过简单地向资源池添加普通的服务器即能够实现负载扩容。尤其是这种扩容过程,借助 X86 架构的服务器就能完成。常用的 PC 机,就是基于 X86 架构运行的。因此,扩容的性价比非常高。但这样做的缺点也很突出,就是数据读取时,不能总是保证数据的一致性。SQL 数据库往往是基于共享的服务器存储架构,是一种共享中心服务器的应用模式。在数据一致性方面具有很强的系统保障。但是,SQL 数据库支持纵向扩展主要是为了提高处理大型数据库的能力,需要使用容量和速度更快的大型服务器。因此,SQL 的这种扩展应用,最终会达到纵向扩展的上限,使扩展空间受限。需要强调的是,这种应用上的扩容,需要类似 IBM 专用的 Power 架构的服务器,扩容的费用非常高。

(2) NoSQL 数据库并没有一个统一的数据共享架构,它将数据分散存储在多个服务器节点上面,可以很容易地支持弹性可扩展应用。因此,在系统运行的时候,能够灵活动态地增加或者删除节点,不需要停机维护,数据可以自动迁移,这样既提高了并行性能,又解决了单点失效的应用问题。与 RAID 存储系统不同的是,NoSQL 中的数据复制和备份,往往是基于日志的异步复制,从而保证了数据尽快写入某一个节点,受网络传输延迟的影响小。相对于传统 SQL 数据库中事务管理严格规定的 ACID 特性,NoSQL 数据库保证的是 BASE 特性,追求的系统目标是应用的最终一致性。关系型数据库固有的数据强一致性,很好地支持了事务处理,为数据管理带来了极大的可靠性和稳定性。

(3) "万物并育而不相害,道并行而不相悖"。互联网环境下有很多新的应用需求和应用特点,这一新环境下的数据管理要求,绝不是对传统关系数据库技术的否定。物理世界中,结构化数据和非结构化数据并存,是一种客观存在的现象。刚柔相济,恰恰是社会生态多样性背后的客观需要。SQL 数据库为保证数据的一致性应用,提供了一种非常可靠的技术保障。NoSQL 则为高并发读写特征突出的互联网环境的 Web 2.0 应用,提供了一种非常有效的技术手段。因此,NoSQL 数据库和 SQL 数据库如同双螺旋结构中的两条主链。两者的完美结合,为有效促进人类文明的全面发展提供了更为完备的技术支撑体系。

3.8　本章小结

"滚滚长江东逝水,浪花淘尽英雄",本书不是一本关于大数据技术的应用手册,但希望是一幅有关大数据技术的生态画卷。从数据库技术到大数据技术,技术的更迭和应用拓展,风起云涌。在人类文明和科学技术迭代发展的过程中,每个历史阶段,都曾点燃过对应那个发展阶段所特有的人类文明的智慧火花。但技术的发展永无止境,以 MapReduce 为例,"分而治之"并行处理的技术思路,是催生大数据领域很多成功应用的核心技术。但目前的大数据技术,与内存计算的结合越来越紧密。内存价格的降低及其存储容量的快速扩展,以及体系结构层面上内存部件先天具备的高计算速度,致使最近一段时间出现了以 Apache Spark 为代表的新的支持大数据处理而设计的开源通用的计算引擎,在多媒体播放等技术应用环节,极大地提升了各种集群计算能力。即使某一天诸如 MapReduce 技术思想被其他新的技术体系所取代,但就人类文明的传承而言,回顾大数据技术的发展历史,一些原创性、奠基性技术的历史贡献,依然会在人类科技文明的发展史上留下浓墨重彩的重要篇章。

第4章　大数据技术生态体系

4.1　技术生态的初步理解

当我们利用大数据技术进行行业和领域应用创新时,不能因为大数据技术的神奇,而忽略了大数据所处的技术生态环境及其重要性。随着大数据的应用发展,实验科学、理论科学、计算科学正逐渐走向数据科学,大数据已经渗透到社会生活的各个方面,其中隐藏着巨大的经济、科学、社会及军事价值。随着人工智能技术的应用与发展,大数据已成为支撑人工智能发展的重要资源。2017年国务院印发的《新一代人工智能发展规划》(国发〔2017〕35号)中,大数据智能理论被列在人工智能基础理论的首位。2017年12月8日,习近平总书记在中共中央政治局第二次集体学习时强调了国家大数据战略。2018年10月31日,习近平总书记在中共中央政治局第九次集体学习时强调人工智能要同社会治理相结合,提出加强政务信息资源整合和公共需求精准预测。

这里我们又提及了一个热点话题,即人工智能。除了人工智能之外,大数据所在的生态环境里还有什么其他的技术要素?过去二十年,信息技术领域又经历了哪些和大数据技术息息相关的技术突破?为了较为完备地还原过去二十年计算机前沿技术的发展,我们先探讨一个关键字"智",从实现关键字"智"的内涵和外延的技术出发,探讨这里提出的技术路线问题。

在维基百科(中文版)的解析中,"知"与"智"相通(见图4-1)。因此,从这个指标出发,知道还是不知道一些事情,在评价一个人是否有智慧的时候,具有本质区别。下面我们进一步拓展这个应用逻辑。

"质胜文则野,文胜质则史,文质彬彬,然后君子"(《论语·雍也》),此句中的"质"意为"内在的功力修为",可理解为文化或阅历积累;"文"意为"外在的形象装饰",可理解为拥有特定的文化或阅历后表现出的外在言谈举止;"野"意为粗野无礼,"史"意为空洞浮华,"彬彬"意为"文"和"质"的和谐适配。如果用哲学的语言来解析"文质彬彬"一词,可理解为"内涵与外延的和谐统一"。如果一个人"内在的功力修为",是一种不加思索、不顾场合、不合时宜的率性而为,那就会让周围的人觉

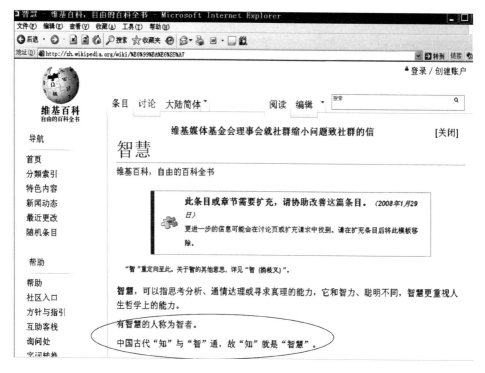

图 4-1　维基百科(中文版)中对"智慧"的语义解析

得此人目空一切、狂妄粗野(质胜文则野);而如果一个人"外在的形象装饰"过于奢华炫目,就会显得此人夸夸其谈、空洞浮华(文胜质则史)。只有做到"文质彬彬",一个人内涵与外延和谐统一,才能体现一个君子的风范:知则儒雅谦逊,不知而谦虚好学。

　　围绕一个泛化的智能体,如何才能实现这种内涵与外延的和谐统一呢? 从内涵的角度而言,需要这个智能体知道的或能感知的信息越多越好;从外延的角度而言,则要求这个智能体对外在的环境有着敏捷适度的表现形式(见图 4-2)。"知道得多",是大数据资源形成的前提条件。"处理得快",是大数据资源能够发挥作用的直接体现。支持实现"知道得多"并且"处理得快"的技术体系,就形成了大数据技术存在的生态环境。

　　如何才能实现知道得多? 如何才能实现处理得快呢? 在过去的二十年内,物联网和云计算技术有针对性地从技术上实现了这两个应用需求。为了避免盲人摸象式的断章取义,本章试图按照时间顺序,把过去和大数据技术紧耦合、强相关的几项关键技术,从生态进化的角度进行分析和回顾,进而建立大数据技术应用的生态体系和应用环境。这些技术主要包括物联网、云计算、移动互联技术和人工智能应用技术,以及大数据技术,统称"物、云、移、大、智"。

图 4－2　云计算和物联网技术的综合智能化表现

　　过去二十年,这五项技术先后继承发展,代表了信息技术领域的主流发展技术。本书第 3 章对大数据关键技术进行了系统的分析与介绍。本章将先针对物联网、云计算、移动互联技术和人工智能这四项技术进行专门的技术分析,然后从技术生态融合和集成应用关联的角度,探讨"物、云、移、大、智"这些技术之间宏观的协同原理,进而从技术生态系统的构建方面,探讨过去二十年驱动社会全面发展的相关热点技术。

4.2　物联网技术：知道得多

　　2009 年 8 月 9 日,《新闻联播》播出一条时政新闻,报道了时任总理温家宝在中科院无锡高新微纳传感网工程技术研发中心进行考察。温总理在听取了我国传感网发展和运用的汇报后强调指出:当计算机和互联网产业大规模发展时,我们因为没有掌握核心技术而走过一些弯路;因此,在传感网发展中,要早一点谋划未来,早一点攻破核心技术。对于如何加快发展传感网,他具体指出:一是要把传感系统和 3G 中的 TD 技术结合起来;二是要在国家重大科技专项中,加快推进传感网发展;三是要尽快建立中国的传感信息中心。

　　这充分体现了国家层面上十分重视物联网技术及其相关的产业应用。在这样的背景下,以无线传感网为核心技术的物联网概念,迅速成为行业内的热点话题。2010 年底,在国际物联网知名学者、原清华大学软件学院院长、现美国密歇根州立大学计算机系主任刘云浩教授主编的国内第一部物联网专著《物联网导论》中,也明确地提到了这一历史场景：在 2009 年 8 月，温家宝总理在无锡的讲话，促使大家对传感网和物联网的关注达到了一个新高度。

物联网是新一代信息技术的重要组成部分。但实际上，物联网（Internet of Things）技术早在 1999 年就已经由相关科研人员提出，并形成了一定的共识。一开始它的定义很简单：把所有物品通过射频识别等传感设备与互联网连接起来，实现智能化识别和管理。因此，就物联网的核心技术而言，其时国内外的研究团队熟知的是无线传感网（简称传感网）。相应地，物联网理论及关键技术研究关注的主要科学问题是无线传感，泛在互联。

"知道得多"，并不是一件容易的事情。在物联网的系统应用中，感、传、知、控四个技术层面需要有机配合、协同工作。在这四个层面的技术应用中，任何一个环节出现问题，都会导致整个物联网系统的功能失效。就物联网技术的应用价值而言，全面实现物理世界的数字化，才能真正体现其内在的技术愿景。图 4-3 从技术原理和应用价值放大的角度，揭示了物联网的应用愿景。

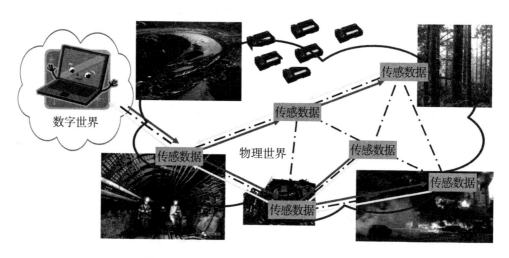

图 4-3　数字世界和物理世界的互联互通

国际电信联盟在 2005 年的一份报告中曾描绘了物联网时代的图景：当司机出现操作失误时汽车会自动报警，公文包会"提醒"主人忘带了什么东西，衣服会"告诉"洗衣机自己对颜色和水温的要求等。在刘云浩主编的《物联网导论》中，物联网被定义为"一个基于互联网、传统电信网等信息承载体，让所有能够被独立寻址的普通物理对象实现互联互通的网络"，并认为："每一件物体均可寻址，每一件物体均可通信，每一件物体均可控制。"①

———————————

① 刘云浩. 物联网导论(第 2 版)[M]. 北京:科学出版社,2013.

物理世界中,存在很多人类不能到达或监控的地方。人类在探索未知世界过程中,实现对物理世界"知道得多"这一认知目标,是一件非常不容易的事情。宏观层面上,物联网试图把新一代 IT 技术充分运用在各行各业之中,利用感应器对电网、铁路、桥梁、隧道、公路、建筑、供水系统、大坝、油气管道等各种设备系统进行运行状态的感知、检测与智能监控,将物联网与现有的互联网整合起来,进而实现人类社会与物理系统的整合。为了提高主干网络对物理世界的感知过程,需要大量的无线射频识别(RFID)系统、红外感应器、全球定位系统、激光扫描器等无线数据感知与收集设备,并按照一定的通信协议,使物体与互联网相连接,进行信息交换和数据通信。在物联网的技术应用框架下,基于有线连接的(如光缆)主干网络,是物联网应用的前提条件;接入互联网主干网络的无线通信技术,则是物联网的核心技术。

在这种物联网环境下,传统的通过人工生成数据的单通道方式,演变成人工生成和自动生成双通道并存的数据生产方式,从而全面、多维度地实现对物理世界中的物体进行智能化识别、定位、跟踪、监控和管理。而无线传感技术,则能很好地突破有线主干网络在数据采集方面的受限条件。尤其随着条形码、二维码、无线射频技术、蓝牙通信等无线传感技术在不同应用场景下的普及应用,物联网技术在众多的应用领域得到了大范围的应用实施。图 4-4 中为典型的无线通信技术,它们为物联网的行业应用提供了有力的技术支持。

条形码　　　　　　　二维码　　　　　　无线射频识别　　　　　蓝牙通信

图 4-4　各类无线通信技术

无线通信技术,是提升数字世界与物理世界的感知与数据采集能力,实现人类在探索未知世界过程中对物理世界"知道得多"这一认知目标的关键核心技术。物联网技术强调的重点是,如何围绕现有主干网络,有效拓展其外围边缘的数据采集能力。物联网应用的技术架构与无线通信技术有机结合,催生了很多带有智能化特征的典型行业应用。如图 4-5 所示的滴滴打车、共享单车、智能公交系统等,都是物联网在交通领域的典型应用实例。

支持智能制造领域的智能车间、远程故障诊断、智能机器人以及航运领域智能码头等行业应用的工业互联网,更是将智能要素和物联网感、传、知、控等技术要素有效结合,体现了物联网技术在更高层次行业领域中的应用拓展。

图 4-5　物联网技术在交通领域的典型应用

图 4-6 展示了一个典型的基于物联网综合应用的工业互联网应用场景,物联网技术的集成为工业互联网的构建提供了有效的技术支持。

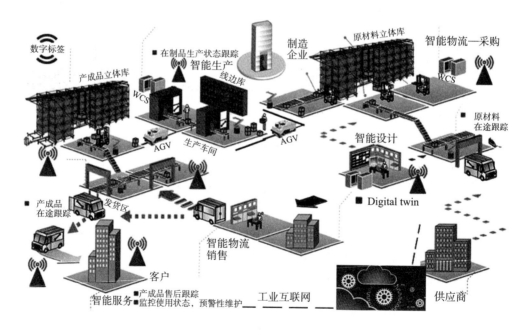

图 4-6　一个工业互联网的典型应用场景

物联网这个概念正式提出并被认可是在 1999 年,我们在后续的技术生态讨论中会用到这个关键的时间节点。

4.3　云计算技术：处理得快

4.3.1　各种典型计算模式的内涵分析

理论、计算与实验是科学领域中最基本的研究手段，计算则是连接理论与实验的桥梁。围绕以"计算"（Computing）为主题的理论与应用研究，是计算机科学与应用领域中的核心问题之一。计算技术是驱动计算机学科不断发展的核心技术，在计算机学科不断发展的过程中，出现了很多计算技术。我们以图 4-7 所示的各种计算模式为例，分析云计算先天的技术优势。这里我们利用范式的形式，对图 4-7 中的各种计算技术进行形式上的归纳，其范式表达为：xx Computing，这里的 xx 代表某一个定语。

- **Distributed Computing**
- **Cooperative Computing**
- **Agile Computing**
- **Pervasive/Ubiquitous Computing**
- **Service Computing**
- **Mobile Computing**
- **Grid Computing**
- **Dependable Computing**
- **Parallel Computing**
- **Autonomic/Autonomous Computing**
- …

xx Computing

图 4-7　典型计算（Computing）模式一览

利用这种范式表达，我们分别用 A 和 B 对 xx 进行赋值分析，就会出现 A Computing 和 B Computing 两种具体的计算模式。如果要把 A Computing 和 B Computing 区分开来，A Computing 在技术指标上一定要和 B Computing 有明确的差异性。如果 A Computing 和 B Computing 做同样的事情，或者追求的技术指标一样，我们这样对 xx 进行差异化赋值，是没有任何意义的。

这里我们以普适计算（Pervasive Computing）、自治计算（Autonomic Computing）和可信计算（Dependable Computing）为例，进行具体的细节说明。普适计算在对其自身进行定义时，明确了其核心的技术指标，即上下文感知（Context-Aware）、透明性（Transparent）和一致性（Consistency）。这三条技术指标和其他计算模式的核心技术指标不同，从而构筑了普适计算个性化的技术体系。

如何理解上述普适计算的核心技术指标呢？我们以酒店大堂的自动感应门为例，解析其技术的应用过程。

自动感应门的某个位置会安装感应探头，感应探头能发射出红外线信号或者微波信号。当人走进其感应范围内的时候，此种信号被靠近的物体反射，就会激发相应的传动装置,实现自动开闭。这在技术上,集中体现为对其周围环境的上下文感知过程(Context-Aware)。这种自动感应门的开关技术,对用户而言应该透明存在(Transparent),客人不需要知道有这种技术的存在,即客人在进门的时候,不需要对其规定一定的约束条件。如果要求客人在进门的时候,需要他们对着感应装置做出一定的动作,系统才能做出后续反应,这种技术就不能称为对用户透明。此外,自动感应门的一致性(Consistency)开关逻辑是,客人需要走进大堂的时候,大门要提前一段时间自动打开;客人走进大堂远离大门的时候,大门在一定时间内要自动关闭。如果违反了这个逻辑,说明技术在应用的一致性方面需要改进。如果某项技术能够根据应用场景的需要,实现上述技术指标,我们就可以说其是普适计算的应用模式。

类似地,自治计算的核心技术则是以 Self-* 为代表的各种技术应用,如自管理(Self-Management)、自治(Self-Governing)、自组织(Self-Organization)、自配置(Self-Configuration)、自优化(Self-Optimization)。可信计算则强调可用性(Available)、可靠性(Reliable)、安全性(Safe/Secure)这三个技术指标。

4.3.2　云计算模式的技术内涵

物联网技术满足了我们对物理世界"知道得多"的应用需求。当物联网技术从感知的角度为我们全方位地记录物理世界的运行状态提供了一种有效工具或技术手段的时候,我们不得不面临越来越多记录物理世界运行状态的数据资源,导致大数据资源急剧增长。在讨论如何利用大数据资源进行特定的计算应用之前,如何存储这些海量的电子数据,已经成为一个严峻的应用挑战。因此,当我们提及大数据资源及大数据技术的时候,绕不过去的一个技术环节就是如何存储大数据资源,这是后续各种大数据技术应用实施的前提条件。只有在能够有效记录并保存大数据资源的前提下,基于大数据资源的各项计算和应用技术,才能够得以应用实施。在满足这种应用需求的技术发展过程中,云计算技术逐渐成为组成大数据管理与技术应用生态圈的一项主流技术。

2006 年,谷歌高级工程师克里斯托夫·比希利亚第一次向谷歌董事长兼 CEO 埃里克·施密特提出"云计算"的想法,即"Google 101 计划"。2006 年 8 月 9 日,埃里克·施密特在世界搜索引擎大会上首次提出"云计算"(Cloud Computing)的概念。云计算的概念,从一开始出现,就至少包含了两层含义,即基于一个名为"云"(对应的英文是"cloud")的基础设施的"存储"与"计算"这两层含义。

这里,读者可能会好奇地问,为什么会用"云"这样一个名词来命名这一种新的应用模式呢?在物理世界的自然环境中,水对人类而言,意义重大,无须赘言,而大自然中水资源循环迁移的主要载体则是"云"这一运输工具,在自然界中"云"是对水资源进行承载和运输的主要形式。"云"的概念非常形象地再现了数字生态环境内在的运行规律。互联网作为将物理世界进行数字化再现的虚拟平台,也有着自身特有的数字生态环境和系统内在的运行规律(见图4-8)。从技术上而言,现阶段人类对自然界中的风、雨、雷、电还不能进行完全有效的控制,世界范围内面对台风暴雨对人类的威胁和破坏,人们也往往无能为力。但对于分布在互联网环境下的各类数字资源,从有效服务用户的角度,系统需要一种资源可控的技术支撑。因此,云计算技术从发展伊始,其在技术内涵方面就强调网络资源对用户的可控服务支持。

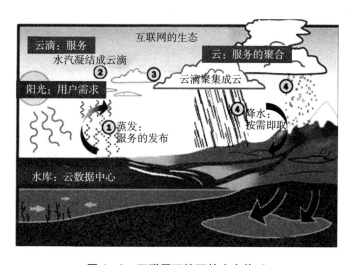

图4-8 互联网环境下的生态体系

4.3.3 云计算的商业内涵

为了更好地理解云计算的技术内涵,我们先从图4-9所示的一个生活场景开始。

一桌只能坐下8个人,来了9个客人怎么办?
解决方案:(a)添张椅子 (b)再开一桌

图4-9 聚餐的圆桌模式

现实社会中,聚餐是一种常见的社交模式。以圆桌为例,一桌按照 8 个人的规模配置位置。如果突然多来了一个客人,即 9 个人,则如何解决这一突发事件呢?在这种情况下,我们可以有如下两个答案:(a) 添张椅子;(b) 再开一桌。

现实生活中,我们一定认为答案(a)是最佳答案。但是,如果我们在计算的存储层面上考虑这样类似的问题,譬如,这里的圆桌,对应计算机内部最小的存储单元,即一个字节。因为一个字节,对应的储存容量是 8 个二进制的物理空间。图 4-10(a)给出了一个具体的应用实例,即该字节存储了 8 个二进制的数字,从左到右依次是:1、0、1、0、0、1、0、1。如果此时我们需要增加 1 个二进制数字 1,如何保存这个突然多出来的 1 呢?

在这种情况下,系统实际操作时,就会为这第 9 个二进制数字 1,单独分配一个字节。对应到我们前面提到的社交实例,就是答案(b),再开一桌,见图 4-10(b)。这里的答案,显然颠覆了我们日常生活中的行为常识。

(a) 存储8个二进制数字的情况

(b) 存储9个二进制数字的情况

图 4-10　存储 8 个二进制数字和存储 9 个二进制数字的物理空间分配

字节是计算机体系结构中最基本的储存单元。从图 4-10 中,我们可以明显看出,对于第 $i+1$ 个字节而言,它浪费了 7/8 的存储空间,即该字节除了最右端的 1,其余的存储空间都统一进行置零处理。好在字节是一个非常小的存储单元,即使第 $i+1$ 个字节浪费了它的 7/8 的存储空间,就整个存储系统而言,也可以看作微不足道。

但是,不要忘记"勿以恶小而为之,勿以善小而不为"的基本道理。如果对于一个大规模的存储系统,浪费 7/8 的存储空间,那将是一件多么糟糕的事情!在实际的系统应用中,网络服务商为了提高用户的服务体验,必须储备足够多的计算和存储资源,用以保证其服务质量的稳定性。这就必须按照一种被称为"峰值计算"的应用需求,进行软硬件方面的系统配置。这是联网环境下保证用户体验不受环境影响的重要技术保障。

图 4-11 是 2019 年各大电商平台在"双十一"当日的交易额增幅统计数据。如果大家能够思考一下,中国每年"双十一"期间网购产品的物流速度和平时网购产品的物流速度,就会明白如果要保障"双十一"期间的峰值物流速度与平时物流速度

一样迅捷,那么"双十一"期间的物流人员数量应该是平时物流人员数量的很多倍。在这种情况下,我们就会发现,为峰值运行而配置的软硬件资源,在平时的运行模式下,会出现大量的资源闲置乃至浪费。毕竟峰值运行情况,是一种非常态的系统运行模式,绝大部分时间内的系统还是处于较为平稳的常态运行模式。

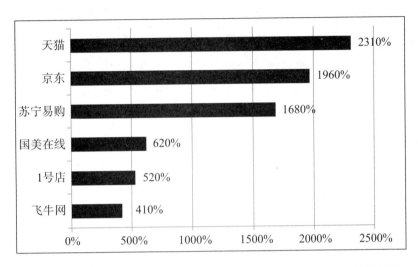

图 4-11　2019 年各大电商平台在"双十一"当日的交易额增幅统计数据

(资料来源:https://m. sohu. com/n/472986489)

　　长期持有大量闲置 IT 资源,为了规避资源投资的折旧,通过云服务的方式转换成新增业务额体现在损益表中。在主营业务逐步饱和的环境下,将持有的 IT 闲置资源用于开拓新的市场营运模式,为潜在用户开放,形成新的经济增长点,通过云服务的方式提高企业利润,这才是云计算早期的市场营运模式。

4.3.4　云计算技术的发展阶段

　　唯物辩证法的哲学思想表明,世界处在一种不断发展的过程中。世界上没有永恒的事物,有生必有灭,无灭必无生。新事物的产生,源于旧事物的灭亡。而技术发展也呈现出一种从简单到复杂、由低级到高级的演化规律。技术的波浪式前进,循环往复式发展完善的过程,同样体现了自然界发展的必然规律。回顾云计算的发展过程,不仅有助于我们更好地理解云计算技术,理解大数据技术的技术生态圈,还能够从不同发展阶段所产生的单项技术出发,探索世界内在的相互联系及协同发展的客观规律。

1. 云计算模式的先驱技术：网格技术

网络技术的发展经历了不同的应用阶段。20 世纪末,在用户能够共享网页信息资源的基础上,一些具有前瞻性眼光的专家学者已经意识到当时互联网应用的局限性,开始着眼于互联网环境下的应用创新。于是,在 20 世纪 90 年代中期,网格(Grid)一词被首次提出来,以描述用于科学和工程分布式计算的基础设施。其目标是不仅支持网页类型的信息资源共享,还全面支持互联网环境下计算资源、存储资源、设备仪器等各种网络资源的共享。这种基础设施旨在把计算资源、数据存储设施、广域网络、仪器设备等连成有机的整体,为用户提供全面的共享资源。

美国国家标准与技术研究院(NIST)2009 年 4 月发布的技术资料中,对云计算的定义如下:Cloud Computing is a model for enabling convenient,on-demand network access to a shared pool of configurable computing resources (e. g. , networks, servers, storage, applications, and services) that can be rapidly provisioned and released with minimal management effort or service provider interaction。其对应的中文翻译是:云计算是一种按使用量付费的模式,这种模式提供可用的、便捷的、按需的网络访问,进入可配置的计算资源共享池(这里的计算资源,主要包括网络、服务器、存储、应用软件、服务等),这些资源能够被快速提供,只需投入很少的管理工作,或与服务供应商进行很少的交互。

云计算的这些技术特征,都出现在早年网格计算的技术蓝图里,是网格计算追求的技术指标的组成部分。但经历十余年的应用实践,网格计算逐渐淡出了技术发展的历史舞台,取而代之的则是得到了长足发展的云计算技术,成为行业应用的热门技术。这背后的原因充分体现了理想主义和现实主义之间的分歧与竞争,结果是现实主义战胜了理想主义。

20 世纪 90 年代提出的网格计算思想,借鉴的是成熟的电力网格(电网,Electric Power Grid)的应用模式。譬如,在电网所覆盖的地方,用户只需将家电产品的设备插头连接到电网中的"插座",就可以通过付费的方式使用电力网格中的电力资源。这种泛在共享的应用模式,给了网格技术无限的遐想空间。于是,为了解决网络环境下动态资源共享和协同问题,网格计算设计勾画了一个非常理想的技术蓝图:把分散在互联网不同地理位置的资源,虚拟成为一个空前强大的信息系统,实现计算资源、存储资源、数据资源、软件资源等的全面共享。这些资源形成一个整体后,用户只要和互联网相连,就能从中享受一体化的、可灵活控制的、智能、协作式的信息服务,从而获得前所未有的使用方便性和超强能力(见图 4-12)。

图 4-12 即插即用的网格计算的愿景思想

电网的应用模式,使得终端用户不必拥有发电机,却能获得所需要的电力资源。网格计算理想化的技术蓝图,同样认为互联网能够像电网那样,通过对互联网上各类资源的融合共享,给用户提供前所未有的计算资源和更强大、更方便、更高级的信息交互平台,从而突破用户在计算能力、存储能力、地理位置方面的限制,使人们可以在任意能够联网的地点,获取整个互联网任意分布的各类资源。

实践证明,这种理想的互联网应用模式过于超前,理想主义成分太多。譬如,资源的获取和维护需要成本,如果免费共享这些资源,谁来为这些成本买单？如果是付费共享,那么基于社会福利最大化的资源共享所产生的商业收入,在运营商和网格管理者之间如何分配？谁来制定共享资源的合理价格？如果不能解决这些商业细节,网格基础设施就只能是一厢情愿的理想主义,也正是因为这些商业细节,导致直到现在也没有成功的市场化商业应用案例。网格思想仍主要停留在实验室环境里或政府资助的各类科研项目的探索阶段,直至云计算商业模式诞生,才部分地实现了网格技术所追求的应用模式。

2. 以服务增值为特征的专业化云计算商业模式

既然不能全面实现网格思想所追求的技术指标,那么具有一定规模的互联网大公司,对自己的部分闲置资源实现基于互联网的用户共享,也许是一个可行之道,例如谷歌、亚马逊等国际大型的互联网公司,都长期持有大量闲置 IT 资源。而早年云计算商业模式的应用实践,也大都是拥有大量网络和计算资源的互联网服务商。以谷歌和亚马逊为代表的云计算应用模式的践行者,其拥有的网络资源或计算资源,主要体现在存储空间和计算能力两个方面,如谷歌为更好地支持搜索引擎设计而建立起来的海量存储空间,亚马逊为应对圣诞节前后"黑色星期五"疯狂购物而配置的高性能计算设备等。

如前所述,如何在特定时间段内,以服务增值的方式实现对闲置的存储资源和计算能力的有效利用,规避大量的 IT 硬件投资的折旧,进而形成新的经济增长点,并作为一种务实的商业模式,促发了云计算商业模式的兴起和发展。在此基础上,从提高服务质量的角度,人们通过优化这种依附于主营业务的增值服务,催生了一系列云计算核心技术。

领域内被称为"网格计算"之父的网格计算的理论创始人、美国阿贡国家实验室、美国芝加哥大学教授、行业内公认的"网格计算之父"伊安·福斯特(Ian Foster),在 2008 年发表了一篇题为"Cloud Computing and Grid Computing 360-Degree Compared"的文章,对自 20 世纪 90 年代出现的网格计算技术,和自 2006 年逐渐成为热点的云计算技术,进行了全面的对比分析,在明确指出云计算继承了网格思想的前提下,充分认可云计算已经成功地实现了其商业化运营模式。在对网格技术和云计算模式进行全面分析对比的过程中,Ian Foster 对云计算进行了自己的技术解析,定义了他对云计算这种特殊计算范式的理解,即"A large-scale distributed computing paradigm that is driven by economies of scale, in which a pool of abstracted, virtualized, dynamically-scallable, managed computing power, storage, platforms, and services are delivered on demand to external customers over the Internet"。

在伊安·福斯特的云计算定义中,规模经济(economies of scale)、虚拟化(virtualized)、动态可扩展(dynamically-scallable)、按需发布(on demand)等是云计算的主要技术特点,而云资源类型也明确地分为计算能力、存储、平台与服务(computing power, storage, platforms, and services)四类。这种目标明确、技术可行的务实的应用模式,保证了云计算在特定领域内快速地实现了商业化的应用实施。譬如,亚马逊从 2006 年开始通过名为 Amazon Web Services 的子公司,以远程注册并托管运行的方式,向有高性能计算需求但又缺乏资金购买昂贵的高性能计算设备的科研院所,开放其部分闲置的高性能计算设备,即提供高性能计算设备按时计费的"代算"服务。而美国的苹果公司在自己的数据中心容量不够的时候,就租用了谷歌的 Google Cloud Platform 云存储服务来存储部分 iCloud 数据,着眼于帮助用户使其"处理得快",主要包括存储和计算,让云计算的商业实践更为务实可行。在网络安全和隐私保护能够得到充分保障的前提下,云计算从非主流的增值服务模式,逐渐发展成为大型互联网公司主流的运营业务。最终发展成为以数据中心为特征,面向全社会开放服务的云计算商业模式。

3. 以数据中心为特征的社会化云计算商业模式

基于互联网的大型应用系统,其在跨域资源共享与业务流程的跨域协同等方面越来越呈现出开放、动态、难控、多变的技术特点。相对这种应用发展需求,总体的技术发展趋势表现为:软件平台网络化、协作模式联盟化、组织形式虚拟化、业务流程服务化、资源共享可控化。如何对这种以异构互联、跨域协同、节点自治、安全难控为基本特征的全新应用模式进行整体规划与系统协调,已经成为互联网环境下各种大型应用实施所面临的重要挑战。为了适应这种应用需求,需要在分布式资源管理技术与面向对象等系统开发技术的基础上,探讨并实施以"协同为中心"的新的应用开发与系统部署方法。在这种技术融合发展的过程中,云计算的资源共享和服务分发在异构互联、泛在协同、节点自治、安全可控等方面的技术优势,使得它天然地具有协同枢纽的技术特点,数据驱动的运营模式使得云计算从一开始就获得了广泛的应用空间。

根据 4.3.1 节的分析,我们可以得出,每一项计算模式都有其特定的核心技术。技术生态的多样性,为各种各样的个性化、领域化、行业化的应用实践,提供了有效的技术支撑。基于互联网的大型应用系统,往往是一种应用驱动、跨域分布、动态变化的大规模协同过程,跨计算模式进行系统开发和系统部署的应用实践,经常面临异构互联、跨域协同、节点自治、安全难控等方面的技术与应用挑战。着眼于技术体系的生态融合,云计算以大数据资源为媒介的平台服务和共享模式,对接各方应用需求,紧耦合与松耦合并存,弱相关和强相关互动,逐渐成为各种计算模式都可以接受的协同枢纽,并逐渐成为应对上述技术开发挑战的一种有效的综合计算模式。

4. 云计算与 5G 技术驱动的边缘计算的结合

为了更好地承担协同枢纽的角色功能,从体系结构上支撑其他计算及其相互之间的协同,以数据中心为特征的云计算模式逐渐成为主流的云计算运营模式。云计算中心,以虚拟化的形式铺路搭桥,为各个领域的用户提供动态易扩展的各类服务资源,助力各种计算模式,帮助其实现基于互联网应用的服务增值。从社会数据资产管理的角度,云数据中心已成为服务社会的数字基础设施中的重要组成部分,也使得云计算数据中心成为大数据技术生态圈中不可或缺的组成部分。

图 4-13 是位于中山大学校内的数据中心设备"天河二号"云计算基础设施,整个云计算集群由 8 个如图所示规模的计算设备组成。

图 4-13 位于中山大学校内的国家超级计算广州中心云计算基础设施

公开资料表明,"天河二号"超级计算机投入使用以来,先后开展了几百项典型应用计算,如商用大型飞机设计、高分辨率对地观测、生命科学中的基因测序等。越来越大的数据中心,对越来越多的普通移动用户,或一些基于场景需求的移动用户而言,其性价比不是那么理想。因为用户的需求大都很零散,对计算性能的要求不是很高。"天河二号"超级计算机造价 20 多亿元,每日耗电费用 60 余万元,运维开销巨大。"大马拉大车",是一种非常合理的配置模式;"大马拉小车",就会造成性价比的大幅下降。为此,中国计算机学会分布式计算与系统专业委员会主任、南京大学陈贵海教授就曾在很多场合做过题为"数据中心:越来越大还是越来越小"的特邀报告,通过对目前云计算模式发展趋势的预判,有前瞻性地提出了一些应对措施。

从目前技术的发展趋势而言,为应对这种不同层次的应用需求,云数据中心的规模在越来越大的同时,也开始兼顾更为接近用户应用需求的边缘计算模式。尤其是随着 5G 技术的应用推广,很多需要上传到云数据中心进行计算处理的终端应用,通过数据分流的方式,下移到 5G 技术能够支持的边缘服务器上,从而进行更为便捷的计算处理。云数据中心与 5G 基于技术优势互补的应用模式,其应用架构如图 4 - 14 所示。

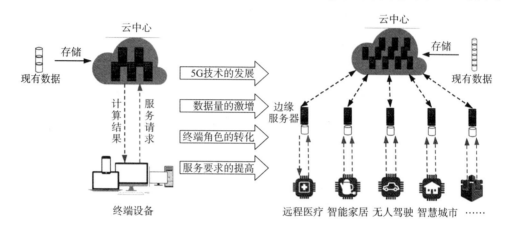

图 4 - 14 引入边缘服务器后的云数据中心在架构上的转变

云计算这个概念被正式提出并被认可是在 2006 年,我们在后续的技术生态讨论中会用到这个关键的时间节点。

4.4 移动互联技术:传播得远

根据科普中国中"移动互联网"词条的解释,"移动互联网是 PC 互联网发展的必然产物,将移动通信和互联网二者结合起来,成为一体。它是互联网的技术、平台、商业模式和应用与移动通信技术结合并实践的活动的总称"。

因此,移动互联网是移动应用和互联网平台融合互动的产物,运营商提供无线接入,互联网企业提供各种成熟的应用。互联网技术自 20 世纪 60 年代末发展至今,从有线到无线,从科研专用到全民福利,已经成为遍布全球的社会基础设施。根据 2019 年 8 月 30 日中国互联网络信息中心发布的第 44 次《中国互联网络发展状况统计报告》,截至 2019 年 6 月,我国网民规模达 8.54 亿,互联网普及率为 61.2%。网民使用手机上网的比例高达 99.1%。据统计,我国手机网民数量约占全球网民数量的 1/5。社交平台和工具方面,截至 2018 年 12 月,微信朋友圈、QQ 空间的使用率分别为 83.4% 和 58.8%,微博使用率为 42.3%。2019 年 9 月,微信公布的《2019 微信数据报告》指出,2019 年,超 11 亿人每日登录微信,同比增长 6%。2019 年 11 月 14 日,新浪微博官方发布的 2019 年第三季度财报显示,截至 2019 年 9 月 30 日,

2019 年 9 月的月活跃用户数为 4.97 亿,较上年同期净增约 5 100 万,月活跃用户数中 93% 为移动端用户,日活跃用户数为 2.16 亿,较上年同期净增约 2 100 万。而快手、抖音等社交软件的用户也数以亿计。与此类似,全球最受欢迎的社交软件 Facebook 于 2019 年 11 月 14 日公布的 2019 年度第三季度财报显示,日活跃更是达到 16 亿人次,月活跃用户数量增加了 3 500 万,达到 24.5 亿人次。

随着支持移动互联网应用的 5G 技术的出现,我国在移动互联网方面的技术应用达到了世界领先水平,尤其是华为公司在移动互联网领域"十年磨一剑"的技术创新,更是得到了全世界范围内的关注与重视。物联网、云计算、大数据、人工智能等 IT 技术的出现和应用,为什么没有引发以美国为代表的西方发达国家的重视,而以 5G 为代表的移动互联网技术,却能够让全世界如此关注?

首先,近现代科学技术的发展,包括最近二十年以物联网、云计算、大数据、人工智能为代表的 IT 技术的出现和发展,其技术体系都源于西方发达国家的应用实践,西方发达国家垄断了这些技术的话语权。而 5G 技术的出现,是我国第一次在世界范围内的单项现代信息技术中获得全面的领先和突破。其次,更与众不同的是,这个单项信息技术,从基础架构的层面为现代通信系统提供了技术支撑,在以移动终端为代表的物联网和以大数据计算为主要任务的云数据中心之间,搭建了一条高效的信息高速公路。

基础架构的重要性,犹如图 4 - 15 所示的桥梁。基于物联网、云计算、大数据、人工智能等技术的各类行业应用,可以看作桥梁上奔跑的各种交通工具。以 5G 技术为代表的现代移动通信设施,从基础架构上支撑了现代社会必需的各种应用部署,是"万物互联"的前提条件,其重要性不言而喻。这种现代社会基础架构层面的技术突破,必将全面引领未来社会发展的方向和社会运行形态。

图 4 - 15　移动通信技术在现代社会中发挥重要作用

4.5　人工智能技术:调控得准

人工智能是什么? 2020 年 3 月 8 日,在"江苏好大学"顶尖学科网络直播课堂第一讲"人工智能的内涵"中,人工智能领域专家周志华教授从科普的角度对"人工智能"概念进行了内涵分析和外延拓展理解,他着重强调了以下几个观点。

(1)人工智能≠人造智能,从智能启发的计算(Intelligence-inpired Computing)角度来理解人工智能,能更为科学地揭示人工智能的技术本质。

(2)人工智能的概念在现实生活中分两类:强人工智能和弱人工智能,前者代表了各类科幻电影中臆想的人工智能的愿景,后者才是学术研究的人工智能领域的概念。

(3)行为上是否具备"自主意识",是强人工智能和弱人工智能的本质区别。

在第3章中,我们回顾了大数据技术的发展阶段,明确了大数据这个概念正式提出并被学术界和企业家认可是在2008年前后。结合本章对物联网、云计算、移动互联技术发展路线的回顾,我们可以发现,近十年来人工智能的兴起,离不开物联网、云计算、移动互联等"硬核"技术的支持。在技术演变过程中,从物联网"知道得多"开始,对物理世界数字化感知的结果,导致各类电子数据(SQL+NoSQL)在"量"上呈井喷式增长。如何存储并管理这些呈井喷式增长的电子数据,尤其是NoSQL数据的大量汇聚,需要高性能的数据处理平台。在这种应用需求的推动下,云计算技术得以快速发展,云数据中心和云计算平台也被快速搭建起来,即"处理得快"。在这种前提条件下,各类数据资源的汇聚和数据处理技术的长足发展,催生了不同领域各种各样广义大数据技术的应用拓展。而这种大规模的技术应用,在效率方面具有非常高的应用需求。于是,人工智能成为满足这种应用需求的技术利器。这种技术体系迭代发展的进化逻辑,体现的就是人类文明的发展规律,即螺旋式上升的发展过程。就像笔者在前言中提到的那样,优良基因反复地自然累加和提纯,以及基因重组和良性突变,是产生优秀基因的主要途径。任何一项新技术的诞生和进化,都离不开催生它的技术土壤以及特定的社会发展阶段。强调某一项新技术的重要性,绝不能以否定与它并存共生的其他技术体系为前提条件。

过去二十余年,物联网、云计算、大数据和人工智能发展演变的内在逻辑如图4-16所示。在图4-16中,我们可以看到应用体系在各个时间节点上的完善过程。具体而言,从单项技术的完善,到应用体系的形成,主要体现在以下两个层面。

(1)大数据资源的丰富和完善,让人工智能有了充足的学习样本空间。学习样本的完备性,保证了通过数据挖掘的方式,去发掘样本背后隐藏的各种行为或社会规律的可行性,进而为隐形知识的显式化提供了佐证材料,促使数据科学成为社会发展的核心驱动力。

(2)硬件性能的大幅提升和价格的大幅下降,突破了硬件平台在执行高计算复杂度算法时的性能瓶颈。以深度学习为代表的计算复杂度高的各种人工智能算法,在规定的时间范围内,能够得到有效的计算结果,从而满足各种应用在时效性方面的计算要求。

　　丰富的大数据资源、各种智能算法、硬件计算平台的强运算能力,三足鼎立,让人工智能在理论和应用方面获得了长足的发展。具有移动互联和人工智能技术特点的产品及其各种复杂应用,如无人驾驶汽车等,越来越多地出现在我们的日常生活和工业应用之中。

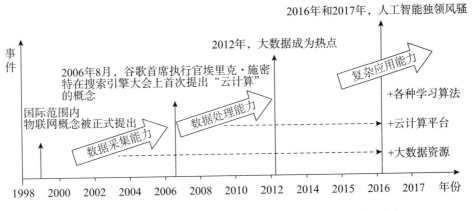

图 4-16　物联网、云计算、大数据和人工智能协同发展的二十年

　　这种技术体系迭代发展的进化逻辑,体现的就是人类文明的发展规律,即螺旋式上升的发展过程。

　　图 4-16 中,我们可以看到 2017 年前后,人工智能大热,但这并不意味着人工智能是在这个时间段才出现的新技术。作为一门具体的学科研究方向,人工智能的发展历史,可以追溯到 20 世纪 50 年代。1956 年,在美国达特茅斯学院召开了一次学术会议,一群世界顶尖的专家学者聚在一起探讨如何制造一台能够"模拟人类各方面智能"的机器。这次会议标志着"人工智能"这门新学科和新技术的诞生。图 4-17 则从核心技术提炼的角度,总结了人工智能不同的历史发展阶段所重点关注的核心技术。

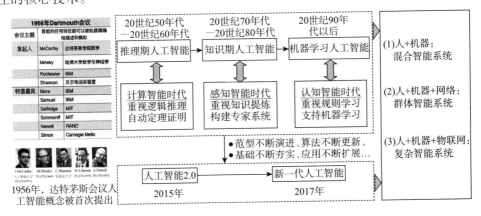

图 4-17　人工智能重要的历史发展阶段

人工智能概念从正式被提出至今,其发展历程起起落落(见图4-18)。20世纪60年代前后和20世纪90年代前后的两次低潮,更是让人工智能技术从充满期盼到跌入发展低谷。微软中国研究院(微软亚洲研究院前身)的创办者,并担任创始院长的李开复博士在一次访谈中回忆说,1998年他到北京组建微软亚洲研究院时,很多人甚至不愿用"人工智能"这个术语来指代相关的研发领域。在学术圈里,一度有很多人觉得,凡是叫"人工智能"的,都是那些被过分夸大、实际并不管用的技术。于是,微软亚洲研究院在设定科研方向的时候,会主动回避"人工智能"这样的字眼,而是选用"机器视觉""语音识别"等侧重具体应用领域的术语。

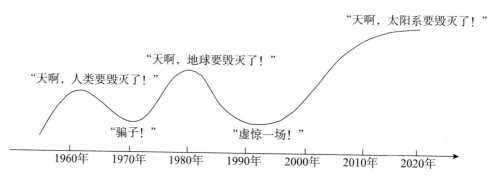

图4-18 人工智能技术大起大落的发展历史

最近几年,人工智能及其产业化发展成为世界范围内各个国家的战略共识。美国白宫科技政策办公室在2016年10月至12月连续发布了三份人工智能战略报告,分别是《为未来人工智能做好准备》《国家人工智能研究与发展策略规划》《人工智能、自动化与经济》。2017年在由国务院发布的《新一代人工智能发展规划》中,围绕人工智能的产业化发展,制定了"三步走"的发展战略。

(1)到2020年人工智能总体技术和应用与世界先进水平同步,人工智能产业成为新的重要经济增长点,人工智能技术应用成为改善民生的新途径,有力支撑进入创新型国家行列和实现全面建成小康社会的奋斗目标。

(2)到2025年人工智能基础理论实现重大突破,部分技术与应用达到世界领先水平,人工智能成为带动我国产业升级和经济转型的主要动力,智能社会建设取得积极进展。

(3)到2030年人工智能理论、技术与应用总体达到世界领先水平,成为世界主要人工智能创新中心,智能经济、智能社会取得明显成效,为跻身创新型国家前列和经济强国奠定重要基础。

按照世界范围内宏观的产业规划,人工智能产业在未来十几年里将会有着巨大的经济和社会增长空间。无论是国外还是国内的互联网公司、高科技公司,都高度重视人工智能的发展。譬如,2016 年 9 月,谷歌、亚马逊、Facebook、IBM 和微软等国际大型互联网公司,结成了 AI 产业联盟(Partnership of Artificial Intelligence),这必将全面促进全球人工智能技术产业的深入发展。

需要强调的是,随着人工智能技术发展的推广和普及,关于人工智能技术在伦理保护方面的话题,逐渐引起了社会各界人士的关注。传统的围绕人与人之间关系而开展的伦理学研究,也逐渐开始关注人工智能技术与人类社会之间的伦理关系问题。人工智能领域强大的机器学习技术,更是让这种忧虑成为一种理性的思考。目前的人工智能是通过模拟人类大脑的思维模式而进行技术实现的,具有一定的可控性。如果高端的自动化设备,通过机器学习技术,能够发展出不受人类控制的概念和观念,这将会给整个人类社会带来不可预估的恐慌。因此,人工智能技术与人类伦理关系的研究,不能脱离对人工智能技术本身的讨论。目前人工智能领域的相关科研人员,已经开始关注并有意识地提高这方面的伦理意识,这也将成为人工智能发展的重要研究课题。

4.6　"物、云、移、大、智"技术融合后的协同生态环境

生产力和生产关系,是政治经济学中的两个基本概念。生产力是指人类在征服自然和改造自然的过程中,获得自己所需要的物质资料的能力。生产关系是指人们在物质资料生产过程中形成的相互关系,主要包括人们在物质资料的生产、交换、分配、消费等方面的社会关系。生产力决定生产关系,生产关系对生产力具有能动的反作用,这是历史唯物论的基本思想,也是政治经济学中的基本原理。生产力与生产关系之间存在一种矛盾的运行规律。当生产关系符合生产力发展的客观要求时,它会对生产力的发展起推动作用;当生产关系不适合生产力发展的客观要求时,它会阻碍生产力的发展。在两者的矛盾运动中,生产力起决定性的能动作用,生产力状况决定生产关系的性质,生产力的发展决定生产关系的变革。生产力和生产关系之间矛盾的相互作用,体现了两者之间本质的必然的联系,即生产关系一定要适合生产力状况的规律。

在人类历史发展的不同阶段,生产力有大小,生产关系有好坏。因此,解放生产力、改善生产关系一直是促进社会发展的核心驱动力,其目的就是获得更多的生活资料,满足人民日益增长的美好生活需要(见图 4 - 19)。

随着以"物、云、移、大、智"为代表的一系列信息技术的发展和普及应用,人类社会的发展也越来越呈现出一种数字化、虚拟化的表现特征。就单项技术的发展而

言,云数据中心大大提升了生产力在数字化应用方面的计算和存储能力。移动通信技术的应用普及,使得生产关系的建立和维护凸显了数字化、虚拟化方面的社会特征。在互联网环境下,生产资料的流通和表现形式,越来越成为大数据技术关注的重点要素。人类社会越来越呈现出一种前所未有的数字化运行的新生活形态(如图4-20所示)。

图 4-19 生产力和生产关系的互动作用及协同目标

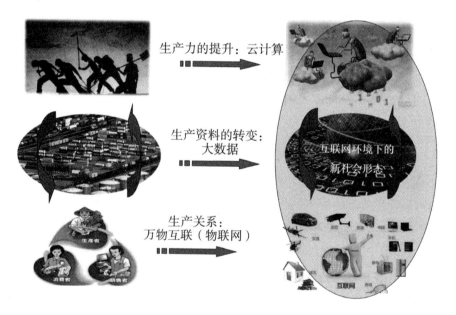

图 4-20 人类社会数字化转型的层次分析

自然界中的生态多样性,让整个自然界运行得更为和谐平稳。类似的原理,强调大数据技术的重要性,一定不能否定其所处的技术生态环境下其他各类技术的重要性。只有技术体系具有完备性,才能保证更大更复杂系统的应用部署。

过去几年,读者可能会在一些场合听到"工业4.0"这个新的概念术语。当我们看到这个概念术语的时候,可能会想到:既然有工业4.0,那么工业3.0、工业2.0、工业1.0又是什么呢? 这里明确给出相关答案。工业1.0,是指以"蒸汽机革命"为代表的工业发展阶段;工业2.0,是指以"电气化革命"为代表的工业发展阶段;工业

3.0,是指以"自动化革命"为代表的工业发展阶段;工业 4.0,则是指最新的以"智能化革命"为代表的工业发展阶段。需要强调指出的是,"工业 4.0"的基本概念,是源于德国的工业发展体系而产生的一个基本概念。美国工业界一般并不接受这一说法,称这一最新的历史发展阶段为"工业互联网"。中国的工业界则称这一最新的历史发展阶段为"两化融合""中国制造 2025"或"高质量发展阶段"。世界范围内的学术界对这一最新的历史发展阶段,则统称为"万物互联"。

上述各种说法,源于不同的政治原因或经济原因,但对目前社会发展的历史阶段,强调基于"物联网、云计算和大数据"的智能应用集成,则是世界范围内学术界和工业界的共识。因此,"物、云、移、大、智"技术融合后的协同生态环境,更为全面地支撑了基于"感、传、协、控"的各种数字化应用场景(见图 4-21)。

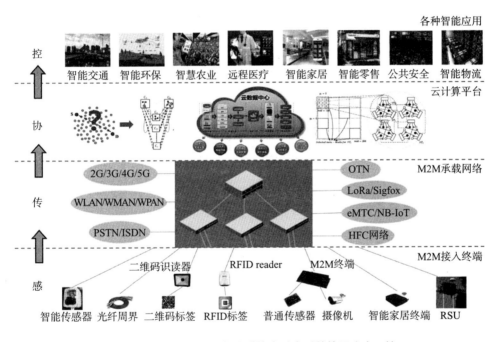

图 4-21　"物、云、移、大、智"技术融合后的协同生态环境

4.7　本章小结

"两个黄鹂鸣翠柳,一行白鹭上青天。窗含西岭千秋雪,门泊东吴万里船。"这首古诗意境优美,短短两句话,就将黄鹂、翠柳、白鹭、青天、山岭、积雪等众多要素,融入一幅和谐的画卷之中。本章取意于此,从技术生态多样性的角度,对与大数据技术并存相生的各种代表性现代信息技术进行了系统的分析与归纳,揭示了"物、云、移、大、智"在技术协同融合方面的应用逻辑。

中篇
教育大数据应用创新

理论联系实践,理论指导实践,是科技工作者遵循的一项基本原则。教育大数据应用创新,顾名思义,作为定语的"教育"一词,界定了这一应用创新有别于其他领域应用创新的技术内涵与形式外延。系统分析和总结教育领域的"教""学"需求,有针对性地了解并学习支持教学实践的相关理论,是有效开展教育大数据应用创新的前提条件。此外,作为计算机学科的应用特点,需求分析是技术应用与系统开发的起点。软件工程的核心思想,集中体现为用户需求驱动的应用实现。因此,只有充分了解教育领域的"教""学"需求,才能做到行业应用与技术实现有机融合,进而保证教育大数据应用创新的针对性和专业性。

围绕教育领域的信息化教学实践,本篇以大数据技术在教育领域的应用创新为主题,从教育领域实践特点的分析开始,问题驱动衔接规律发掘,在总结传统学习理论与现代学习理论的基础上,探索教育大数据资源及相应的大数据处理技术对"有效学习"的驱动原理。

具体而言,第5章首先借助金庸先生武侠小说中的部分内容,形象地展示有效"教"和"学"的效果,从问题驱动的角度引领后续各章的理论和技术探讨。为了更好地体现教育大数据资源及相应的大数据处理技术对"有效学习"的驱动原理,第6章结合人脸识别技术的应用逻辑,从实例分析的角度解析"有效学习"的认知原理和内在的行为逻辑,为理解基于学习原理的大数据技术提供案例解析。教育领域特有的文化底蕴,是支撑教育实践的核心与精髓。第7章从历史溯源的角度,分析和总结国内外教育实践的发展脉络,提炼不同文化背景下"有效学习"过程的内涵与外延,着眼"教得好"与"学得快"的创新目标,为大数据技术赋能现代教育领域提供科学有效的技术切入点。第8章在对教育领域的需求特点进行系统分析和总结的基础上,从有效学习的角度,结合具体的知识图谱挖掘分析,提出了支持教育大数据应用创新的技术方案与赋能路径。

本篇所含四章和下篇所含两章,重点分析三个典型领域的大数据应用创新案例,强调大数据领域应用的技术创新思路。作为本篇的姊妹篇,下篇讨论的网络行为分析领域和智能交通领域的大数据应用创新,重点从技术框架出发,理论结合实践,探讨大数据应用创新的设计理念,将深度和广度结合,层次和角度适配,呈现大数据技术在典型应用领域中的理论与技术创新思路。

鉴于大数据关键技术及其技术生态分析,已在第1至4章进行了详尽的分析,故本篇和下篇重点分析大数据技术的应用创新路径和方案设计思路,具体的技术实现,有兴趣的读者可以结合前四章中关于大数据技术的分析,进行相应的应用开发。

第 5 章　教育大数据的直观认知

5.1　引子

根据第 1 章中关于"数据"一词的定义,即数据是"客观存在的描述与记录",则在教育领域,数据可以物化地体现为各种各样的教育资源,包括书籍、图画、表格、音视频等物化的记录载体,以及以口授相传为描述特征的尚未物化的教学内容。教育资源的传承与创新,体现了人类文明的发展,记录了社会进步的历程。显然,在 1946年计算机这一现代化的计算和存储工具出现之前,早已存在各种类型的大量的教育资源。这些教育资源既是教育领域传道、授业、解惑的客观依据,也是学生启蒙与认知进化的学习对象。随着计算机这一现代化应用工具的出现和相关技术的发展,尤其是伴随着传统教育资源的数字化进程,现实的教育教学中产生了越来越多的教育大数据资源。基于计算机教学平台的教育大数据资源,为全面的教学实践创新提供了前提条件和资源基础。而围绕数字化教育资源形成的领域大数据的分析与应用技术,则为更多形式的教学实践创新提供了有力的工具和手段。

这里的教育大数据资源,首先,具有如第 3 章讨论的大数据概念所固有的数据类型。其次,教育大数据的分析应用,要遵循教育领域固有的教学规律。例如,就教育实践创新而言,人们普遍推崇的"因材施教"教育理念能够有效提升学习者的学习效率和学习质量,因此,不论是传统的以口授相传为代表的教学过程,还是以数字化教学为代表的现代教学实践,其在"因材施教"这一目标导向上都具有一致的教育追求。为了更好地理解数字化环境下教育大数据的应用创新目标,我们先以金庸先生所著《射雕英雄传》第五回之"弯弓射雕"为例,对传统教育领域的一些典型实践创新进行分析。

全真教马钰道长在大漠遇到郭靖,第五回"弯弓射雕"对此有一段精彩的描述。

那道人道:"你这六位师父,都是武林中顶儿尖儿的人物,我和他们虽然素不相识,但一向闻名相敬。你只要学得六人中凭谁一人的功夫,就足以在江湖上显露头角。你又不是不用功,为甚么十年来进益不多,你可知是甚么原因?"郭靖道:"那是因为弟子太笨,师父们再用心教也教不会。"那道人笑道:"那也未必尽然,这是教而不明其法,学而不得其道。"……

那道人道:"……这样吧,你一番诚心,总算你我有缘,我就传你一些呼吸、坐下、行路、睡觉的法子。"郭靖大奇,心想:"呼吸、坐下、行路、睡觉,我早就会了,何必要你教我?"他暗自怀疑,口中却是不说。

那道人道:"你把那块大石上的积雪除掉,就在上面睡吧。"郭靖更是奇怪。依言拔去积雪,横卧在大石之上。那道人道:"这样睡觉,何必要我教你? 我有四句话,你要牢牢记住:思定则情忘,体虚则气运,心死则神活,阳盛则阴消。"郭靖念了几遍,记在心中,但不知是甚么意思。那道人道:"睡觉之前,必须脑中空明澄澈,没一丝思虑。然后敛身侧卧,鼻息绵绵,魂不内荡,神不外游。"当下传授了呼吸运气之法、静坐敛虑之术。

郭靖依言试行,起初思潮起伏,难以归摄,但依着那道人所授缓吐深纳的呼吸方法做去,良久良久,渐感心定,丹田中却有一股气渐渐暖将上来,崖顶上寒风刺骨,却也不觉如何难以抵挡。……如此晚来朝去。郭靖夜夜在崖顶打坐练气。说也奇怪,那道人并未教他一手半脚武功,然而他日间练武之时,竟尔渐渐身轻足健。半年之后,本来劲力使不到的地方,现下一伸手就自然而然地用上了巧劲:原来拼了命也来不及做的招术,忽然做得又快又准。江南六怪只道他年纪长大了,勤练之后,终于豁然开窍,个个心中大乐。①

《射雕英雄传》中的这段表述,生动地诠释了不同的教育资源和教育手段对学习者所产生的巨大差异。上文的"道士",为全真教马钰道长。从文中可知,江南六怪也都是武林中顶尖的人物,只要郭靖学得"六人中恁谁一人的功夫",就足以在江湖上显露头角。而郭靖又是一个非常听话用功之人,为什么十年来进益不多呢? 郭靖的答案是:"那是因为弟子太笨,师父们再用心教也教不会。"道人的答案是:"那也未必尽然,这是教而不明其法,学而不得其道。"

这两个答案,哪个是正确的呢? 天资愚笨的郭靖,何以后来成为武功盖世的一代大侠,成为"为国为民,侠之大者"的垂范? 此处暂且不讨论上述答案的正确性,从马钰道长和江南六怪这些老师身上,我们至少看到两种不同的教育理念,即教育的根本是什么,是外在的"形"的层面的教学,还是内在的"神"的层面的启发? 围绕这两种教育理念,我们从教育资源和教育技术的角度,对上述故事情节涉及的一些基本概念进行了归纳总结(见表5-1),以更好地进行"教"与"学"的分析。

---

① 金庸. 射雕英雄传[M]. 北京:生活·读书·新知三联书店,1994.

表5-1　江南七怪①和马钰道长的武功大数据分析

门派	老师姓名	教育资源	教育技术
江南七怪	1. 飞天蝙蝠柯镇恶	降魔杖法+毒菱暗器	口传手授： 江南六怪把郭靖单独叫去，拳剑暗器、轻身功夫，逐项传授
	2. 妙手书生朱聪	铁扇点穴+分筋错骨手	
	3. 马王神韩宝驹	金龙鞭法	
	4. 南山樵子南希仁	南山掌法	
	5. 笑弥陀张阿生	擅长硬功(英年早逝)	
	6. 闹市侠隐全金发	开山掌法	
	7. 越女剑韩小莹	越女剑法+轻功高强	
全真教	马钰道长	呼吸运气之法、静坐敛虑之术	理念传授： 思定则情忘,体虚则气运,心死则神活,阳盛则阴消

从表5-1中,我们可以发现,江南六怪重在"形"的教学,而马钰道长则重在"神"的教育。教育理念不同,自然对应不同的教育方式。江南六怪通过一招一式的"形"的教育,以填鸭教育的方式希望郭靖能够全部领会,而没有考虑郭靖的接受程度与接受能力,效果显然不佳;而马钰道长的"呼吸运气之法、静坐敛虑之术",则通过调动郭靖内在的"精""气""神",从内功的提升入手,进而提升外在的"形"的表现,以实现"神""形"兼备的目标。从选段描述中可知,在马钰道长的指导下,郭靖武功大进。显然,这种针对郭靖的个性化教育方法,取得了很好的教学效果。

结合韩愈的《马说》,我们做进一步的分析探讨。韩愈在《马说》一文中,对伯乐与千里马的关系进行了生动的论述:"世有伯乐,然后有千里马。千里马常有,而伯乐不常有。故虽有名马,祇辱于奴隶人之手,骈死于槽枥之间,不以千里称也。马之千里者,一食或尽粟一石。食马者不知其能千里而食也。是马也,虽有千里之能,食不饱,力不足,才美不外见,且欲与常马等不可得,安求其能千里也? 策之不以其道,食之不能尽其材,鸣之而不能通其意,执策而临之,曰:'天下无马!'呜呼! 其真无马邪? 其真不知马也!"

从这一段文字描述中,我们可以发现,因材施教,源于识材。教师只有对学生各方面的天资悟性和各个阶段的学习能力有着客观全面的认知,才能有针对性地选择合适的教学方法,否则就会出现"食马者不知其能千里而食也"的情况。对马钰道长而言,此前他已经对郭靖的天资和六位师傅的教学过程有了一定的考察和总结,所

---

① 上文的江南六怪,原为江南七怪,分别为飞天蝙蝠柯镇恶、妙手书生朱聪、马王神韩宝驹、南山樵子南希仁、笑弥陀张阿生、闹市侠隐全金发、越女剑韩小莹。因为早年在和黑风双煞陈玄风和梅超风的打斗中折了笑弥陀张阿生,故而文中为江南六怪。

以他才有针对性地传授郭靖"呼吸运气之法、静坐敛虑之术",这正是我们所说的"因材施教,源于识材"。

在能够实现科学识材的基础上,教育工作者自身的能力提升尤为重要,否则学生就会面临"食不饱,力不足,才美不外见"的问题。郭靖一开始进益缓慢,后来逐渐成长为武功盖世的一代大侠,在这一漫长的学习成长过程中,机缘巧合,他遇到了很多顶尖高手的倾囊相授。相对这些顶尖高手,江南六怪自身的能力和水平就相形见绌了。因此,教师水平的高低,也是影响学生认知成长过程中的重要因素。

随着教育大众化、普及化的深入,学生数量激增与优秀师资不足之间的矛盾越来越突出,诸如"因材施教"这种理想化的教学模式,在现代社会中实施的难度越来越大,而全社会范围内终身学习模式的出现,又使得"因材施教""有教无类"方面的需求更为迫切,因此,对优秀教学资源的共享成为全社会教育行业的迫切需求。针对教育领域的这一需求挑战,如何借助大数据技术,在全社会范围内提高教师的授业能力,有效提升学生的学习效率,实现教育大数据技术的应用创新,是本篇各章节共同探讨的核心问题。

5.2 基础不牢,地动山摇

教学实践本身是一个"教"与"学"互动的过程,为了更深入地探索"教"与"学"之间的内在关联,下面以金庸先生《笑傲江湖》第九章"邀客"为例,探索"教"与"学"过程的互动规律。

《笑傲江湖》第九章"邀客"中,华山派掌门人岳不群讲述华山派的历史,提及华山派功夫本来分为"正邪两途","华山一派功夫,要点是在一个'气'字,气功一成,不论使拳脚也好,动刀剑也好,便都无往而不利,这是本门练功正途。可是本门前辈之中另有一派人物,却认为本门武功要点在'剑',剑术一成,纵然内功平平,也能克敌制胜。正邪之间的分歧,主要便在于此",并进一步对众人回溯、分析了"气宗"与"剑宗"的区别:"三十多年前,咱们气宗是少数,剑宗中的师伯、师叔占了大多数。再者,剑宗功夫易于速成,见效极快。大家都练十年,定是剑宗占上风;各练二十年,那是各擅胜场,难分上下;要到二十年之后,练气宗功夫的才渐渐地越来越强;到得三十年时,练剑宗功夫的便再也不能望气宗之项背了。然而要到二十余年之后,才真正分出高下,这二十余年中双方争斗之烈,可想而知。"岳夫人也道:当年玉女峰上大比剑,剑宗的高手剑气千幻,剑招万变,但你师祖凭着练得了紫霞功,以拙胜巧,以静制动,尽败剑宗的十余位高手,奠定本门正宗武学千载不拔的根基。今日师父的教诲,大家须得深思体会。本门功夫以气为体,以剑为用;气是主,剑为从;气是纲,剑是目。练气倘若不成,剑术再强,总归无用。"[1]

华山派掌门人"君子剑"岳不群,对"剑宗"和"气宗"的分析和描述,看似是一段涉及地位纷争的江湖恩怨,但其解释的学习方法和学习途径,或许可以给不同领域的学习者带来一定的启发参考。当然,随着故事跌宕起伏的发展,《笑傲江湖》原著中"剑宗"代表人物风清扬老先生的出现,从实战效果上又颠覆了岳不群"气宗"高过"剑宗"的功力评价结论。《笑傲江湖》中这种看似矛盾的故事情节,充分体现了"执两用中"的辩证思想,即现代哲学中矛盾的辩证法思想。一切事物都是有两面性的,矛盾双方在一定条件上,会向对方转化,即量变引起质变。因此,在学习过程中,既要对传统文化和基础知识进行充分的消化、继承与吸收,奠定创新的基础,又要不拘泥于条条框框,打破常规束缚,实现进一步的突破创新。

这里的"气宗",在某种程度上体现了自然科学中基础理论的研究与探索,而"剑宗"则对应了领域技术的应用与实践。"气宗"和"剑宗"背后都体现了一种追求进步、着意创新的学习精神。但是,如何实现"学习"上的继承与创新呢?下面再以《笑傲江湖》第十章"传剑"中的一段内容,启发我们后续的研究工作。"剑宗"代表人物风清扬老先生的出现,尤其是他点拨令狐冲实战迎敌的描述,在原著中甚为精彩。

那老者摇头叹道:"令狐冲你这小子,实在也太不成器!我来教你。你先使一招'白虹贯日',跟着便使'有凤来仪',再使一招'金雁横空',接下来使'截剑式'……"一口气滔滔不绝地说了三十招招式。

那三十招招式令狐冲都曾学过,但出剑和脚步方位,却无论如何连不在一起。那老者道:"你迟疑甚么?嗯,三十招一气呵成,凭你眼下的修为,的确有些不易,你倒先试演一遍看。"他嗓音低沉,神情萧索,似是含有无限伤心,但语气之中自有一股威严。令狐冲心想:"便依言一试,却也无妨。"当即使一招"白虹贯日",剑尖朝天,第二招"有凤来仪"便使不下去,不由得一呆。

那老者道:"唉,……无怪你是岳不群的弟子,拘泥不化,不知变通。剑术之道,讲究如行云流水,任意所至。你使完那招'白虹贯日',剑尖向上,难道不会顺势拖下来吗?剑招中虽没这等姿势,难道你不会别出心裁,随手配合么?"

这一言登时将令狐冲提醒,他长剑一勒,自然而然地便使出"有凤来仪",不等剑招变老,已转"金雁横空"。长剑在头顶划过,一勾一挑,轻轻巧巧地变为"截手式",转折之际,天衣无缝,心下甚是舒畅。当下依着那老者所说,一招一式地使将下去,使到"钟鼓齐鸣"收剑,堪堪正是三十招,突然之间,只感到说不出的欢喜。

那老者脸色间却无嘉许之意,说道:"对是对了,可惜斧凿痕迹太重,也太笨拙。

---

① 金庸. 笑傲江湖[M]. 北京:生活·读书·新知三联书店,1994.

不过和高手过招固然不成,对付眼前这小子,只怕也将就成了。上去试试罢!"

……(田伯光)挥刀向令狐冲砍了过来。令狐冲侧身闪避,长剑还刺,使的便是适才那老者所说的第四招"截剑式"。他一剑既出,后者源源倾泻,剑法轻灵,所用招式有些是那老者提到过的,有些却在那老者所说的三十招之外。他既领悟了"行云流水,任意所至"这八个字的精义,剑术登时大进,翻翻滚滚地和田伯光拆了一百余招。突然间田伯光一声大喝,举刀直劈,令狐冲眼见难以闪避,一抖手,长剑指向他胸膛。田伯光回刀削剑。嗒的一声,刀剑相交,他不等令狐冲抽剑,放脱单刀,纵身而上,双手扼住了他喉头。令狐冲登时为之窒息,长剑也即脱手。……

忽听那老者道:"……手指便是剑。那招'金玉满堂',定要用剑才能使吗?"

令狐冲脑海中如电光一闪,右手五指疾刺,正是一招"金玉满堂",中指和食指戳在田伯光胸口"膻中穴"上。田伯光闷哼一声,委顿在地,抓住令狐冲喉头的手指登时松了。[①]

在这段描述中,令狐冲原先精通的各种招数,一开始在风清扬前辈的引导下,居然"使不下去",于是风清扬无奈叹道:"无怪你是岳不群的弟子,拘泥不化,不知变通。剑术之道,讲究如行云流水,任意所至。你使完那招'白虹贯日',剑尖向上,难道不会顺势拖下来吗?剑招中虽没这等姿势,难道你不会别出心裁,随手配合么?"

表5-2对这段武学场景所涉及的继承创新和原始创新进行了总结分析。在第7章中,我们还会结合各种学习理论,对上述两个场景下的学习特点和学习规律进行对比分析。

表5-2 继承创新和原始创新的实例分析

	令狐冲	风清扬
角色	学生	老师
武功大数据	三十招招式:"白虹贯日"+"有凤来仪"+"金雁横空"+"截剑式"+……	三十招招式:"白虹贯日"+"有凤来仪"+"金雁横空"+"截剑式"+……
继承创新	那三十招招式令狐冲都曾学过,但出剑和脚步方位,却无论如何连不到一起。……令狐冲心想:"便依言一试,却也无妨。"当即使一招"白虹贯日",剑尖朝天,第二招"有凤来仪"便使不下去,不由得一呆	"无怪你是岳不群的弟子……你使完那招'白虹贯日',剑尖向上,难道不会顺势拖下来吗?剑招中虽没这等姿势,难道你不会别出心裁,随手配合么?"
原始创新	突然间田伯光一声大喝,举刀直劈,令狐冲眼见难以闪避,一抖手,长剑指向他胸膛。田伯光回刀削剑。嗒的一声,刀剑相交,他不等令狐冲抽剑,放脱单刀,纵身而上,双手扼住了他喉头。令狐冲登时为之窒息,长剑也即脱手	忽听那老者道:"……手指便是剑。那招'金玉满堂',定要用剑才能使吗?"令狐冲脑海中如电光一闪,右手五指疾刺,正是一招"金玉满堂",中指和食指戳在田伯光胸口"膻中穴"上。田伯光闷哼一声,委顿在地,抓住令狐冲喉头的手指登时松了

① 金庸.笑傲江湖[M].北京:生活·读书·新知三联书店,1994.

"剑宗""气宗"之争,生动地体现了教育大数据资源在知识演化规则方面的创新应用。不破不立,破也要有破的基础,这是继承创新的核心理念。如果令狐冲不会风清扬前辈所说的三十招基本功,那么招式的创新组合也就无从谈起。这里令狐冲所掌握的各种武功招式,可以看作一类武功大数据,这些武功大数据源于其师父岳不群的传授。但是,同样的武功大数据,在风清扬老先生的创新组合下,居然发挥了连令狐冲自己都不敢想象的实战迎敌效果。这就从原理上给我们启发,要在继承创新基础上进一步实现原始创新,应具有更为开放的思维模式和技术理念。同样,在人才培养体系中,基础研究不扎实,应用技术就会成为无源之水、无本之木;应用技术如果不能紧扣行业需要,全面提升创新意识,也会导致技术乏力,乃至盲目创新。因此,从创新源头出发,继承创新和原始创新相结合,培养各个层次的创新思维,是引导包括教育大数据技术创新在内的各种应用创新的普适原理。

5.3　教育大数据应用创新的领域特点分析

"菩提本无树,明镜亦非台。本来无一物,何处惹尘埃!"上述两个传奇式的武学场景,体现了金庸先生对教育和学习规律的深度理解。人类文明的发展过程,"教"和"学"一直相辅相成。这种基于继承发展的理论和应用创新,是人类文明进步的核心驱动力。有教无类,教学相长,在此基础上,从人性和文化出发,探索"教"与"学"内在的规律和方法,才能科学有效地做到"因材施教"。本章 5.1 节和 5.2 节的两个案例,形象地反映了"因材施教"和教学创新的实践过程。因材施教,是教师在教学实践中需要重点关注的一项教学方法和教学原则,具有丰富的人文内涵。要做好因材施教,教师必须根据不同学生的认知水平、学习能力以及自身素质,选择适合其特点的学习方法,并有针对性地进行启发教学,扬其长,避其短,从而激发学生的学习兴趣,帮助学生树立学习信心,促进身心全面发展。

此外,"教""学"过程是一个对上下文情境较为敏感的交流过程。教师的行为素养、人格魅力乃至一言一行,都会对学生产生潜移默化的身心影响。因此,教师除了在教学实践中努力做到因材施教,进行有效的授业解惑,还需要在立德树人方面有意识地提高学生的人文情怀,尤其是在以理工科为代表的专业教学领域。为此,教育部 2018 年发起实施的"新工科"计划(教高〔2018〕3 号文),明确提出"探索建立工程教育的新理念、新标准、新模式、新方法、新技术、新文化","注重文化熏陶,培养以造福人类和可持续发展为理念的现代工程师","培养熟悉外国文化、法律和标准的国际化工程师,培养认同中国文化、熟悉中国标准的工科留学生"。

为正确引领新工科的发展方向,中国工程院院士、华中科技大学原校长李培根教授在《高等工程教育研究》2018 年第 2 期、第 3 期、第 5 期上连续撰文,从工科之"新"的文化高度,系统分析"新工科"所需要的人文精神,进而探讨工程教育的创新之路。例如,他将"善"作为工科学生和工程技术人员内心世界最基本的品性。技术本身无所谓善恶,但对于工程教育而言,"善"的文化要素须是教育理念的重要组成部分。传统的思维习惯,当一谈到教育改革时,就会联想到教学手段、教学方法的变革。针对这一惯性思维,李培根院士认为,方法和手段的改革需要更深文化层次的理解,若仅仅停留于常规的方法和手段的改革,流于从工具主义、实用主义的角度去引领创新,尽管对社会发展有益,但注定是浅层次的创新。挖掘探讨工程技术本身所蕴含的文化要素,理解工程与技术本身的文化内涵,才是重塑工科之"新"深层次突破的关键所在,直接影响到全社会工程与技术创新的能力与高度。①

计算机应用是"新工科"中典型的工程学科。《易经·系辞》中有"形而上者谓之道,形而下者谓之器"之说。传统观念上,技术常常被视作一种手段或工具,工程也被认为是技术的产物,所谓"君子不器"。受这一理念影响,我国不少从事工程技术工作的学者、工程师以及工程领域的教育工作者,缺少对工程教育方法在文化内涵上的升华意识。针对这种现象,李培根院士指出,有必要在教育实践中培养人文精神,人文教育要落地于教材、课堂、实践等教学环节中,进而形成"新工科"的文化底蕴。②

在提炼与归纳工程与技术方面文化要素的基础上,李培根院士还认为,深层次的实践创新,需要从文化的高度理解创新的意义和创新的形式。③ 这种文化驱动的工程与技术创新,有利于唤醒创新主体自主创新的各种潜能,培养各种创新情怀,继而全面提升全社会的创新能力。可见,从文化视角进行创新实践,有助于加深对创新意义的理解,有利于提升创新质量。因此,作为国民教育的重要组成部分,教育实践创新尤其要重视"创新情怀"的培养。

数千年人类文明积累下来的知识和文化,沉淀成为现代社会的教育大数据资源,是支撑"教"与"学"活动的主要资源;在此基础上的应用创新,体现了全社会的知识增值和人类文明的进步和发展。包括教育大数据在内的行业领域中的大数据资源,为各种创新应用提供了技术孵化的温床和土壤。有鉴于此,教育大数据应用创新必须与传统教育理念有机结合,而不是独立于传统教育理念之外的一种新技术应用。

需要强调说明的是,本书中的"教育"一词,由"教"和"学"两个不同的过程本体组成,即教的过程加学的过程;从知识增值的角度,"教"和"学"互动,成为教学相长的

---

① 李培根. 工科之"新"的文化高度(一)——浅谈工程与技术本身的文化要素[J]. 高等工程教育研究,2018(2).

② 李培根. 工科之"新"的文化高度(二)——重塑工程教育文化[J]. 高等工程教育研究,2018(3).

③ 李培根. 工科之"新"的文化高度(三)——创新教育的文化视角[J]. 高等工程教育研究,2018(5).

教学实践。具体而言,"教"和"学"互动分别对应不同的行为主体——教师与学生。

（1）"教"的行为本体是教师,强调教师在教育过程中采取的方式、方法和技术手段。

（2）"学"的行为本体是学生,强调学生在学习过程中采取的方式、方法和技术手段。

（3）"教"一词代表了知识的输出和传播。

（4）"学"一词代表了知识的输入和使用。

有鉴于此,结合本章的实例分析,教育大数据应用创新的赋能方向,集中体现为以下两个方面。

第一,围绕教育大数据资源利用的应用创新,目标是实现支持个性化有效学习的教育资源优化整合,这是因材施教的前提条件。

第二,围绕教学方法的应用创新,体现为大数据技术与现代教育实践相结合,目标是设计并发掘能够有效激活个性化有效学习的教育方式和教学方法。

为了更好地实现上述目标,后续各章将以"技术+文化"的方式,尽可能将人文要素贯穿在具体的技术算法的讨论之中,通过探讨人类认知活动的基本规律,为有效开展教育大数据应用创新提供参考与借鉴。具体而言,本章着眼于教育实践的问题导向,第6章则重点探讨对应教学过程的大数据认知学习原理及计算机实现;第7章则通过归纳和总结国内外教育领域的一些经典理论,为第8章具体的技术应用和案例分析提供理论背景支撑。这种问题驱动的教育大数据应用创新整体逻辑思路如图5-1所示。

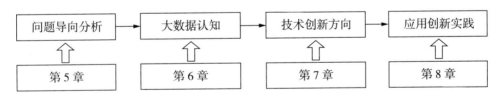

图 5-1 问题驱动的教育大数据应用创新逻辑路线图

5.4 本章小结

本章借助金庸先生的武侠小说片段,通过特定教育场景的实例分析,初探教育领域特有的行业规律,进而结合我国高等教育领域的最新发展动态,分析教育大数据应用创新的领域特点,为后续各章以"技术+文化"的方式开展教育大数据应用创新提供必需的应用背景。

第6章 大数据的认知学习与计算机实现

6.1 一个颠覆常识的认知实例

真理往往介于两个极端之间。我们早就学过"盲人摸象"（见图6-1）的故事，故事的版本很多，大致情节如下。

图6-1 盲人摸象的故事场景

古印度有一位国王坐在大象身上巡游，看见六个盲人在路旁休息，便问他们是否知道大象的样子，盲人们同声否认。于是国王说："你们可以用手摸一摸，然后告诉我。"盲人们摸过大象后，纷纷说出了自己的认知。摸到大象鼻子的盲人说："大象像一条蟒蛇。"摸到大象尾巴的盲人说："大象像一段软软的绳子。"摸到大象身体的盲人说："大象像一堵墙。"摸到大象腿的盲人说："大象像一棵大树。"摸到大象耳朵的盲人说："大象像一把大蒲扇。"摸到象牙的盲人说："大象像一把尖尖的长矛。"

盲人摸象的故事，在很多时候被认为是看问题以偏概全或下结论断章取义的反面教材，但是，从认知学习的角度来看，笔者觉得完全可以对这个故事进行新的理解。

譬如，摸到大象鼻子的盲人说："大象像一条蟒蛇。"我们对他的认知过程形式化

表达为:

象鼻→一条蟒蛇:特征吻合,结论合理!

这一认知过程,对于盲人而言,其认知对象、推断证据、推理逻辑和推断结果都是符合其认知逻辑的。如果摸到大象鼻子的盲人说"大象像一堵墙",我们同样对他的认知过程形式化表达为:

象鼻→一堵墙:特征不吻合,结论不合理!

在这一认知形式下,对于摸到大象鼻子的盲人说"大象像一堵墙",我们才会觉得他的结论是错误的。因为对应的认知对象、推断证据、推理逻辑和推断结果存在逻辑上的不一致。当然,这里的前提条件是,读者对"墙"的概念,有非常一致的本体认知共识,即对应读者共同认可的一个概念本体。

类似地,就像这里我们分析的那样,对这六个盲人而言,他们根据自己所接触的大象部位,结合他们自身的生活经验,从各自的推断证据出发,结合一定的推理逻辑,说出了他们的推断和认知结果(如表 6-1 所示)。

表 6-1　盲人摸象的推断过程分析

	摸到的大象部位	推断结论	正确吗?	推断错误的例子
第 1 个盲人	大象鼻子	像一条蟒蛇	√	像一堵墙
第 2 个盲人	大象尾巴	像一段软软的绳子	√	像一棵大树
第 3 个盲人	大象身体	像一堵墙	√	像一把大蒲扇
第 4 个盲人	大象的腿	像一棵大树	√	像一把尖尖的长矛
第 5 个盲人	大象的耳朵	像一把大蒲扇	√	像一段软软的绳子
第 6 个盲人	象牙	像一把尖尖的长矛	√	像一条蟒蛇

这里借用"盲人摸象"的故事引出认知行为的上下文环境。证据的局部性,导致了盲人认知的局限性。但这并不能否定这些盲人在自己的认知范围内,得出他们常识范围内的"正确"结论,因为他们的证据和结论之间具有合理的因果关系。盲人摸象的故事,也从侧面反映了在人类文明的发展过程中人类对未知世界的探索和认知规律。譬如,从"地心说"到"日心说"再到"宇宙学说",就是一个不断修正甚至否定现有认知结论的认知进化过程。对应到教学实践,也是从传授基本的概念知识出发,循序渐进地把人类文明的结晶传播下去,从而在学习和继承传统文化与知识的基础上,拓展对未知世界的认知,逐渐实现人类现有知识宝库的增值。

这里对盲人摸象的个性化分析与结论,并不是想标新立异。我们绝不否认盲人摸象这个寓言故事的哲理警示意义,如看事情要全面,学会听别人的观点,学会合作协同、互相分享经验等。我们引用这个经典的寓言故事,主要是借此强调基于教育大数据资源进行"教"和"学"具有共同的认知基础:循序渐进。这是存在于人类认知过程的客观规律,即通过知识点的叠加进化,逐步形成完备的知识体系,而不是认识"一点"不及"其余"。但在这一过程中,基于教育大数据的教学实践创新,需要对海量的教学资源进行合理的发现与组织,否则就可能在越来越多的知识点和教学资源中迷失方向。因此,基于教育大数据资源进行认知学习的典型特点,我们应强化对教育大数据的综合分析与利用。例如,为了更客观全面地了解学生对知识点的掌握情况,需要结合不同学习阶段的测验结果,按照教学进度时间表,为班级或个人构建代表知识掌握程度的学习曲线。这种学习曲线,不仅体现了熟能生巧的时间规律,更体现了学习者从掌握知识点到建构知识体系的过程。一个人内在知识体系的构建,代表的是个体在不同知识维度认知能力的聚合过程。如何利用大数据分析技术,对教师的教学效果与学生的弱项短板进行科学有效的分析挖掘,进而根据分析结果有针对性地选择合适的教育资源进行相应的学习和训练,是教育大数据技术分析的重点所在。

6.2 人类认知学习的生理学原理

生命科学的研究成果已经证实:人脑由大量(约 10^{11} 个)高度互联的神经元(神经细胞)组成。神经元是构成神经系统的基本单位,每个神经元约有 10^4 个连接。

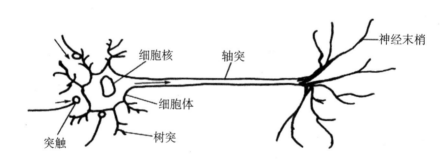

图 6－2 神经元的主体结构

一个神经元的主体结构如图 6－2 所示。对图 6－2 中的基本术语解释如下。

(1)树突:树状的神经纤维接收网络,它将电信号传送到细胞体,即负责信号的输入。

(2)细胞体:对有树突输入的电信号进行整合并进行阈值处理,即负责信号的处理和反馈。

(3)轴突:单根长纤维,它把细胞体的输出信号传递到其他神经元,即负责信号的输出。

在具体的生理特征上,树突、细胞体和轴突各自具有以下特征。

（1）树突短而分枝多,直接由细胞体扩张突出,形成树枝状,其作用是接收其他神经元轴突传来的脉冲并传给细胞体。

（2）轴突长而分枝少,为粗细均匀的细长突起,常起于轴丘,其作用是接收细胞体传出的各种信号,并通过突触传递给其他神经元。轴突除分出侧枝外,其末端形成树枝样的神经末梢。末梢分布于某些组织器官内,形成各种神经末梢装置。

（3）神经细胞体是神经元最基本的结构和功能单位,由细胞核、细胞膜、细胞质组成,具有联络和整合输入信息并传出信息的作用。

图 6-2 中还有一个基本概念:突触。突触是一个神经元的轴突和另一个神经元的树突的结合点,表示的是神经元和神经元之间的连接部位,是神经元和神经元之间进行信号交互的纽带。神经元之间通过突触进行信号传导,组成了具有特定功能的神经网络。

神经元内部的信号处理和神经元之间的信号传递,在生理上体现为一种电化学活动。外界的刺激对树突产生电化学作用,形成神经细胞体的输入信号。神经细胞体的活动,通过电化学作用体现为轴突电位,当轴突电位达到一定的阈值时,则形成神经脉冲或动作电位,进而通过神经末梢（突触作为中介）传递给其他的神经元。

组成神经网络的生物神经元之间的连接原理如图 6-3 所示。

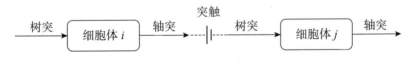

图 6-3　生物神经元之间的连接原理

神经元之间组成的某些神经结构（控制一定行为反应的神经元组合）,可以是与生俱来的,如哺乳动物天生具备的非条件反射行为。而有些神经结构则是在后天的条件刺激或学习过程中产生的,如某些后天的条件反射行为。通过后天不断刺激和学习,形成新的神经结构,即在原本离散的神经元之间建立一些新的物理连接,这种现象在生命早期表现得最为活跃和显著。

与此相反的是,某些天生的行为反应,如果它对应的生理上的神经结构,在后天的某一段关键时期,缺乏必要的环境和生理刺激,则组成这一神经结构的神经元之间的连接也会慢慢弱化乃至消失。譬如,在出生后的某一段关键时期,把一只小动物的某一只眼睛蒙起来,不让其和另一只眼睛一样正常活动。过了这段关键时期,解除这只眼睛上的遮蔽物,这只小动物被蒙上的眼睛将很难形成正常的视力。对眼睛遮蔽的时间越长,眼睛恢复正常功能的难度也就越大。

如果从认知活动的生理学原理出发,"人"的认知进化,就是基于其天生的神经系统,通过后天有意或无意的外界刺激,不断强化或构建新的神经结构的过程,进而实现感知信号的增强和提高信道数量的目的。这一认知进化的生理学原理,具体到"教"与"学"领域,就是通过"教"与"学"互动的行为过程,教师通过系统的、有目的、有意识的外界刺激,在学生大脑中建立特定的神经结构。这也是后来20世纪初形成的行为主义学习理论的行为基础。譬如,行为主义学习理论认为,人类的生活和行为环境决定了一个人的行为模式,无论是正常的行为还是病态的行为,都是经过学习而获得的,环境刺激与行为反应之间具有明确的规律性关系。

智能化应用,本质上是结合"神经元"的生理反应规律,通过强大的数据采集和分析能力,将人类的各种感觉,包括视觉、听觉、触觉,甚至大脑的思考过程,利用数字化模拟技术,使其形式化,成为人类的各种感觉经验和思维经验,进而从更高阶段大幅度地强化和提升人类对未知世界的探索感知和思维能力。如第3章大数据关键技术一章中所讲到的,在催生大数据技术的 Web 2.0 模式下,超链接是互联网运行的应用基础。当用户建立新的网站或针对某网页内容添加新的内容的时候,在开放互联的互联网环境下,其他用户可以很容易地发现、访问、浏览这些层出不穷的互联网新要素,并且通过特定的网络结构,较快地与之建立链接互动,这种网络结构非常符合人的认知生理学原理。随着网络用户间彼此的交互访问,神经突触不断地受到刺激和强化,进而使得整个神经系统能够感知的空间变得越来越大。网络用户间的交互活动,促成了互联网络的爆炸式增长。源于用户贡献的网络效应,Web 2.0技术对教育领域的巨大贡献,集中体现为借助几乎无所不在的网络的力量,采集个体和团队智慧的火花,实现人类智慧的跨越式发展。因此,我们认为,网络环境下基于群智协同的认知,就是这里基于个体认知生理学原理在特定群体活动中的应用放大过程。

6.3 认知过程的基本规律:"认"出特征,"知"道归属

在 6.1 节的论述中,我们提到了三个关键词:认知对象、推断逻辑和推断结果。这分别反映了人类认知的三个阶段。

(1)认知对象代表了物理世界中客观存在的事物,对应我们在第1章中提到的"数据"的概念内涵。

(2)认知的推断逻辑,引导着人们的认知过程,是认知进化所依赖的逻辑规则,对应我们在第1章中提到的"知识"的概念内涵。

（3）认知的推断结果，体现了人们的认知结论，对应认知反应的输出，对应我们在第 1 章中提到的"信息"的概念内涵，即认知者得出了对自己有用的结论。

本节主要按照上述认知过程的内在逻辑，探讨认知过程的基本规律。需要强调的是，本书不是一本关于认知理论或认知科学的专著或教材，我们这里探讨的认知规律，具有非常明确的"教"与"学"的背景，主要是为具体探讨教育大数据应用创新提供理论基础。所以，我们着重结合计算机科学的相关理论和术语，探讨人类认知活动的基本规律。

下面以图 6-4 为例，分析认知过程的内在逻辑。

图 6-4　两个简单的几何图形：圆形和正方形

在图 6-4 中，有两个图形，一个是圆形，一个是正方形。当我们看到这两个简单的几何图形时，基本上会不假思索地给出上述结论。如果我们认真地还原这一认知过程，大致对应如下几个阶段。

（1）我们的眼睛要做的第一件事情，就是看看这个形状有没有 4 条直线边。

（2）如果有的话，就进一步检查这 4 条边是不是连在一起，是不是等长，是不是互相垂直。

（3）如果满足上面这些条件，那么我们就可以给出判断结果：这是一个正方形。

从上面的过程可以看出，我们把一个复杂的、抽象的问题（形状），分解成简单的、不那么抽象的任务（边、角、长度……），这就是认知学习的原理。认知学习在很大程度上就是把复杂任务层层分解成一个个小任务，然后叠加汇总的过程。

这个过程也许过于简单，很多读者认为不需要太多解释。但是，如果我们需要对这个认知过程进行详细的形式化描述，而不是仅仅给出直观上的认知结论，那么我们就会发现，如果不能对诸如"正方形""直角""直线"等基本概念有着清晰明确的定义，那么对这个过程还真的不是很容易描述清晰。譬如，对于图 6-4 所示的"圆形"和"正方形"，如果没有如表 6-2 所示的"圆形"和"正方形"的定义，那我们如何对第一次接触平面几何的学生开展教学实践呢？因此，在对一些现象进行解释的时候，我们需要利用已经得到普适认可的相关科学依据。

表 6-2　圆形和正方形的概念定义

概念名称	不同的定义形式
圆形	在平面内到定点的距离等于定长的点的集合组成的图形,叫作圆。其中,定点称为圆心,定长称为半径
	当一条线段绕着它的一个固定端点在平面内旋转一周时,它的另一个端点的轨迹叫作圆,固定的端点叫圆心
	平面上一动点以一定点为中心,一定长为距离运动一周的轨迹称为圆周,简称圆,定点叫作圆心
正方形	四条边相等且四个角都是直角的四边形叫作正方形
	有一组邻边相等且有一个角是直角的平行四边形叫作正方形

　　这里的"直线边""垂直"等概念,在我们的认知过程中称为特征,是事先定义好的一些基本概念。后面的认知过程,就是按照这些定义好的特征,对一个复杂现象层层验证的过程。这种认知开展的应用逻辑,是目前人工智能领域,尤其是人工智能领域中的机器学习主要依赖的技术原理。因此,样本资源、学习算法和算法的运行平台,是支撑人工智能在更多领域成功应用的三个基本要素,共同组成了人工智能技术应用的软硬件基础。

　　结合教育大数据应用创新的实践需求,我们对以上实例做进一步的分析探讨。在这个认知实例中,以下几个问题能够更为全面地揭示人类认知过程的递进规律。

　　(1)实例中提到的"圆形"和"正方形",它们的定义从何而来?它们的各项"特征",又是如何定义的?

　　(2)当我们面临这些应用实例,需要利用这些特征概念的定义进行分析解释的时候,我们回顾一下,是谁告诉了我们这些定义的详细内容?

　　(3)根据我们已经知道的这些定义,我们又能做哪些更多的事情呢?

　　就第1个问题而言,"圆形"和"正方形"的定义,可以认为是人类在生产过程中总结出来的基本概念,是全人类共同接受的术语或规则。这些达成共识的规则或术语,代表了不同历史阶段人类探索认知未知世界的结果,是人类对自然界存在事物或现象的特征提取及其活动规律的系统性总结,为后人探索未知世界提供了结论、经验或理论体系。

　　就第2个问题而言,人类在生产过程中总结出来的、形成共识的术语或规则,需要被系统地继承和传播。自从有了文字,作为人类文明发展结晶的术语或规则,就有了记录的载体。通过文字形式的记载或口授相传等途径,我们快速地接受并知道了自然界存在的事物或现象的特征,这就是"教"与"学"的实践过程。通过"教"与"学"环节反复的叠加实践,人类实现了对自身文化体系的传承。一个新事物或新现象的特征提取和规律发现,大都是基于相关领域中所积累认知结果的佐证和支持。因此,从继承创新到原始创新,都离不开对现有文化体系的继承和消化,教育实践意义重大。

就第 3 个问题而言,这是"教"与"学"创新面临的实践挑战,在自我的认知拓展中实现更多的认知突破,意义重大。继承并利用现有的形式化的认知体系,结合生产实践,人类实现了对更多未知事物或现象的特征提取和规律发现,这是人类文明进步的主要特征。人类对未知世界从未停下探索的脚步,这是人类文明发展的核心驱动力。

第 1 个问题,集中体现了如何"认"出自然界存在事物或现象的特征规律,是静态的样本空间的建立过程。第 2 个问题和第 3 个问题,则集中体现了如何"知"道自然界存在事物或现象的特征和规律运行,可以是动态的样本空间的使用和样本增加过程,也可以是样本删减过程。如何理解"样本删减过程"呢? 历史已经证明,人类文明的发展,是一个螺旋式上升、否定之否定的认知进化过程。在特定的历史阶段,不可避免地会受到工具和手段的限制,产生认识上的片面性。从"地心说"到"日心说",再到宇宙存在的各种理论探索,有力地推动了人类探索未知世界的前进步伐,但是每一个纠错,都是将原来样本空间中的错误样本剔除,代之以相对正确的特征或规律样本。这三个阶段,充分体现了哲学中对未知世界否定之否定、肯定之肯定的螺旋式递进的认知过程。

在教育领域,有一句名言,即"授人以鱼,不如授人以渔",意指送鱼给别人,不如教会他怎样捕鱼。捕鱼的方法和技能,就是"渔"字的内涵。这句话内在地体现了一个明显的"教"的应用逻辑,是对"教"的环节提出的目标和要求。这句话体现了朴素的认知思想。

因此,我们认为"授人以鱼,不如授人以渔",是认知突破的第一个层次。在此基础上,如果再加上一句,即"授人以鱼,不如授人以渔,进而多余"(见图 6-5),这就进一步体现了学习者通过"学"的环节,在学习并掌握捕鱼方法和技能的基础上,不仅可以达到捕到鱼的目的,还能通过自身的感悟,将捕鱼的方法和技能衍变为打猎的方法和技艺,进而形成获取更多物质资源的方法和技能,体现出通过教育实现自我认知的深度拓展。这样就实现了上述第 3 个问题所揭示的更高层次的认知突破,做到了理论创新和技术创新。

图 6-5　授人以鱼,不如授人以渔,进而多余

6.4　大数据认知的计算机实现:以人脸识别为例

物理世界的数字化,是物理世界和数字世界互联互通的前提条件。遵循人类的认知原理,从计算机模拟的角度再现人类的认知过程,是机器学习等智能技术的理论依据和应用前提。为了更好地从计算机实现的角度理解人类的认知过程,为现代教育领域中的教育大数据应用创新提供技术支持,本节结合计算机应用领域的人脸识别技术,对本章提出的大数据认知原理进行具体的技术解析。

6.4.1　数字化人脸识别的认知原理

之所以选择以数字化人脸识别过程为例,一是因为最近几年,生活中的很多应用场景都启用了这项技术,如高铁站检票系统、手机支付、门禁系统、人脸考勤等等,刷脸逐渐成为一项成熟的热门技术。二是支持这项科技应用的技术原理,本身就是一个典型的迷你版认知过程,即把人类的认知原理成功移植到了计算机环境下人脸识别这一特定的应用场景,实现了人类学习到机器学习的成功跨越。

读者在阅读本节内容以前,可以先想想这样一个问题:日常生活中,我们是如何认识并记住一个人的? 对于这个问题,我们可能很少从认知原理的角度进行思考和分析,想当然地认为这是动物的本能。但不能否认的是,我们总有第一次见到他或她的时候。第一次见到某人的时候,他或她的五官特征、气质外形都会不自觉地在我们的大脑中留下印记,尤其是某些个性化的人脸特征,如高鼻梁、大眼睛、双眼皮、浓眉毛、圆脸等等,都是标记一个人的关键信息。在对某个人有过一两次的接触后,我们的记忆中就对这个人产生了样本记录。这些记录,对应了此人某些特征的潜意识刻画。

第一印象是我们认识一个人的起点,后续的第二次、第三次乃至更多次见面的认知,都是基于第一次见面的印象进行的验证过程。第一印象以及后续的认知比对过程,是人脸识别技术最关键的两个应用环节。每个环节都对应了清晰的操作机理和应用逻辑。

先给出一个典型的应用场景:当你利用支付宝进行在线交易的时候,系统提示要求面对屏幕,可能还会要求你转转头、眨眨眼,并在很短的时间内,系统会告知验证通过与否。在这个基于人脸识别的应用过程中,当用户面对屏幕的时候,系统其实在抓取你的面部图像,然后判断现在的"你"是不是原来的"你"。

如何判断现在的"你"是不是原来的"你"呢? 原来的"你"又是什么样子呢?

原来的你:系统初始化的过程,需要对"你"的脸部图像进行采样保存。这是一个建立用户脸部图像样本库的过程,是后续用户人脸识别的验证依据。

现在的你:人脸识别的具体应用场景下"你"的脸部图像。通过动态抓取"你"的脸部图像,与系统样本库中的大量用户脸部图像进行逐一对比验证,分析两张数字化后的脸部图像在五官特征方面的拟合程度,以此确定"你"的脸部是否在系统的人脸大数据样本库中。

所以构建人脸识别系统时,需要一个用户一个用户地进行人脸采样,进而建立人脸图像的大数据样本库。譬如,新的银行卡启用、基于人脸识别的门禁系统、支付宝新用户注册等,都需要前期采集用户脸部图像的环节,即经历人脸图像大数据样本库的建立过程。在使用身份证进行人脸识别的场景,由于我们申领身份证的时候已经进行过拍照建库,不需要重复采样,所以后续的验证过程就可以顺利进行。

图 6-6 是人脸识别系统的技术应用逻辑。

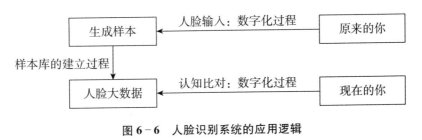

图 6-6　人脸识别系统的应用逻辑

人脸图像的数字化以及基于数字化人脸图像特征数据的比对过程,是人脸识别的两个关键技术环节。下面我们结合计算机图像处理的基本原理,从计算机实现的角度,对人脸识别的这两个关键技术环节进行具体的技术应用分析。

6.4.2　人脸图像数字化的要素组成:像素 + 颜色

为了更好地理解人脸识别这一方法的应用过程,我们首先要说明"像素"的概念。通俗地讲,如果对一张图片进行某种规模的网格化均匀切割(见图 6-7),那么切割后这张照片最小的组成单元，即一个个顺序排列的图像方格单元，就是"像素"，即图6-7中显示区域的一个个小方格。每个像素，都有自己明确的相对位置和一个固定的颜色值。

　　这里提到的颜色值如何确定呢？我们首先介绍黑白颜色的显示原理。现实生活中，纯黑色和纯白色两种颜色之间，会存在一定程度的颜色过渡，即不同的灰度颜色。如何定量地描述这种颜色过渡呢？在计算机图像处理领域中，纯白色与纯黑色之间，按灰度级别分成256种不同灰度的颜色过渡带，称为"灰度等级"。按照从黑到白的过渡方向，这256种不同灰度的颜色带，按照递增的方式，分别定量地表示为区间[0,255]中的某个值，即256种不同灰度的颜色带，分别对应256个颜色值。其中，纯白色对应值为255，纯黑色对应值为0，中间的连续过渡颜色，依次对应0~255之间的某个颜色值。这种颜色的梯度过渡表示方式，详见图6-8。

图6-7　某种规模的网格化均匀切割后的像素实例

图6-8　黑白色之间的灰度过渡显示图①

　　为什么将"灰度等级"分为256种呢？这主要是由计算机内部存储部件的元器件存储技术决定的。计算机内部基本的存储单元是字节，每个字节由8个二进制位组成。计算机内部的运算表示是以二进制的方式组织运行的。在这种情况下，一个字节能表示的数的范围，转换成十进制，就是0到255，即256种灰度级别（二进制的基本概念，详见第1章附录1）。结合前面的像素概念，图6-9是一个黑白图像的像素表示示例图，而图6-10则是一个黑白图像某局部像素组成和标注每个像素灰度值的效果展示图，像素位置标注的数值是该像素对应的灰度值。

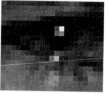

图6-9　黑白图像的像素表示示例图

（图片源自 https://www.cnblogs.com/gbin1/p/7456422.html）

---

① ［美］赫恩.计算机图形学:第3版［M］.蔡士杰,宋继强,蔡敏,译.北京:电子工业出版社,2005.

了解了黑白图像表示的背景知识以后,我们再来讨论彩色图像的成像原理。有关人类眼睛如何识别大自然中颜色的科学研究,表明人类眼睛是根据所看见的光的波长来识别颜色的。可见光谱中的大部分颜色是由三种基本色,即红、绿、蓝三种原色光,按不同的比例混合而成的。红、绿、蓝三种原色光以相同的比例混合且达到一定的强度,就会呈现纯白色;若三种原色光以相同的比例混合,但强度均为零,就会呈现纯黑色,这就是所谓的加色法原理。虽然在实际应用中,计算机能显示的颜色五彩缤纷,

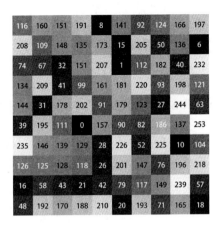

图 6-10　标注像素灰度值的黑白图像局部展示

但就其颜色的显示原理而言,计算机是通过控制三种原色光的强度,按照一定比例混合而呈现各种不同的颜色。

譬如早期的彩色显示器(如图 6-11)里,只有三个激光发光部件,分别能够发出红、绿、蓝三种颜色的光。主机通过电流强度,实现对每个激光发光部件在颜色强度方面的控制,当这三个激光束发射不同强度的单色光并照射到同一个像素区域内时,该像素就会呈现出一种特定的颜色。

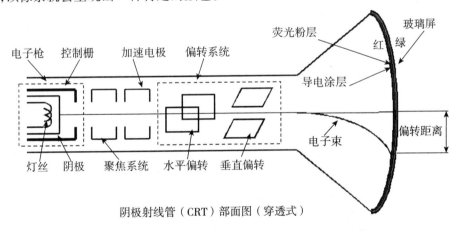

图 6-11　基于红、绿、蓝三色激光束的彩色显示器内部机构图

需要强调的技术细节是,虽然在现实生活中,人脸识别系统采集的脸部照片大都是彩色的,但为了有效识别图片中的脸部内容,首先我们需要将图片转换为黑白色,因为在识别面部的时候我们不需要颜色数据。为什么识别面部的时候我们不需要颜色数据呢? 这是因为现实生活中,我们对人脸的辨识较少考虑人脸的颜色。人脸的颜色会因周围的环境发生较大的变化,转换为黑白色以后就保证了一个人身处

阳光下、灯光下、树荫下、阴雨天等不同环境时,都不会对我们的人脸识别造成太大的影响。因此,只需要将人脸图像转换成黑白图像,就可以从灰度值的一个维度上进行人脸识别,从而简化了后续的技术实现。

6.4.3 人脸图像数字化的技术原理

当我们申请启用一张新的银行卡或当我们第一次使用支付宝系统时,需要进行用户注册。注册时,系统要求我们面部正对屏幕,并且会让我们稍微转动角度,从几个不同的角度,系统给用户"拍照留念",这在技术上就是要从不同的角度获取"你"的面部图像。对用户而言,这是建立其人脸图像样本的过程。汇聚大量用户的人脸图像的样本库,就是后续人脸识别和验证的基础。后续应用环节中显示的某张人脸图像,是否出现在对应的人脸样本库中,将成为验证通过与否的判断依据。但在技术上如何实现人脸图像样本库和应用场景中出现的某一人脸图像进行比对验证呢?这其中涉及很多技术环节,但这一技术应用过程充分体现了本章6.3节中讨论的人类认知过程的基本原理。

我们在人脸识别技术的基础知识部分已经提到,为了有效识别图片中的脸部内容,首先需要将图片转换为黑白色,因为在识别面部的时候我们不需要颜色数据。一旦包含人脸的一幅图像被转换成黑白图像,我们就可以通过像素分析的方法,把人脸的轮廓提取出来,进而对人脸轮廓内部的各种五官特征进行有效的表示和记录。很显然,在带有环境背景的人脸识别过程中,首先要找到图片中的人脸区域(如图6-12)。对于一幅含有人脸的照片而言,从直观上观察,我们可以发现,图像中人的脸部和五官轮廓,在视觉上直观地体现为某种颜色的急剧变化。

图6-12 目前照相机中的人脸自动识别应用实例

(图片源自 https://zhuanlan.zhihu.com/p/24567586?refer=theoffline)

　　早在 2000 年,保罗·维奥拉(Paul Viola)和迈克尔·琼斯(Michael Jones)就发明了一种能够快速在普通相机上运行的人脸检测方法,保证我们在使用手机或相机拍照时,系统能够轻松地检测出人脸的位置,帮助相机快速对焦。随着技术的发展,2005 年 Navneet Dalal 和 Bill Triggs 发明了一种更为可靠的人脸轮廓解决方案:方向梯度直方图(Histogram of Oriented Gradients,HOG),这是一种能够有效检测物体轮廓的算法。本节我们主要利用 HOG 方法,解析人脸识别过程的技术应用,从而更好地理解基于认知原理的人脸识别在计算机内部的实现过程。

　　"方向梯度直方图"涉及两个基本的数学概念:梯度和直方图。梯度是建立在偏导数与方向导数概念基础上的一个数学术语,在机器学习的各种算法中得到了广泛的应用。简单来说,梯度是一个向量:既有数值大小,也有夹角方向。图 6 - 13 中的 $\bar{a}$,即为一个梯度。如果 p 点的坐标为 (x_0,y_0),梯度 $\bar{a}$ 的大小为坐标原点 O 到 p 点的线段 Op 的长度,梯度 $\bar{a}$ 的方向为 Op 与坐标轴 x 的夹角 θ。

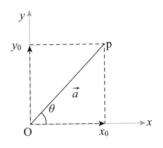

图 6 - 13　梯度概念的实例表示

　　直方图直观上表现为沿坐标轴有规律均匀分布的一组高低不等的柱状图。图 6 - 14 是一个直方图实例,是统计和分析数据分布规律的一种直观的辅助决策手段。

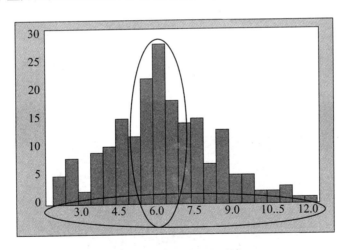

图 6 - 14　梯度概念的数学表示

　　为了不影响我们对人脸识别整体技术体系的理解,本节在这里不对梯度和直方图概念做过于详细的背景介绍,具体的数学定义可以参考相关资料或教材。这里以图 6 - 15 所示的一幅黑白图像为例,结合具体的应用分析,解析梯度和直方图在人脸识别技术中具体的几何含义和应用效果,进而利用方向梯度直方图的方法,实现对面部轮廓的数值提取。

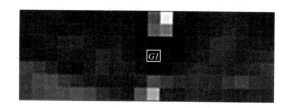

图 6-15　一幅黑白图像局部的像素表示

观察图 6-15 中被白框围起来的像素 $G1$,我们放大这一像素周围的局部显示如图 6-16 所示。虚线框起来的部分是像素 $G1$ 周围紧耦合的 8 个像素点。

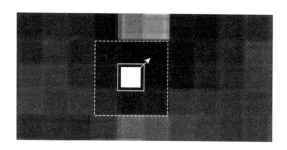

图 6-16　像素 $G1$ 周围的区域划分

直观上观察像素 $G1$ 与周围像素的深度对比,我们画一个箭头来代表像素 $G1$ 周围变暗的方向。这个时候就可以称这个箭头是这个像素 $G1$ 的梯度(gradients)。这里我们用的是直观定性的方式,其背后定量的计算依据是什么呢?

图 6-17 是实际的应用系统中,对应图 6-16 中虚线框内 9 个像素各自具体的灰度值表示。

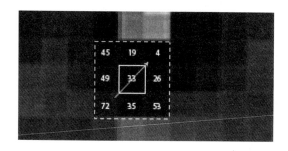

图 6-17　对应图 6-16 中 9 个像素的具体灰度值表示

像素 G_i 的梯度值计算公式为:$|G_i| = \text{Max}\{G_i$ 的灰度值-四周相邻 8 个像素的灰度值$\}$,则像素 G_i 的梯度方向为其梯度值最大的那个梯度的方向。

例:对于图 6-17 所示的像素 $G1$,其梯度值的计算过程如下:

$$|G1| = \text{Max}\{33-4, 33-19, 33-45, 33-49, 33-72, 33-35, 33-53, 33-26\}$$
$$= \text{Max}\{29, 14, -12, -16, -39, -2, -20, 7\}$$
$$= 29$$

像素 $G1$ 的梯度方向如图 6-17 箭头所示,即右上,从像素 $G1$ 指向灰度值为 4 的那个像素。如果我们对这个图像中的每个像素都重复这个过程,最后每个像素都被它的梯度代替,即每个像素都衍化成一个特定的梯度来表示,梯度的长度按照一定的比例长度设置。这些箭头的指向,直观上显示了图像中特定区域从明亮到黑暗的流动变化趋势。从肉眼观察的角度,一幅黑白图像中包含的物体轮廓,包括人脸轮廓、五官轮廓等,都是颜色灰度发生急剧变化的一部分连续区域,而这种连续的急剧变化,体现的就是脸部轮廓的视觉效果,如图 6-18 所示。

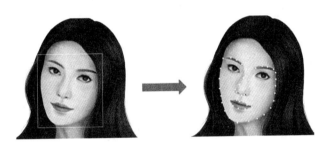

图 6-18　人脸轮廓的直观表示

人脸的灰度图像中,人的面部轮廓、某个面部器官是由数量巨大的像素组合而成的,即展现人脸轮廓和五官轮廓的图像区域,都包含了大量的像素集合。由于一个像素所代表的粒度过于精细,具体分析每个像素的梯度规律,太过于细节化,会导致"只见树木、不见森林"。而单独考察海量像素中的某一个像素梯度,则无法挖掘一组海量像素内在的统计规律。

为突出显示图像中的人脸轮廓和五官轮廓,方向梯度直方图方法被引入图像识别与处理的应用领域。该方法利用统计分析的方法,按照像素梯度的分布规律,从更为宏观的角度揭示并放大图像的明暗流动规律。这就为有效提取人脸图像内在的各种特征提供了定量的计算支持,从而成为一种非常有效的人脸识别应用技术。

为了更好地解析方向梯度直方图方法的技术内涵,我们对这种基于细粒度像素表示的黑白图像,做进一步的中粒度梯度合并。首先,从平面几何的角度,将 360 度的区域分为 8 个扇区,分别代表右、右上、上、左上、左、左下、下、右下这 8 个方向。在此基础上,我们将 8×8 个像素作为一个独立的单元区域,对单元区域内的每个像素进行梯度统计分析。整合的原则就是对这 8×8 个即 64 个像素的梯度,统计每个扇区方向有多少个梯度。此处用到的统计工具,就是前面介绍的直方图形式。

因为这个区域指向性最强的那组梯度,可以有效揭示图像该处的明暗流动规律。根据直方图显示的统计规律,按照少数服从多数的原则,用指向某一方向最多的那组梯度方向,作为这个区域的梯度方向。在确定该区域梯度方向的前提下,以这个方向中最大的梯度值,作为这个区域的梯度值,用于放大这个区域的明暗流动规律。

这里以图6-19所示的一个8×8个像素组成的方块区域Q为例,对基于统计规律的方向梯度直方图进行具体的实例应用分析。如图6-19(a)所示,区域Q中含有64个像素。如图6-19(b)所示,每个像素都对应一个明确的灰度值。图6-19(b)的像素灰度值,是计算机系统中每个像素真实对应的灰度值。结合图6-19(b)中每个像素的灰度值,利用前面提到的像素的梯度值计算公式,对每个像素的梯度值和梯度方向进行具体的定量计算。图6-19(c)对每个像素梯度的计算结果进行了图形化表示,其中箭头长度定性地代表了梯度大小。具体的箭头长度是按照各个像素的梯度值通过等比例计算而得到的统计值,箭头方向则代表了该像素的梯度方向。

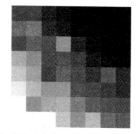 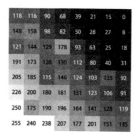 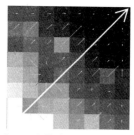

（a）8×8个像素组成的图像区域　（b）8×8个像素各自的灰度值　（c）8×8个像素各自的梯度表示

图6-19　由8×8个像素组成的图像区域中每个像素对应的灰度值和梯度示意图

通过对如图6-19(c)所示的方块区域Q所含的各个像素进行梯度参数的定量计算,其所包含的各个像素的梯度方向统计数据见表6-3。根据表6-3中的像素梯度统计数据,对应方块区域Q的梯度直方图见图6-20。

表6-3　8×8个像素组成的方块区域Q,其包含的像素梯度统计表

梯度方向	上	下	左	右	右上	右下	左上	左下
像素个数	11	1	1	11	**35**	3	2	0
最大的梯度值	70	11	15	75	**128**	58	66	0
区域Q的梯度	方向:右上,梯度值:**128**							

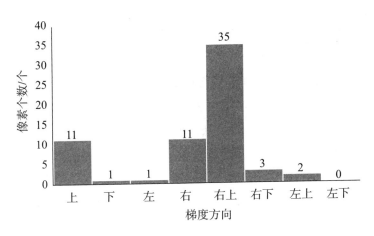

图 6-20 对应表 6-3 的梯度直方图

图 6-20 所示的梯度直方图中,从统计规律的角度出发,可以发现方块区域 Q 中梯度方向为右上的像素数量最多,为 35 个。这 35 个方向为右上的梯度中,最大的梯度值为 128。

在得到这样定量计算的结果后,我们用指向性最强的梯度,即指向右上的梯度,作为方块区域 Q 的梯度方向。在指向右上的梯度中,最大的梯度值为 128,该梯度值被用作方块区域 Q 的梯度值。通过上述定量的计算处理得到的实验结果,与我们直观上对图 6-19(a)的感觉是一致的,即由 8×8 个像素组成的方块区域 Q 中,明暗流动的整体趋势是从左下方指向右上方,如图 6-19(c)中的长箭头所示。

图像直方图由于其计算量较小,且具有图像平移、旋转、缩放不变等众多优点,被广泛地应用于图像处理的各个领域,特别是灰度图像的阈值分割、基于颜色的图像检索以及图像分类。我们对人脸识别做以下几方面的技术总结。

(1) 灰度值明显发生变化的地方,往往是某个物体外部轮廓所在的区域。这就从原理上为面部图像的提取提供了理论基础。我们把具有明确灰度值的像素,转变成一个带有方向的梯度来表示,而不是直接分析像素的灰度值,这一步在技术上非常重要。这是因为,如果我们直接分析一个像素的像素值,对于同一个人明暗不同的两张黑白照片,其中的每一个像素将具有完全不同的像素值,这在计算过程中会产生不同的计算结果。而经过对像素的梯度转化,只考虑亮度的变化流动方向,则明暗不同的两张照片,经像素梯度化处理后,算法和计算结果不受等比例变暗或变亮的影响,从而保证了人脸识别结果的一致性。譬如本章中的图 6-10、图 6-15、图 6-16、图 6-17、图 6-19,就是我们在电脑上严格按照各个像素的灰度值,在绘图软件上完成的黑白图像。后续经过排版印刷成书,不管图像颜色最后是变浅还是变深,读者视觉上都不会受到影响,能够很容易地从中看出相应的轮廓变化规律。

(2)用指向性最强的梯度替代其他的像素梯度,这就从宏观上凸显了图像内部明暗流动的方向,从概率统计的角度,揭示了图像内部明暗流动的规律。选择指向性最强的那组梯度中最大的梯度值,作为中粒度区域整个的梯度值,就放大了轮廓部位的显示强度,起到增强显示的应用效果,通过揭示规律和轮廓增强这两个环节,有效地把人脸轮廓和五官轮廓的区域从图像中提取了出来。在实际应用中,可以根据需要确定合并区域的规模。譬如,也可以采取 16×16 个像素作为一个待合并的区域。

(3)由于梯度是一个矢量,有具体的数值,也有明确的方向。为了进一步增强边缘轮廓的提取效果,如果对梯度的方向只规定左右和上下两个维度,分别对应 x 轴方向和 y 轴方向。对同一幅灰度图像,分别在每个维度上进行单独的梯度计算和图像边缘提取。我们会发现,边缘轮廓的增强提取效果会和不同的维度选择有关。图 6-20 展示了同一幅图片利用不同维度的边缘提取算法后的增强显示效果。

图 6-20(b)对应的是只考虑水平维度边缘提取算法的应用效果,本质上是水平横向切割图像。从图 6-20(b)中,可以发现,选手运动衣左右两侧的边缘轮廓的提取效果很明显,而运动衣下摆处,边缘轮廓提取的效果不是很好。

图 6-20(c)对应的是只考虑上下维度的边缘提取算法的应用效果,本质上是上下垂直纵向切割图像。从图 6-20(c)中可以发现,选手运动衣左右两侧的边缘轮廓的提取效果不是很明显,但运动衣下摆处的边缘轮廓提取效果非常明显。

图 6-20(d)显示的是对图 6-20(b)和图 6-20(c)这两个边缘轮廓的提取效果进行叠加。从图 6-20(d)中可以发现,我们对图像的提取效果更为显著。

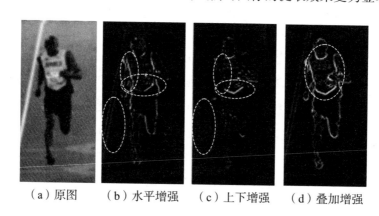

（a）原图　　（b）水平增强　　（c）上下增强　　（d）叠加增强

图 6-20　图像水平方向、上下方向以及叠加后的边缘提取效果图
（图片源自 https://www.sohu.com/a/168213005_717210)

6.4.5　基于特征点匹配的人脸图像识别

日常生活中,我们在办理各种正式证件时,会被要求提供标准照。在人脸识别技术中,标准照的"标准"又是如何定义的呢?

在能对含有人脸的灰度图像有效提取面部轮廓和五官轮廓的基础上,目前人脸识别技术经常采用的是一个称为面部特征点估计(face landmark estimation)的算法,来生成一个人脸样本的标准脸。该算法由 Vahid Kazemi 和 Josephine Sullivan 在 2014 年提出,由于其算法的有效性,在人脸识别领域得到了广泛的使用。这一算法的基本思路,是从人脸上定位普遍存在的 68 个特定点(landmarks,也称为特征点):包括脸部眉毛以下的大部分轮廓以及眼睛、鼻子、嘴巴、眉毛的外部轮廓、每条眉毛的内部轮廓等(如图 6-21)。具体而言,特征点分布如下:下巴轮廓 17 个点 [0~16],左眉毛 5 个点 [17~21],右眉毛 5 个点 [22~26],鼻梁 4 个点 [27~30],鼻尖 5 个点 [31~35],左眼 6 个点 [36~41],右眼 6 个点 [42~47],外嘴唇 12 个点 [48~59],内嘴唇 8 个点 [60~67]。通过这 68 个点,我们就可以轻松地定位眼睛和嘴巴的位置,以便后续的参数值计算。对于不规则的图片,还需要进行特定的预处理,如旋转、缩放和错切等,使得眼睛和嘴巴尽可能地靠近图像中心。

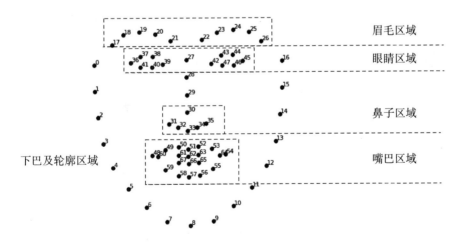

图 6-21　提取 68 个五官特征点的标准脸模型

围绕这 68 个点,结合其相对坐标、梯度等各种参数,再设置 128 个参数。这 128 个参数,除了定量表示这些点的特征以外,还分别表示左右眼睛之间的间距、鼻子的长度等特征点之间的关联信息。通过这些定义,人脸图像对应这些参数的具体数值,就能从非常高的维度上,实现对我们每个人独一无二的脸部特征的数字化特征识别。

对应每个人脸图像的数字化特征描述的计算测量值,用到的存储容量就是几个字节的事情,因此不用保存很大的人脸图像,就可以精准地记录我们的人脸数据,这就大大简化了后续的比对识别过程。图 6-22 是针对某一幅人脸图像,为这 128 个参数值而计算出的 128 个测量值。

0.097496084868908	0.045223236083984	-0.1281466782093	0.032084941864014
0.12529824674129	0.060309179127216	0.17521631717682	0.020976085215807
0.030809439718723	-0.01981477253139	0.10801389068365	-0.00052163278451189
0.036050599068403	0.065554238855839	0.0731306001544	-0.1318951100111
-0.097486883401871	0.1226262897253	-0.029626874253154	-0.0059557510539889
-0.0066401711665094	0.036750309169292	-0.15958009069244	0.043374512344599
-0.14131525158882	0.14114324748516	-0.031351584941149	-0.053343612700701
-0.048540540039539	-0.061901587992907	-0.15042643249035	0.078198105096817
-0.12567175924778	-0.10568545013666	-0.12728653848171	-0.076289616525173
-0.061418771743774	-0.074287034571171	-0.065365232522256	0.12369467318058
0.046741496771574	0.0061761881224811	0.14746543765068	0.056418422609568
-0.12113650143147	-0.21055991947651	0.0041091227903962	0.089727647602558
0.061606746166945	0.11345765739679	0.021352224051952	-0.0085843298584223
0.061989940702915	0.19372203946114	-0.086726233363152	-0.022388197481632
0.10904195904732	0.084853030741215	0.09463594853878	0.0206960049556136
-0.019414527341723	0.0064811296761036	0.21180312335491	-0.050584398210049
0.15245945751667	-0.16582328081131	-0.035577941685915	-0.072376452386379
-0.12216668576002	-0.0072777755558491	-0.036901291459799	-0.034365277737379
0.083934605121613	-0.059730969369411	-0.070026844739914	-0.045013956725597
0.087945111095905	0.11478432267904	-0.089621491730213	-0.013955107890069
-0.021407851949334	0.14841195940971	0.078333757817745	-0.17898085713387
-0.018298890441656	0.049525424838066	0.13227833807468	-0.072600327432156
-0.011014151386917	-0.051016297191381	-0.14132921397686	0.0050511928275228
0.0093679334968328	-0.062812767922878	-0.13407498598099	-0.014829395338893
0.058139257133007	0.0048638740554452	-0.039491076022387	-0.043765489012003
-0.024210374802351	-0.11443792283535	0.071997955441475	-0.012062266469002
-0.057223934680223	0.014683869667351	0.05228154733777	0.012774495407939
0.023535015061498	-0.081752359867096	-0.031709920614958	0.069833336061232
-0.0098039731383324	0.037022035568953	0.11009479314089	0.11638788878918
0.020220354199409	0.12788131833076	0.18632389605045	-0.015336792916059
0.0040337680839002	-0.094398014247417	-0.11768248677254	0.10281457751989
0.051597066223621	-0.10034311562777	-0.040977258235216	-0.082041338086128

图 6-22　由某一幅人脸图像对应的 128 个参数计算出的 128 个测量值实例

对某人第一次收集的人脸图像,进行上述的特征点轮廓提取和 128 个特征参数的定量计算,就形成了对应某人身份的标准的、数字化的人脸样本,这就是后续人脸识别的研判和决策依据。当我们通过系统注册的方式,为大量用户建立了对应其人脸图像的数字化人脸样本库,在后续具体应用场景下,系统针对用户身份核对的人脸识别技术,就变成了简单的数值比对分析的过程。

对动态抓取的一个潜在用户的人脸图像,同样也进行 68 个特征点的定位和 128 个特征参数的数值计算。针对动态采样的人脸图像进行的这些特征参数的计算结果,需要和样本库中注册在库的每一个人脸样本,进行逐项的数字化特征比对,算出这个过程中最高的特征相似度参数。如果计算出来的最高相似度参数,大于某一个预设的阈值,则可以确认采样用户的对应身份,否则返回"不在库中"的系统结论。

此外,对于计算机而言,需要对不同的人脸朝向做一定的预处理,即人脸图像的摆正处理。通过适当地调整扭曲图片中的人脸,使得眼睛和嘴总是与被检测者重叠。一般的人脸属性识别算法的输入是"一张人脸图"和"人脸五官关键点坐标"，输出的是人脸相应的属性值。人脸属性识别算法一般会根据人脸五官关键点坐标将人脸对齐，通过旋转、缩放、抠取等操作后，将人脸调整到预定的大小和形态，然后进行各种属性的数字化提取和识别算法应用。

最后，感兴趣的读者可能会问，为何手机支付或用户注册的时候，要求用户动动头、眨眨眼呢？这样做的目的是避免有些人拿着你的照片去"骗摄像头"，我们现在通用的较为稳定的系统一般来说是多重保险的，需要多维度地采集你的脸部特征。假设有人用照片代替真人去做验证，人脸识别系统会提示他"抬头"。如果是真人的话，抬头可能会检测到脸部有双下巴。这个特征在用户注册的时候，系统就已经采过样了，样本库里有用户脸部这个双下巴的图像。而如果是拿着照片去验证，则无论如何摆弄照片，系统只能看到一个下巴。这种为了获得立体感的特殊点的标记采样，大大提高了系统的可靠性和安全性。

6.5　教育大数据与教育大数据技术的应用定位分析

作为数据资源的大数据，以及作为使能手段的大数据技术，是人类社会发展到一定阶段才产生的数据现象与数据处理手段。随着各种数字化技术和计算机工具在教学实践中的普及应用，教育大数据以及教育大数据处理技术，逐渐发展起来，并成为一个典型的行业应用。教育大数据技术，能够通过促进教育资源聚集，丰富教学手段，提升学习效率，从而全面促进传统教育行业的创新实践。

本章从人类文明认知进化的基本现象出发，结合人类认知学习的生理学原理，通过计算机人脸识别的典型应用案例分析，探索大数据技术为现代教育实践进行有效赋能的技术方向和使能环节。我们之所以采用人脸识别作为例子，主要是其能够演示一个典型的学习认知的数字化过程。人脸数字图像的采集，对应传统教育资源的数字化过程，体现了数据资源的生产过程；计算机所执行的人脸特征比对算法，则对应了人类认知过程的基本规律，即"认"出特征，"知"道归属（详见本章 6.3 节）；6.4.3 节中所讨论的人脸图像识别算法中的轮廓增强技术，则典型地指出了人脸识别技术在其他领域的拓展应用，这对应了教育实践过程中的能力提升和创新拓展；基于数字图像处理的人脸识别，逐渐发展成为专门的计算机视觉技术，能够支持更多的智能应用，这在原理上体现了教育发展的高级阶段，实现了人类的认知拓展。

结合人脸识别的技术应用分析，图 6-23 从本章 6.1 至 6.4 各节内容内在的逻辑关联出发，按照逻辑映射的方式，对教育大数据资源以及教育大数据技术进行了系统定位，体现了技术驱动的教育实践的内在创新应用逻辑。

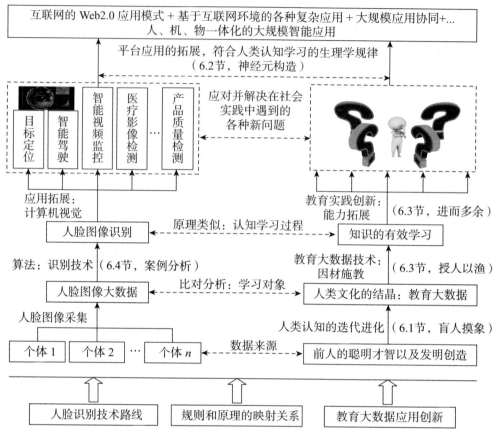

图 6 - 23   教育大数据与教育大数据技术的系统应用定位

　　针对如图 6 - 23 所示的教育大数据应用创新的逻辑路线,我们将采用"技术+人文"的行文方式,在第 7 章中重点讨论教育大数据的技术创新方向,在第 8 章中则结合知识图谱挖掘,开展教育大数据应用创新的实例分析。

6.6   本章小结

　　"墙角数枝梅,凌寒独自开。遥知不是雪,为有暗香来。"本章着眼于人类认知学习的基本规律与数字化实现,探讨人类基于推理判断认知未知世界的行为逻辑;结合"教"与"学"过程的领域特点,指出人类认知学习的内在规律,集中体现为"认"出特征、"知"道归属。同时,结合人类认知的生理学原理,以人脸识别的技术实现为例,探讨了这一典型应用领域中的认知逻辑,并从计算机实现的角度,分析了教育大数据与教育大数据技术的系统应用定位。

第7章 教育大数据的技术创新方向

7.1 钱学森之问

"师者,所以传道授业解惑也。"各种计算机应用技术,在"授业"和"解惑"这两个环节,为现代教育实践提供了有效的方法、工具和手段。如何在现代教育的应用实践中体现"传道"的文化内涵,是一个值得深思的应用难题。如第5章中所提及的,方法和手段的改革需要更深文化层次的理解。挖掘、探讨工程技术本身所蕴含的文化要素,理解工程与技术本身的文化内涵,是重塑工科之"新"深层次突破的关键所在。因此,作为全社会重点关注的教育领域的应用创新,更应强调教育大数据应用创新的人文内涵。这就要求我们了解与掌握"教"与"学"的理论与方法,对教育文化特点产生正确的认知,从而在具体的技术应用上更好地实现知识的传承与创新。

钱学森是中国科学界泰斗级大师,世界著名科学家,空气动力学家,中国载人航天奠基人,被誉为"中国航天之父""中国导弹之父"等。2005年,温家宝总理前往看望年迈的钱学森先生。钱老感慨地说:"这么多年培养的学生,还没有哪一个的学术成就,能够跟民国时期培养的大师相比。"钱老进而又发问:"为什么我们的学校总是培养不出杰出的人才?"这就是所谓的"钱学森之问"。"钱学森之问"与"李约瑟难题"一脉相承,都体现了一种对中国教育的关怀之情。

"李约瑟难题",由英国学者李约瑟(Joseph Needham, 1900—1995)提出。他在其编著的15卷《中国科学技术史》中正式提出此问题,其主题是:"尽管中国古代对人类科技发展做出了很多重要贡献,但为什么科学和工业革命没有在近代的中国发生?"为什么现代科学起源于西欧而不是中国或其他文明古国?为何近现代科技与工业文明没有诞生在当时世界科技与经济最发达繁荣的中国?这都是李约瑟困惑不解的地方。1976年,美国经济学家肯尼思·博尔丁结合世界近现代文明的发展,将这一现象称为"李约瑟难题"。"李约瑟难题"和"钱学森之问"这样的社会思考,是中国现代社会尤其是中国现代教育面临的重大挑战。

自先秦始至清朝末年,中国的文化和文明发展,大部分时间内是世界领先的。

而在西方，最早以古希腊哲学思想和古罗马文艺思想为代表的社会文化体系，奠定了以欧洲为代表的西方传统文化的基础，并先后出现了以苏格拉底、亚里士多德、德谟克利特等为代表的哲学、文化、科学大师，但随后欧洲经历了一千年左右的中世纪时期（从公元476年西罗马帝国灭亡，到公元1453年东罗马帝国灭亡），"宗教的言论置于个人经验和理性活动之上"，古希腊、古罗马的文化思想和科学言论被宗教势力摧毁、压制，直到14至16世纪间一场反映新兴资产阶级社会诉求的欧洲思想文化运动，即"文艺复兴"运动的到来，才开启了近代西方科学与艺术的发展之路。"文艺复兴"运动借助复兴古代希腊、罗马经典文化的形式，表达新兴资产阶级的文化主张，表明了新文化以古典为师的立场。在"文艺复兴"运动后期，新兴的资产阶级通过不断了解和学习当时世界领先的中国东方文化，不断扩大他们的世界探索之旅。因此，"文艺复兴"运动，就其历史意义而言，不仅是一场反宗教反封建思想的新文化运动，更通过开启后续的大航海时代，直接奠定了现代科技文明的发展之路。

从马可·波罗的游记开始，到欧洲工业革命和电气化时代的到来，欧洲经历了约六百年的努力，他们日益重视现代教育和科学研究，从文化、科技和生产力方面逐步超过作为东方文化代表的中国。1492年10月，意大利人哥伦布率领西班牙船队发现北美新大陆。16世纪上半叶，哥白尼提出"日心说"，颠覆了传统的"地心说"。1590年，伽利略通过比萨斜塔实验，推翻了亚里士多德持续1900多年的错误结论，即"物体下落速度和重量成比例"的学说。17世纪后半叶，牛顿力学诞生，现代力学体系形成，奠定了现代工程学的基础。1776年，第一台瓦特蒸汽机投入使用，从而开启了人类历史上的第一次工业革命。1783年，美国独立战争结束，欧美进入了工业文明时代。1840年前后，英国的机器化生产已基本取代手工业生产。1831年11月24日，英国科学家法拉第正式提出电磁感应现象，电磁理论就此诞生。1842年，物理学家多普勒率先提出利用多普勒效应设计制造多普勒式雷达设备。1847年，西门子-哈尔斯克电报机制造公司建立，开启了电气化时代。1945年8月6日，美国在日本广岛投掷原子弹。1946年，冯·诺依曼制造了第一台电子计算机。

在全球现代思想、现代文化、现代科技变革飞速发展之时，清朝政府却采取了日益保守的封建统治，这直接制约了其时的科技发展基础和教育创新动力，致使中国在近现代科技和文明的竞争中逐渐落后。中华人民共和国成立后，经过几代人的努力，中国教育与科技的创新发展日新月异，取得了举世瞩目的成就。"以史为镜，可以知兴替"，"教育兴则国家兴，教育强则国家强"，系统地回顾中国传统教育和西方近现代教育的成功经验，对于探索教育大数据应用创新的核心理念，挖掘现代教育的实践内涵，具有重要的意义。

7.2 知行合一的应用分析

教育是一个注重情感交流、师生互动的实践过程,有其特殊的行为规律和交互特征。因材施教,有教无类,都强调"好雨知时节,当春乃发生",即把学习者的情感情绪与教学过程有机融合,追求"随风潜入夜,润物细无声"的授课效果和教学境界。

从继承与发展相结合的角度来看,现代教育技术的发展,不是简单地替代传统的教育实践,而是需要传承与创新有机结合。传统的教育理念、教学实践讲求师生间面对面的互动,教师要根据学生的学习状态和情绪变化,及时调整互动交流的内容和方式,从而调动学生参与的积极性,激发学生思想火花的碰撞,有效地促进教学相长。同时,教育教学实践是一种特定领域的社会活动,无论是教师传授知识,还是师生交流互动,从活动参与的角度,都非常有利于提高学生对社会活动的认知与感悟。因为优秀的授课教师的形体语言以及对授课内容的即兴发挥,都近距离带给学生思维启发与人格魅力感受,是现代数字化教育技术所不能比拟的。

有鉴于此,对于现代数字化教育技术的创新实践,我们不仅要通过技术手段记录并分析"教"与"学"的过程,更要考虑如何从技术上实现"教"与"学"的人文要素。如何将传统教育技术内在的活力要素,有机地集成在现代教育技术的工具设计和应用过程中,是现代教育技术在实践创新中需要关注的发展方向。这就需要在技术上确保物理情境和虚拟情境在行为逻辑上的一致性,从而有效地实现数字世界和物理世界的互联互通。具体而言,教育大数据应根据教育教学不同情境下的应用需求,在技术层面体现情境感知能力,从而成为各种教学实践智能化应用的高级阶段。那么,在教育教学实践过程中,主要有哪些典型的"教"与"学"情境呢?教育大数据又应如何发掘并实现相应的功能配置呢?教育领域的大数据应用创新,首先需要了解教育领域学科特有的教学规律和行为理论。只有对这些现实中客观存在的实践情境具有全面系统的认知与理解,才能够从内涵上实现人、机、物的深度融合,进而通过技术与实践的结合,创建一个既促进师生有机互动又支持自主学习、合作学习与资源共享的教育环境。

7.3 中国传统的"教""学"理论和方法

中华民族的教育思想和教学理念源远流长。尤其在先秦时期,社会的大变革引发了思想的大变革。自老子以后,思想家辈出,以孔子、孟子、庄子、荀子、墨子、韩非子等为代表的一批哲学家和思想家的思想活跃,他们在解决或回答现实问题时,纷纷提出自己的政治主张,争辩而又互补,形成百家争鸣之势。这一阶段,先后形成了以儒家、道家、墨家、法家等四家为代表,对后世影响深远的思想学派。先秦诸子的思想结晶和哲学观点,确立了中国思想史的主要格局。各学派的代表作《论语》《孟子》《墨子》《老子》《庄子》《荀子》《韩非子》等,在中国思想史上占有崇高的学术地位。先秦以后,中国后世各种思想学派莫不渊源于此。这些朴素而睿智的思想启蒙,也是中华民族对世界文化体系的重要贡献。作为服务于国家治理的一项重要政治举措,教育这一话题在诸子百家以及后来的《礼记·学记》中得到了充分的探讨和说明。本节将重点阐析以《礼记·学记》为代表的儒家教育思想,以此透视中国传统的"教""学"理论和方法。

顺应时代发展需要和社会治理需求,以儒家思想为代表的教育理念和教学体系,逐渐成为主流的教育范式。作为"万世师表"的孔子,也成为华夏文明中教育学家的代表。在儒家思想的体系下,教育是一个非常重要的讨论话题。《论语》中,"不愤不启,不悱不发。举一隅不以三隅反,则不复也""学而不思则罔,思而不学则殆""温故而知新,可以为师矣""敏而好学,不耻下问"等,这些闪耀着智慧火花的思想理论,分别从"教"与"学"以及"教学相长"的角度,充分体现了儒家学说在教学实践中的教育理念和育人宗旨。

西汉时期,作为儒家思想的资料汇编,一部重要的典章制度选集《礼记》面世。《礼记》集中体现了先秦儒家的哲学思想、教育思想、政治思想、美学思想等。自东汉郑玄作"注"后,《礼记》地位日渐上升,直至成为中国传统文化典籍"四书"的重要组成。传统"四书"即《礼记》中的《大学》《中庸》以及《论语》《孟子》,由此可见《礼记》一书在中国传统文化宝库中的重要地位。

《礼记·学记》是《礼记》中的一篇专题论著。这篇围绕"教育"主题展开的纲领性文章,在系统总结先秦诸子尤其是儒家教学实践的基础上,深入细致地探讨了"教""学"以及二者之间的辩证关系,是全世界范围内最早专门探讨教育和教学问题的论著。

这篇经典的论述文章明确了"教"和"学"两个环节的互动关系,即"学然后知不足,教然后知困。知不足,然后能自反也;知困,然后能自强也。故曰教学相长也"。本书在第 6 章也曾强调,教育需要从"教"和"学"两个环节分别探讨其方法和规律,这是实现后续教学相长的前提和条件,否则就会导致照本宣科的"一言堂"和"夫子步亦步,夫子趋亦趋"的盲从。无论是本义,还是引申义,"教学相长"的命题,都是中国传统文化对世界教育史的重大贡献,是珍贵的世界教育思想遗产。

具体而言,《礼记·学记》从教育的社会宗旨、教育的制度建设、教学的管理措施、教学的方法体系等四个方面,对教育思想和教育实践进行了系统的概括和总结,以下主要针对其中教育的社会宗旨、教学的管理措施和教学的方法体系加以分析。

1. 教育的社会宗旨

《礼记·学记》继承了先秦儒家的一贯思想,把教育作为实施政治理念、进行社会管理的有效手段和方法。它开篇即用格言式的优美语言,论述了教育的目的与作用。它明确指出,要想治理好国家,引导百姓遵守社会秩序,达到天下大治的目的,就必须通过社会教育手段,提高全体国民的文化素养和道德修养,即"君子如欲化民成俗,其必由学乎"。这就如同一块美玉,质地虽美,但不经过仔细雕琢,就不能成为美器,因此作为民众,应当积极接受教育,因为不经过学习的熏陶,就无法懂得各种道理,正所谓"玉不琢,不成器;人不学,不知义"。这就从人的社会性出发,强调了教育的社会意义。

《礼记·学记》强调教育在建设国家、教化民众方面的巨大作用,强调教育为社会、为政治服务的目的,认为教育的个人发展和社会进步密切相连,开篇明义地突出教育的政治功能:"是故古之王者建国君民,教学为先。"从而奠定了后世教育领域一直遵循的基本理念和社会宗旨。

2. 教学的管理措施

《礼记·学记》明确设计了七步施教顺序的大纲。从开学典礼、开学第一课、课堂秩序、教学考核、问题交流等各个环节,都提出了明确的管理措施。在这些管理措施中,有些一直到今天在我们的教学活动中还在严格地遵守和践行。

例如,《礼记·学记》把入学教育作为大学教育的开始。"大学始教,皮弁祭菜,示敬道也。"要求开学当天,帝王或官吏穿着礼服,亲临学宫,带队祭祀先圣先师,以示尊师重道。这是现在大、中、小学九月份都会隆重举行开学典礼的雏形。最近几年,每年秋季新生开学,学校都会组织大家观看中央电视台的《开学第一课》,也是借鉴了这种教育理念。更令人称道的是,《礼记·学记》对课堂教学和讨论提出了"循序渐进"的管理模式,要求学习过程循序渐进,不逾越难度:"时观而弗语,存其心也。幼者听而弗问,学不躐等也。"

3. 教学的方法体系

围绕教学实践的体系建设,《礼记·学记》中提出了很多科学的方式和方法。例如,针对教师和学生两个角色,围绕"教""学"以及教学讨论等各个实践环节,它都有明确的要求,尤其是从"正""反"两个方面进行"教""学"效果对比,为构建科学有效的教学方法体系提出了生动形象的定性和定量的考核标准。《礼记·学记》中提出的教学方法体系,可以分为以下几个层面。

(1)针对教学活动的组织方式。"大学之法:禁于未发之谓豫,当其可之谓时,不陵节而施之谓孙,相观而善之谓摩。此四者,教之所由兴也。"即为了有效地进行教学实践,施教过程中要注意四个方面的要求:预判学生可能会犯的错误而加以制止,根据场合掌握合适的教育时机,不超越受教育者的才能和年龄特征进行教育,通过研讨让学生互相取长补短。"发然后禁,则扞格而不胜;时过然后学,则勤苦而难成;杂施而不孙,则坏乱而不修;独学而无友,则孤陋而寡闻;燕朋逆其师;燕辟废其学。此六者,教之所由废也。"这是告诉我们,在教学实践中,如果学生养成了不良的习惯再去纠正,就会使学生产生抗拒心理而难以克服;错过了好的学习时机,事后补救,就会事倍功半;教师不按科学的知识体系而进行松散化的教学,就会条理混乱,让学生无所适从;学生独自学习而不参与讨论,就会孤陋寡闻;交友不慎,就可能会违逆老师的教导;养成不好的习惯,必然荒废学业。这种一正一反、全面完备的教学效果论述,形象直观地揭示了不同的教学组织方式所产生的不同教学效果。

(2)教师能力素质的综合提升。教师首先要具有很高的政治素养和道德觉悟。在此基础上,教师应该明白"教之所由兴"和"教之所由废"的基本原理,即教师不但要知道教学成功的经验,还要知道教学失败的原因。好老师,要善于对学生进行启发诱导:对学生启发而不强制,勉励而不压制,告诉学生学习方法,而不是直接告诉其答案。教师对学生启发而不强制,则师生关系融洽;勉励而不压制,学生就会感到学习是件愉快的事;启发而不包办,学生才能自己积极思考。师生融洽,学生感到学习容易,就能独立思考。教师如果做到这些,就可以说是一个循循善诱的好老师。这就是所谓"君子既知教之所由兴,又知教之所由废,然后可以为人师也。故君子之教,喻也。道而弗牵,强而弗抑,开而弗达。道而弗牵则和,强而弗抑则易,开而弗达则思。和易以思,可谓善喻矣"。相反,不好的教师,则经常会照本宣科地进行灌输式教学,教学方法违背学习规律,不考虑学生的接受能力,因此学生就不能循序渐进地安心学习,学生的潜能也得不到充分发展,教学效果自然就不尽如人意。在这种情况下,学生就会厌学厌师,苦于学业,体会不到学习的快乐,正所谓"故隐其学而疾其师,苦其难而不知其益也"。

(3)有效学习方法的总结。"善学者,师逸而功倍,又从而庸之。不善学者,师勤而功半,又从而怨之。善问者,如攻坚木,先其易者,后其节目,及其久也,相说以解。不善问者反此。"即是说,会学习的学生,教师授课效果事半功倍,学生不仅会认为老师教得好,还对老师心存感恩之情;不会学习的学生,教师授课效果事倍功半,费力且效果不好,学生还会认为是老师教得不好。会提问的人,像巧匠砍木头,先从容易的地方着手,再砍坚硬的节疤,具有清晰的认知步骤,进而通过反复讨论,顺利地解决问题,并且老师和学生的交互都很愉悦;不会提问题的人却恰恰与此相反。此外,会学习的学生,在学习过程中善于做类比分析、举一反三,这就会收到很好的学习效果。这种学习原理类似于"古之学者,比物丑类,鼓无当于五声,五声弗得不和;水无当于五色,五色弗得不章;学无当于五官,五官弗得不治;师无当于五服,五服弗得不亲"的现象,即是说鼓不同于五声,但五声中没有鼓音,就不和谐;水不同于五色,但五色没有水调和,就不能鲜明悦目;学习不同于五官,但五官不经过学习训练,就发挥不了各自的作用;教师不同于五服之亲,但没有教师的教导,人们就不可能懂得五服的亲密关系。

《礼记·学记》在最后总结部分更是以画龙点睛之笔,明确了"教"和"学"的最高境界:溯源务本。总之,其"教之所由兴"和"教之所由废"的各种教育理念和教学方法,如循序渐进的教学方法、启发"善喻"的教学原理(循循善诱)、学生的学习习惯和道德培养"禁于未发"的教学实践(塑造为主、改造为辅)、教师"长善救失"的教学原则(了解学生之间的心理差异、因材施教)以及教学相长规律等,依然是现今教育工作者需要遵守和践行的育人准则。

《礼记·学记》这部全世界范围内最早专门探讨教育和教学问题的论著,对古代的教育教学工作做了比较全面的论述,对我国乃至全世界范围内的现代教育影响深远。它所总结并践行的教育理念、教学方法,随着时代的发展,已经系统地沉淀并成为现代教育领域中的各种规章制度和教育实践内容。这些教育规章制度和教育实践内容均可以生成海量的数字化资源,从而既构成教育大数据的源头,也是大数据技术进行数据采集、数据管理与数据分析的重要应用基础。有鉴于此,围绕教育大数据的技术创新,应重点关注以下几个技术层面的应用突破,从而实现大数据技术和教育教学实践的有机结合。

(1) 如何从虚拟化集成的角度,实现各个教学实践环节的有效对接?

(2) 如何从数字化再现的角度,放大并强化好的教育教学方法?

(3) 如何从沉浸感提升的角度,消融学习过程的枯燥感?

(4) 如何从关联度增强的角度,实现教育大数据资源对认知学习的有效支持?

7.4　现代教育理论与现代教育技术

现代教育理论与现代教育技术的出现和发展,可以追溯到 14 世纪至 16 世纪遍布欧洲大地的"文艺复兴"运动。中世纪欧洲的宗教思想严重地禁锢了人的自我思考,使社会精神处于不思进取的盲从状态。14 世纪到 16 世纪,以意大利为代表的欧洲的"文艺复兴",使整个欧洲的社会风气发生了质的转变,在西方近代文明史上有着非常重要的历史地位和社会意义。"文艺复兴"思潮中各种以人为本的思想理念,为近代科学的发展提供了社会认可的基础,直接催生了以现代医学和现代天文学为代表的一系列现代科技的发展,进而奠定了近现代意义上的西方科学体系,并使之逐渐成为引领全世界科技发展的主流力量。此外,"文艺复兴"阶段,人文主义被引入大学教育中,这对此后现代教育体系的发展有着里程碑式的促进作用和历史意义。

相比于传统教育,现代教育的特点集中体现为以下几点。

(1)现代教育更多地注意探讨与现代科学技术有关的课题。

(2)现代教育将各种现代科技手段引入教育领域的各个环节。

(3)现代教育具有科学和系统的思维方法和创新理念。

针对现代教育的"教""学"实践,我们将从现代教育理论和现代教育技术两个层面展开系统讨论。

7.4.1 现代教育理论

现代教育理论主要包括学习理论、教学理论、传播理论、系统科学理论等,其中的学习理论是现代教育理论的核心组成部分。本节将重点讨论现代教育理论中各种流派的学习理论,以发掘并梳理现代教育的发展理念和核心价值观。

1. 行为主义学习理论

20 世纪初,美国心理学家约翰·华生创立了行为主义学习理论。行为主义学习理论认为,人类的思维是与外界环境相互作用的结果,即形成"刺激—反应"的联结,因此该理论又称为刺激—反应(Stimulus – Response,S – R)理论,是当今学习理论的主要流派之一,在美国占据主导地位长达半个世纪之久。行为主义学派认为,人类的行为都是通过后天学习而获得的一种条件反射,环境决定了一个人的行为模式。学习源于刺激与反应之间的因果记忆,刺激与反应之间的作用过程,类似神经元内在的反应原理(详见第 6 章中认知活动的神经元生理学原理)。他们把教学环境看成外界的条件刺激,认为学习的行为过程是学习者对教学环境的刺激所做出的因果反应。具体的教育实践中,学习过程是教师塑造和矫正学生行为的过程。无论是正常的行为还是病态的行为,都源于外界环境刺激下的学习过程。环境和条件的变化,也可以影响或纠正原有通过学习而获得的行为方式。在明确界定环境刺激与行为反应之间规律性关系的前提下,人们就能根据刺激预知反应,或根据反应推断刺激,预测并控制学习行为的前进方向。巴甫洛夫的条件反射实验,集中体现了行为主义学习理论的核心思想。

2. 认知主义学习理论

在 20 世纪 50 年代中期,随着布鲁纳、奥苏贝尔等一批认知心理学家大量的创造性工作,作为行为主义学习理论的进一步发展,认知主义学习理论在教育领域中,开始逐渐占据主导地位。认知主义学习理论认为,学习过程不是刺激与反应的简单联结。行为主义学习理论的 S – R 理论,不能够充分完整地揭示学习过程内在的各种认知阶段。"刺激—反应"这一学习模型,忽略了学习过程中学习者自身的感悟和个性化的行为追求,刺激和反应之间还有目的与认知等中介变量,这些才是控制学习效果的可变因素。因此,认知主义学习理论,将学习者内部的个性化反应,引入S－R学习模型中,进而形成了S－O－R的学习模型。这里的O(Organism)代表泛在的有机体,突出了学习者自身的能动性和内在的个性化反应。譬如,认知主义学习理论的代表人物托尔曼认为,有机体的学习过程有两个特点:第一,一切学习都是有目的的活动;第二,为达到学习目的,必须对学习条件进行认知。其执行效果取决于有机体自身的能力大小。

3. 人本主义学习理论

人本主义学习理论兴起于美国的20世纪五六十年代,然后在20世纪七八十年代迅速发展,人本主义的学习与教学观深刻地影响了世界范围内的教育改革。人本主义学习理论,根植于自然人性论的基础之上。人本主义学习理论认为,人是自然实体而非社会实体,心理学应当把人作为一个整体来进行研究。人本主义学习理论认为,行为主义学习理论将人类的学习过程混同于一般动物的学习过程,不能体现人类本身的特性。人性来自自然,自然人性即人的本性。自然的人性不同于动物的自然属性。人具有不同于动物本能的似本能需要,并且生理的、安全的、尊重的、归属的、自我实现的需要就是人类的似本能,这是与生俱来的自然天赋。此外,人本主义学习理论认为,认知主义学习理论虽然重视人类的认知结构,却忽视了人类情感、价值观、态度等最能体现人类特性的因素对学习的影响。人本主义学习理论还认为,学习者的个人知觉、情感、信念和意图,是导致人与人之间学习差异的"内部行为",教学过程需要强调人的本性、尊严、理想和兴趣。如人本主义学习理论的代表人物罗杰斯认为,人类具有天生的学习愿望和潜能,这种愿望和潜能可以在合适的条件下释放出来。当学习者明白其学习的内容与自身的生存需要相关时,学习的积极性最容易被激发。此外,在一种具有心理安全感的环境下,学习者可以获得更好的学习效果。因此,如果想改变一个人的行为,必须要改变其信念和知觉。因此,人本主义学习理论强调学习是在好奇心驱使下,学习者能够自觉吸收有趣和有意义的知识。

4. 建构主义学习理论

建构主义心理学被视为"教育心理学的一场革命",兴起于20世纪90年代。建构主义学习理论来源于认知加工学说。该理论在一定程度上质疑知识的客观性和确定性,强调知识的动态性,认为知识并不是对现实的准确表征,只是一种解释、一种假设。知识也不是问题的最终答案,它会随着人类的进步而不断被改正并随之出现新的解释和假设。学习是个体在原有知识经验基础上,积极主动地进行意义重构的过程。该理论强调学习者发挥自身的主观能动性,在学习过程中,通过探究、讨论等各种不同的实践方法,在头脑中主动建构相应的知识架构。在此过程中,培养学生分析问题、解决问题的能力和创造性的思维能力。作为一种新型的学习理论,建构主义将学习过程赋予了新鲜要素。首先,建构主义学习理论认为学习的过程是学习者主动建构知识的过程,学习过程不是由教师单纯向学生传递知识,学生被动地接受信息的过程,而是学生凭借原有的知识和经验,通过与外界的互动,主动生成有意义的信息的过程。其次,建构主义学习理论对学生所学的知识也提出了新的理解,即知识不再是我们通常所认为的课本、文字、图片以及教师的板书和演示等对现实的记录和再现,而是一种理解和假设。学生们对知识的理解并不存在唯一标准,而是依据自己的经验背景,以自己的方式建构对知识的理解,对于世界的认知则取决于每个人自我的认知拓展。

上述四种代表性学习理论,在具体的学术观点上滚动发展,理念上越来越强调学习者自身的社会兴趣和主动取舍。就某些具体的观点而言,上述四种学习理论有相互否定或存在理念冲突的地方。但对整个教学体系而言,上述四种学习理论,分别从不同场景、不同对象、不同应用环节等层面,体现了"教"与"学"的实践重点。

结合第 5 章中提及的《射雕英雄传》和《笑傲江湖》的片段分析,我们可以大致地对上述四种学习理论进行实例分类。

(1)江南六怪教授郭靖武功的过程,体现的是一种行为主义的学习过程,没有考虑郭靖自身的情感状况和个性特点,如本性、尊严、理想和兴趣等。

(2)马钰道长教授郭靖武功的过程,体现的是一种人本主义的学习过程,充分考虑了郭靖的个人知觉、情感、信念和意图,为郭靖构造了一种具有心理安全感的学习环境。

(3)风清扬老先生教授令狐冲的过程,则充分体现了建构主义的学习过程,鼓励令狐冲在原有知识经验基础上,发挥自身的主观能动性,积极主动地进行知识的有效重构。

(4)对于风清扬老先生的提示,一开始令狐冲认为出剑和脚步方位,无论如何不能连在一起,但后来在实战演练中豁然开朗。这个过程体现的是认知主义学习理论中有机体的自身思考过程,它可以促进学习者在认知与理解中进一步探索学习的规律。

7.4.2　现代教育技术

以口传手授为主要特征的传统教育技术,主要依赖的是教育者的言语技巧和教学技能,经历了漫长的发展历程。有教无类、因材施教的教育理念,要求教师了解每个学生的学习能力、认知特点和当前的知识水平,并能根据学生个性化的习惯特点,选择最适当的教学内容和教学方法,对学生进行有针对性的个别指导。但是,随着全民教育的发展,现代社会数量众多的受教育者与有限的优秀师资力量和教育资源之间的矛盾,使得面对面的传统教育方式越来越难以实现这种理想化的教育模式。

现代教育技术,从技术层面上为践行上述有教无类、因材施教的理想化教育理念,提供了一种可行的应用思路。上海教育出版社 1990 年出版的《教育大辞典》中,教育技术定义为:"人类在教育活动中所采用的一切技术手段的总和,包括物化形态的技术和智能形态的技术两大类。"美国教育传播与技术学会(AECT)1994 年发布的定义称:"教育(教学)技术是对学习过程和学习资源进行设计、开发、运用、管理和评估的理论与实践。"基于现代信息技术的现代教育,从组织方式上打破了教学实践在时间、空间方面的限制。而海量丰富的数字化教育资源,可以高速、快捷地满足教育领域个性化的教学需求。现代教育技术集中体现为基于现代教育思想、理论和方法,以计算机为工具平台的信息技术在教学实践中的技术应用。计算机技术、数字音像技术、电子通信技术、网络技术、卫星广播技术、远程通信技术、人工智能技术、虚拟现实仿真技术及多媒体技术等信息技术的完善和发展,为现代教育实践提供了高效有力的技术支持,极大优化了"教"与"学"过程中教学资源的设计、开发、利用、评价和管理,并大大促进了从现代教育理论到相应教学实践的应用转化。具体而言,目前基于教育大数据资源的现代教育实践,主要具有以下几方面的应用特征。

(1)教育网络平台初步形成,优质教学资源比较短缺。

(2)数字教学资源渐成规模,现代信息技术凸显重要。

(3)在线学习平台资源共享,异构教学资源全面融合。

(4)虚拟普适教学社区开放,弹性自主学习需求高涨。

(5)学习资源访问个性多样,移动终端用户海量扩张。

针对这种教育领域的发展变化,各种各样的信息技术为现代教育的实践创新提供了技术手段。譬如,作为一种前沿的"教""学"实践,翻转课堂的教学方式,就是尝试通过"先学后教"的方式,鼓励学生自学探索,独立思考,这就从教学秩序上颠覆了传统的授课方式。但是,离开计算机网络和教育大数据资源的全面支撑,这种创新的现代教学实践是无法成功开展的。为了实现这方面的教学实践创新,微课(Microlecture 或 Microcourse)资源的开发,如中国微课、网易公开课等,慕课(Massive Open Online Course,MOOC)形式的大规模开放在线课程资源建设,都从学习资源配套和支持个性化有效学习的角度,支持诸如翻转课堂等现代"教""学"的实践与应用创新。

从形式上而言,微课的教授时间一般在 10 分钟以内,有明确的教学目标,知识点明确,内容短小,集中说明一个问题,以微视频的资源方式供学习者检索使用。微课虽然短小,比不上一般课程宏大丰富,但是教学效果明显,尤其为个性化学习提供了有效的途径。此外,微课知识内涵极有针对性,其"小步慢跑"的原则使得一个微课虽然仅讲解一两个知识点,但却能在稳步推进中夯实学习效果。小(容量小)而精(不用引课,直接说明)的资源特点,保证了微课内容只针对某个知识点、某道习题或某个学习环节或重难点的讲解,满足个性化学习者的学习需求。而资源丰富、课程体系完整、低收费、全球化、大规模的慕课课程资源,则从优质资源全民共享的角度,保证了优质教学资源的社会福利最大化。

如图 7-1 所示,可汗学院中文网站上专门以视频方式讲解不同科目的内容并解答网友的提问,是一个基于微课和慕课形式的百科全书式的教育大数据资源共享平台。可汗学院通过与世界知名教育机构合作,为学习者提供高质量的练习习题、教学视频和个性化的学习界面,让学习者能够在课堂外按照自己的进度自主安排学习。可汗学院的教育大数据资源,涵盖数学、历史、金融、物理、化学、生物、天文、艺术、经济、计算机等十几个学科的教学视频资源。其中数学方面的教育资源,涵盖了从幼儿园的基础知识到大学的微积分,并采用了先进的可识别学习强度和学习障碍的自适应技术。可汗学院还提供了自我评估及进度跟踪等学习工具,每年吸引了几亿人次的学习与观看。

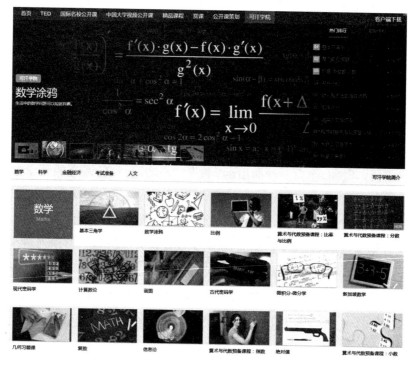

图 7-1　可汗学院中文网站页面(https://open.163.com/khan/)

可汗学院对于教育大数据资源的组织和使用,集中体现了微课和慕课的鲜明特点。

1. 教学视频短小精悍

可汗学院的大多数视频时长只有几分钟,即使较长的视频也只有十几分钟。这种长度都在学生注意力比较集中的时间范围内,符合学生身心发展特征。此外,每一个视频针对一个特定的主题,针对性强,查找方便。

2. 教学信息清晰明确

可汗学院的教育教学理念认为,视频中出现教师的头像以及教室里的各种物品摆设,都会分散学生的注意力,特别在学生自主学习的情况下更是如此。因此,可汗学院的大多数视频中只会出现一只手,不断地书写一些数学符号,并缓慢地填满整个屏幕,还有配合书写进行讲解的画外音。这种方式就像与学生同坐在一张桌子上,一起学习,并把学习内容写在一张纸上,让人感到贴心。这是可汗学院的教学视频与传统教学录像的不同之处。

3. 统计分析科学精准

可汗学院的每段教学视频后均紧跟四到五个小问题,帮助学生及时进行检测,方便学生对自己的学习情况做出判断。学生对问题的回答情况,系统不仅会及时通过云平台进行数据汇总,纳入个人的学习曲线分析,还能通过概率统计的方式,从宏观分析的角度,对错题背后的知识点进行有针对性的内容增强、教案调整或强化训练。这些评价技术的跟进,使得学生的学习过程能够得到实证性验证,有利于学生客观评价自己的学习过程,从而激发学习动力,不断达成学习目标。

7.5　现代教育技术面临的应用挑战与创新方向

基于现代通信技术的各种创新应用,其形式创新都是为了更好地服务于内容创新,服务于全面提高教学质量。不管是我国传统的因材施教、有教无类的教育理念,还是近现代西方的各种教育理念,在具体的教育实践中所秉持的教育技术,都是为了通过优质教育资源的社会福利最大化,提升全社会范围内不同层面、不同阶段受教育者的能力素养。

现代教育技术的发展不仅体现在各种教学硬件方面,如基于多媒体技术的媒体教学系统、基于智能分析的教学优化系统、基于虚拟现实技术的教学系统等,还包括与硬件配套的各种教学软件,如支持现代教育实践的各种教学设计、互动方式、反馈分析、教学管理和教学评估等。信息技术的深入发展,为学生在开放、共享、协作的网络环境中进行自主学习和实践探索,提供了数字化的学习环境和交流工具。如何从个性化"有效学习"的需求出发,创建适合创新思考的平台交流环境与有效学习工具,是现代教育技术需要重点关注的核心内容。

现代教育技术的发展以及教育大数据资源的快速增长,使得结构化和非结构化教育大数据资源的碎片化特征越来越明显,因此如何对结构化和非结构化特征并存的教育大数据资源进行有效的索引化查找和主题化聚合,是目前基于教育大数据进行教育实践创新面临的主要技术挑战。就技术应用的实践创新而言,为了提高现代教育技术对教学实践创新的赋能效果,基于教育大数据应用的现代教育技术,更应深入挖掘并体现传统和现代教育践行的教学规律。具体而言,需要重点实现以下几方面的技术开发与应用创新。

(1)支持个性化有效学习的教育大数据的知识检索技术。

(2)基于个性化学习曲线的认知能力反馈机制。

(3)基于个体认知水平进化的知识要点主动推送服务。

(4)学习者自身知识图谱的完备性构建与单点强化技术。

(5)基于知识图谱聚类算法的群体学习和认知状态评估。

(6)教学效果分析技术与弱项短板挖掘手段等。

结合上述分析,现代教育技术在大数据资源管理和技术实施方面所面临的应用挑战如图7-2所示。如果对海量教育资源缺乏相应的大数据分析与挖掘的技术手段,现代教育实践很容易陷入茫茫的教育大数据资源之中,有鉴于此,对教育大数据进行分析与挖掘是数字化教学创新实践的客观需求。

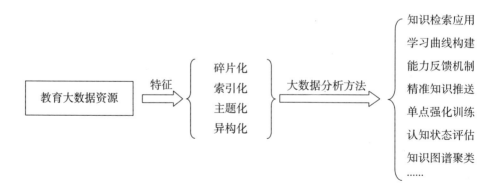

图7-2 现代教育技术在大数据资源管理和技术实施方面的应用挑战

为应对上述应用挑战,教育大数据具体的技术突破方向主要有以下几种。

1. 学习方式的创新:学习体验外联启发机制

当学生在学习上遇到疑问和困难、思维停滞不前的时候,我们可以通过对学生日常知识、能力水平的大数据技术分析,及时给予学生启发和帮助,从而通过问题的解决,让学生第一时间获得认知进步的成就感。这对学生来说,是一种潜在的激励。而类似问题长期得不到解决的挫败感以及各种问题的积累,会导致学生在学习过程中的负面情绪。教育大数据技术可以为这种学习方式的创新提供有力的技术保证和实施条件。

2. 知识传播的创新：数据关联引导教学逻辑

数字化虚拟技术为知识逻辑的可视化提供了应用基础。大数据分析技术可以为知识逻辑的挖掘与显式表示提供技术支持。教育大数据分析技术需要从教育资源内在的数据关联角度,支持教学逻辑的设计与创新,从而提高知识传播的效率。由此可见,基于知识图谱的教育大数据资源管理方式,是一种数据关联引导教学逻辑的典型应用。

3. 教学互动的创新：知识推送对接学习需求

数字环境下基于知识图谱导引的教育大数据资源的使用,如知识点的点击率、基于电子试卷的解题情况分析等,内在地蕴含了学生个体和特定群体的认知学习规律。这就可以结合教育大数据资源的使用,通过对学习行为的数字化过程分析,建立基于统计规律的学生知识体系认知模型和学习曲线,从而设计个性化的知识导引机制和知识推送机制。

针对以上分析,我们将在第 8 章结合知识图谱挖掘的应用案例,对教育大数据技术创新进行具体的实例分析。

7.6　本章小结

作为计算机学科的应用特点,需求分析是软件开发的起点。软件工程的核心思想集中体现为用户需求驱动的应用实现。为了更好地支持教育大数据领域的应用创新分析,深入全面地理解现代教育体系下的教育理论和教学实践要求,将有助于教育大数据应用创新在技术赋能方式、方法和方向等应用环节的精准定位,从而提升学习质量,提高学习效果,以技术促进有效学习。本章从教育实践的基础理论出发,探讨教育领域的行业需求规律,将立德树人和技术赋能相结合,将大数据教育资源对接个性化有效学习需求,为后续具体的教育大数据应用创新奠定了系统设计理念,明确了大数据技术在教育领域的赋能方向。

第8章　教育大数据技术分析与应用创新

8.1　教育大数据应用创新的社会背景

"好雨知时节,当春乃发生。随风潜入夜,润物细无声。野径云俱黑,江船火独明。晓看红湿处,花重锦官城。"唐代诗人杜甫的《春夜喜雨》描写的是春雨的特点,意境淡雅,诗境与画境浑然一体,别具风韵。我们可以借用这首富含哲理、底蕴绵长的诗歌,对教育大数据的应用创新进行一体化应用集成。

(1)"好雨知时节,当春乃发生":教材和教学大纲在知识体系的设计上,一定要充分考虑学生的认知规律,并在此基础上合理设计各个知识点之间的先后衔接,从承上启下的角度,合理科学地规划教学内容和时间进度。

(2)"随风潜入夜,润物细无声":这是对教师在教学效果上的一种境界要求。教书育人,立德树人。教师的言行,随风化雨,会影响学生一辈子的人生观和价值观。好的老师,不仅能鼓励学生勤于学习、乐于学习,还能让学生在学习过程中感受到师者的人格魅力。

(3)"野径云俱黑,江船火独明":这是从对比分析的角度,对不好的教育方式和教学效果进行预警。教学实践中,教师一定要考虑学生的学习特点和学习感受。照本宣科灌输式的教学实践,很容易导致只有老师清楚("江船火独明"),而学生则是一头雾水、不明就里("野径云俱黑")。

(4)"晓看红湿处,花重锦官城":学生对知识体系的掌握情况,需要检验。十年树木,百年树人。要让学生经过知识的洗礼,学会在继承中创新。实现教育兴国、民族振兴,离不开大批德才兼备的科技人才和各个领域的建设者("花重锦官城")。教育之路,任重而道远。

百年大计,教育为本。教育是民族振兴、社会进步的基石。教育的社会重要性,决定了教育大数据应用创新需要严格的文化引领和理论体系的支撑(该部分内容详见第5至7章)。而教育信息化则是现代教育领域极为重要的发展阶段。国务院发布的《国家中长期教育改革和发展规划纲要(2010—2020年)》,将实现教育现代化列为建设有中国特色社会主义的重要发展方向,明确将教育信息化纳入国家信息化发展整体战略,超前部署教育信息网络;并提出到 2020 年,基本建成覆盖城乡各级各类学校的数字化教育服务体系,促进教育内容、教学手段和方法的现代化。2012年,全国教育信息化工作电视电话会议上,刘延东在《把握机遇　加快推进　开创教育信息化工作新局面》的讲话中更是明确指出,"十二五"期间,要以建设好"三通两平台"为抓手,即"宽带网络校校通、优质资源班班通、网络学习空间人人通",建设教育资源公共服务平台和教育管理公共服务平台。2015 年 1 月 30 日,国务院发布的《国务院关于促进云计算创新发展培育信息产业新业态的意见》(国发〔2015〕5号)中,明确提出"加强学校教育与产业发展的有效衔接","充分发挥云计算对数据资源的集聚作用"。

随着教育信息化、网络化的快速发展,加快推进教育信息化建设已成为各级教育行政部门关注的重点。近年来,我国在大学、中学、小学教育信息化基础建设方面取得了巨大的成就,尤其是通过实施"农村中学现代远程教育工程"以及"班班通"等项目,已基本实现了基础教育信息化基础设施的普及。国家层面上提出的"三通两平台"建设规划,其目标是实现四个新突破,即教育信息化基础设施建设新突破、优质数字教育资源共建共享新突破、信息技术与教育教学深度融合新突破、教育信息化科学发展机制新突破。2017 年,国务院印发《国家教育事业发展"十三五"规划》,明确提出"加快教育大数据建设与开放共享"。当前,以大数据为代表的信息技术,正与各个阶段的教育实践深度融合。教育大数据的生成、汇聚、融合,一方面为各类教育实践提供了精准、有效和可靠的数据支持,提高了教育实践在智能化、精细化、可视化方面的应用能力;另一方面,教育大数据通过构建多维度的科学评价体系,提升了不同教育阶段评价的精准性、科学性和客观性,极大地促进了教育实践的内涵式发展,应用价值突出。

目前的教育大数据技术,在促进教育的内涵式发展方面发挥着越来越重要的作用。随着教育大数据技术的应用发展,教育大数据资源在源头和分析要素方面也在不断地拓展完善。具体而言,在教育大数据的源头方面,从重点关注教学实践中教学、科研、管理等相关业务数据,拓展到关注高校内部的各种舆情行为等数据资源,以及师生娱乐、购物、能耗等生活大数据。在大数据分析方面,从重视群体性与一般性规律的数据分析,向支持个性化学习的特殊性数据分析转变;从重视结果性和静态性的数据分析,向过程性和动态性数据分析转变。

教育领域的特殊性,要求教育大数据在数据采集和技术分析过程中,尤其需要关注社会伦理、个人隐私、数据安全等方面的技术与应用隐患。在数据的收集、共享、分析、应用过程中,主管部门要制定严格的教育大数据技术规范和使用标准,从而在制度约束、权限设置和技术规范方面,确保教育大数据的应用创新有良好的社会效益。

　　笔者认为,从覆盖的业务场景和行为关联上,教育大数据可以分为狭义的教育大数据和广义的教育大数据。狭义的教育大数据,只包含与教学实践直接相关的各种教育资源的管理与开发应用,以及能够促进教育实践创新,揭示教学实践背后思维或活动规律的行为大数据。广义的教育大数据,包含与教学实践直接相关的各种教育资源,其涵盖教育行业所有与教育主题有关的各个环节。第9章中基于校园卡食堂消费数据的行为模式识别的案例分析,就是广义的教育大数据的应用创新。本书所讨论的教育大数据,重点关注狭义的教育大数据的技术开发与有效管理。

8.2　支撑教育大数据应用创新的云端技术

　　教育大数据云平台的出现,打破了基础教育信息化建设中的"信息孤岛"现象,利用虚拟化技术,教育云平台可以集成各种分散的教育资源,使全社会范围内的教育资源共享成为可能。同时,云计算的出现让教师与学生有了虚拟互动的交流空间,各种终端设备与教育云平台的无缝连接,为移动学习提供了强有力的技术支撑。教育云平台是云计算与现代教育的结合,对于建立开放灵活的教育信息化服务平台,实现教育资源共享具有重要的意义。

　　随着教育云平台的应用实施和教育信息化的深入应用,学生的学籍、选课、成绩、借书、上网、论坛、微博以及教师的基本信息、上课课件和视频、远程教育课程等都积累了大量的历史数据。除了在人才培养方面会产生大量数据外,教育管理活动、科学研究、社会服务等方面都会产生大规模的数据资源。这些数据资源包含文本、静态网页、动态网页、图像、图表、声音、视频、数据库等多种格式,结构化数据、半结构化数据共存,具备了大数据的技术特征。大数据分析技术重在将海量复杂多源的数据转化为有用的知识,并以人们易于理解的方式,互动地直观展示分析结果。因此,从服务创新的角度,围绕现有的教育大数据资源,利用大数据分析技术,在教育领域开展多元技术与应用创新,是促进教育云平台提升技术含量和服务水平的内在动力,为现代教育的服务创新提供了有效的处理手段。

　　"互联网+"环境下,知识社会泛在创新的社会需求越来越突出,这为利用云计算和大数据技术在现代教育领域进行教学创新奠定了社会基础。大数据是近年来IT界广泛关注的焦点,为数据量庞大、种类繁多、信息多样化的教育资源的服务创新提供了技术支持。云计算和大数据技术的结合,可以更为全面、系统地对教育信息化过程中积累的教育资源进行多维的逻辑分析,深入挖掘隐藏在数据背后的知识逻辑,为提升教学质量、培养创新习惯、进行创新训练等教学创新提供知识服务手段。

目前,我国云计算产业面临难得的发展机遇,但存在服务能力较薄弱、核心技术差距较大、信息资源开放共享不够等问题。在这种应用背景下,有针对性地研发基础教育云平台,对于促进我国教育云计算产业的创新发展,突破制约我国现代教育发展的应用瓶颈,具有非常重要的社会意义与应用价值。此外,发展云计算产业,有利于在全社会范围内分享信息知识和创新资源,培育形成新产业,对稳增长、调结构、惠民生和建设创新型国家等都具有重要意义。

目前,教育资源的共享已成为学术界普遍接受和认可的方式。国外如哈佛大学、麻省理工学院等美国高校,已开始在网络环境下共享公开课,供国际范围内的院校师生使用。国内的大学开设公开课、联合办学也已蔚然成风。在信息技术快速发展的背景下,在教育资源密集的地区,用云平台进行教育资源区域建设、区域运营、区域共享,有助于推动现代教育的变革升级。教育云平台将逐步成为教育信息化的主要发展方向。

通过教育管理云平台的整合,原先"稀释"分布的教育资源可以形成聚焦的爆发点,从而让教育投资更高效地发挥作用。整合相应的区域化教育资源将有助于知识的快速传播和共享。同时,基于大数据分析的知识发现,有助于提供个性化的教学方案,真正为不同区域、不同年龄段、不同特长、不同学习能力的学生提供"因材施教"的教育方式。此外,大数据分析有助于教学创新,建立适应素质教育需要的新的人才培养模式,从而全面推进素质教育,这非常符合培育创新人才的现代教育理念。

支持教育大数据应用创新的云端技术和大数据技术,它们之间的协同融合,集中体现在以下两个方面。

1. 大数据技术为提升和完善教育云服务平台提供可行的技术支持

目前,云计算和大数据的相关技术已经日益成熟和完善。云计算平台为集成大规模现代教育数据提供了弹性可扩展的存储空间。教育云平台通过虚拟化技术有效地聚合了各类教育资源,使得个性化的知识服务成为可能。这种新型的教育资源组织、分配和使用模式,有利于为个性化的学习过程配置有效的教育资源。此外,教育云平台多模式的客户端接入技术,还为多形态异构的云客户端提供了便捷的接入服务。但是,随着集成的数字化教育资源越来越多,在知识稀疏性特点越来越明显的教育大数据中,为个性化的知识服务和"因材施教"的教学创新提供有效的资源和知识聚合手段,越来越成为教育大数据环境下教育云服务创新的重大需求。大数据与云计算相结合所释放出的巨大能量,将极大地推动现代教育云服务平台的发展,全面地促进现代教育云平台的产业化进程。

2. 教育云服务平台的大数据分析为"因材施教"的教学创新提供孵化环境

传统教育资源的分布呈现出分散式的特点,国家教育资金一般会被分散投入到不同的学校和部门,每个教育机构需要独立地去进行资源的开发部署和应用维护。现代教育云服务平台的出现,则可以实现集约化的资源建设管理,减少资源的重复性部署和投入,实现"一次投入,多方收益"的服务模式;同时,现代教育云服务平台的出现,可以实现垂直化的行政管理,提升教育机构的服务效率。构建基于大数据分析的教育云服务平台,降低了知识发现和知识聚合的成本,有助于实现教学创新,为用户提供个性化的教育服务。进而通过教育大数据的分析整合,挖掘其中有价值的个性化知识资源,以帮助教育机构更好地进行决策,实现个性化教育管理,推动"因材施教"教学创新的有效实施,为"因材施教"的教学创新提供孵化环境。

8.3 教育大数据应用创新的赋能方向

针对云环境下丰富的数字化教育资源,教育大数据应用创新的赋能方向,重点在于利用大数据分析技术对现有的教育资源进行知识整合,从"有教无类"的角度对云环境下自主式主动学习进行有效的知识资源配置;在此基础上,利用云计算的虚拟化技术对个性化的教学资源进行汇聚,从个性化知识服务的角度,为"因材施教"的教学模式创新提供切实可行的技术手段,进而从教学过程的认知规律出发,利用知识流内在的关联逻辑,从"教学相长"的角度对云环境下知识服务的内容与形式进行全面优化,从技术手段上引导创新思维,为"互联网+"环境下的教学创新提供增值拓展应用。

教育大数据应用创新的赋能方向,集中体现在以下三个方面。

1. 教育云环境下支持个性化主动学习的大数据应用技术

这是践行"有教无类"教育理念的技术前提。目前,教育大数据资源主要包括以下两种:① 海量开放的教育资源,如电子图书、有声媒体、数字图像、电子课件、网络视频等教育资源;② 受教育者学习过程中的行为数据,如学习日志、学习路径、学习成果、知识评价、学习反馈等相关信息。在云计算弹性扩展与虚拟化技术的支持下,用户可以通过各种终端界面,突破时空限制,获得泛在接入的数字化教育资源。这为普及"有教无类"的教育理念提供了基本条件。但是,在不同学习场合中,不同类型、不同能力的学生的学习表现大相径庭。因此,如果通过对受教育者学习过程中的行为数据进行分析与预测,对其学习兴趣和学习习惯进行建模分析,围绕个性化的学习曲线,有针对性地对现有的教育资源进行知识汇聚,为其个性化学习进行科学的教育资源配置,将对提高学生学习兴趣、鼓励个性化主动学习产生非常重要的促进作用。

传统的教学过程中,"有教无类,因材施教"的过程,往往是教师根据授课经验,结合学生各阶段的学习表现,来挖掘学生的学习兴趣,进而有针对性地进行兴趣鼓励和知识传授。受制于学生人数众多和课堂空间有限的实际情况,这种"因材施教"的教学实践难以有效地开展。而在教育云环境下,大数据分析技术为这种因材施教的教学实践提供了一种可行的技术支撑手段。教育云环境下的受众越多,基于大数据分析的个性化教育资源虚拟化汇聚技术,就越能体现对"因材施教"教学创新的普适效果,这就为后续"因材施教"教学过程的有效实施,提供了信息化的现代教育技术手段。

如何利用大数据分析技术和学习过程中的行为数据,如学习日志、学习路径、学习反馈等相关数据,进行学习曲线分析和兴趣挖掘,进而对支持个性化主动学习的教育资源大数据进行知识聚合,是促进教育大数据应用创新的一项关键技术。教育云环境下支持个性化主动学习的教育资源大数据应用分析,其创新内容集中体现在以下几个方面。

(1)围绕知识背景、学习动机、反馈信息等教育大数据,研究基于大数据分析技术,挖掘个性化学习兴趣与学习曲线的理论、方法及技术手段。

(2)利用教育资源中的行为数据,对学习者的兴趣进行建模分析,结合个性化的学习曲线,研发基于个性化学习需求的知识配置方法。

(3)在对学习者进行兴趣建模的基础上,研发基于个性化学习兴趣的理论与应用模型,对海量的教育资源进行大数据分析和知识整合,进而聚合个性化知识学习教育资源的技术方法。

2. 教育云环境下面向个性化知识服务的教学创新实践

这是践行"因材施教"教育理念的技术前提。教育过程中"有教无类""因材施教"的思想反映了个性化教育的施教特点,它是人类世代思考的教育命题。"有教无类"要求教育工作要注意教育对象的全体性,每个人都有受教育的机会和权利。但是在重视"有教无类"教育公平性的同时,必须兼顾教育对象的个体差异性。因此,"因材施教"成为教育实践努力追求的目标。"因材施教"要求尊重学生在接受能力和学习习惯等方面的独特性,立足于学生自身的独特性,为其提供个性化的知识资源和符合其学习曲线的教育模式。

随着信息技术和互联网技术在教育领域的应用普及,全球信息量剧增,知识更新速度不断加快,数字化的教学资源海量增加,存储和处理大数据的云计算和大数据技术应运而生。随着云计算技术应用的深入,教育领域中越来越多的学校和教育机构,开始把信息处理迁移到"云端",云环境下的信息化教育呈现出一种超常规模的发展势头。云计算成为全社会范围内推动信息技术服务按需供给、促进信息技术和数据资源充分利用的全新业态,在为终身学习提供社会化服务的前提下,也为现代教育在环境建设、资源建设、教学方式等方面带来创新契机。但是,云环境下越来越多的大数据教育资源,缺乏为"因材施教"提供技术支持的个性化知识服务手段,这就严重制约了教育云平台在知识社会"互联网+"环境下的社会效益。因此,利用云计算的虚拟化和弹性扩展应用技术,为云环境下面向个性化知识服务的教学创新提供现代教育技术手段,需要技术上的突破与创新。具体而言,教育云环境下面向个性化知识服务的教学创新实践,集中体现在以下几个方面。

(1) 研究学习者的兴趣模型、学习曲线和对应的知识导图之间的时序匹配关系,为智能化、个性化的知识推送服务提供设计方法与应用模式。

(2) 设计支持个性化主动学习的虚拟课堂,研发支持主动学习、增强学习体验的数字化教学手段和智能导学模型。

(3) 动态分析用户学习的行为数据,对学习者的兴趣演化、学习曲线进行科学的预测分析,对个性化知识服务的内容和形式进行功能优化,提高知识服务推送的准确性。

3. 基于知识流逻辑的知识增值与云教育优化技术

这是践行"有效学习"教育理念的技术前提。集成海量教育资源的教育云平台,为全社会提供了丰富的知识资源池。大数据分析为个性化主动学习与个性化知识服务提供了知识汇聚手段,而云计算的虚拟化技术则从提高用户体验的角度,为云用户提供了"因材施教"的虚拟课堂。现有教学资源中蕴含的知识文化,是人类文明长期积累和沉淀的历史产物。继承人类文明的知识文化,是教育的第一宗旨。基于大数据分析的现代教育云平台,为全面继承人类科技文化遗产提供了先进的技术与应用支撑。创新是一个民族进步的灵魂,是一个国家兴旺发达的不竭动力。一个没有创新能力的民族,难以屹立于世界先进民族之林。继承是科学文化创新的基础,创新则是在继承基础上的知识增值。科技文化的创新,有其内在的知识关联与演化途径,必须遵循一定的科学规律。

因此,在支持个性化学习习惯的基础上,基于教育云平台弹性可扩展的应用属性,根据学习者自身的学习曲线,保证用户快捷方便地获取个性化知识资源,进而结合现有的教育资源,从用户体验的角度培养创新意识,养成创新习惯,进行创新训练,是教育大数据应用创新的主要内容。鉴于科学认知是一个由感性认识到理性认识,再到实践应用,接着在实践应用中产生新的感性认识的螺旋式知识演化过程,知识文化的继承与创新必然遵循一定的知识逻辑,因此需要遵循的基本原则是:基于认知递进规律的知识流逻辑是知识演化和增值的基本条件。基于知识流逻辑的现代教育知识增值与云服务优化技术,其创新内容集中体现在以下几个方面。

(1) 利用认知原理,以创新服务的方式,对有助于提高教育云平台功能部件之间知识集成度的交互技术与设计方法进行研究与开发。

（2）从交互方式、接入途径、协同手段等方面，对现有教育云平台的服务模式进行创新设计，对学习过程中知识流所涉及的各个应用环节，进行应用集成与内容优化。

（3）在知识流所涉及的参与主体（如教师、学生、家长、教育主管部门）之间，构造"互联网+"教育环境，利用知识流逻辑对学习过程进行全程的知识引导与学习跟踪。

上述三个赋能与创新方向，既自成应用体系，又相互关联促进，共同组成了一个完整的教育大数据应用创新的集成体系。教育大数据应用创新的系统集成平台，如图 8-1 所示。图 8-1 中，将大数据分析技术引入到目前教育云平台的应用中，对教育资源中的行为大数据进行分析，然后基于个性化的知识需求分析结果，向用户提供个性化的知识需求定制与知识配置服务，实现教育云服务的动态优化与增值应用。这就从服务创新、知识演化和用户体验的角度，提升了现有教育云服务平台内在的技术含量和服务水平；从知识流拓展的角度，亦提升和培养了学生的有效学习能力和独立思考的创新意识。上述各项关键技术最终通过一个教育云平台，全面实现大数据应用创新的赋能目标，进而提升教育领域大数据应用创新的集成效果，形成典型应用示范。

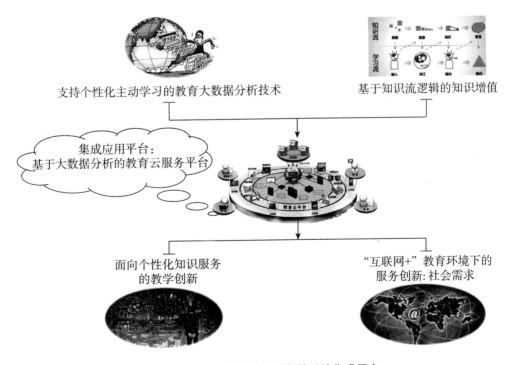

图 8-1 教育大数据应用创新的系统集成平台

8.4 教育大数据技术应用的创新思维

在构建如图 8 - 1 所示的教育大数据应用创新系统集成平台的基础上,教育大数据应用创新的技术应用架构,需要重点关注以下几个环节。

8.4.1 教育大数据应用创新的技术难题分析

在教育大数据应用创新的过程中,面临的关键技术问题主要包含以下几个方面。

(1)如何利用大数据分析技术,对学习者的行为数据进行技术分析,从用户体验的角度,建立兴趣模型和对应的学习曲线,为个性化的知识资源配置提供技术指导。

(2)如何针对个性化的兴趣模型,从虚拟化的角度聚合教育大数据中内在的知识流逻辑,建立可视化学习导图,为个性化的知识服务推送提供应用引擎。

(3)如何从系统集成的角度,将教育大数据分析技术、个性化知识服务功能、基于教育云平台的"因材施教"教学创新相结合,以体现教育云平台在现代教育中的创新驱动能力。

8.4.2 教育大数据应用创新的系统思维

在教育大数据应用创新过程中,结合 8.3 节中教育大数据应用创新的赋能方向分析,需要重点关注的创新方向和创新思维,主要包含以下几个方面。

1. 理论创新

紧扣现代教育理念,从"有教无类"到"因材施教",从"因材施教"再到"教学相长",知识服务的创新理念贯穿其中。支持个性化主动学习的教育资源大数据分析技术,重点关注如何利用大数据分析技术,为教师和学生聚合个性化的知识资源,旨在使教师与学生从教育资源大数据中解放出来,专门关注于感兴趣的知识资源,使"有教无类"成为普适应用。云环境下面向个性化知识服务的教学创新技术,则在有效的知识资源配置下,关注知识服务的有效性和个性化,并重点关注如何利用云计算的虚拟化和弹性扩展技术,为教师提供"因材施教"的现代教育技术手段;基于知识流逻辑的现代教育云服务优化与增值技术,则在"教学相长"的教育理念下,重点关注教育云服务在"互联网+"环境下的内容优化与增值拓展应用,在为用户创造价值的同时,推动服务优化向产业创新的转变。

2. 技术创新

教育领域多年的教育信息化过程,积累了海量的教育数字资源,为教师和学生提供了丰富的知识资源。但是,随着网络环境下教育数字资源的剧增,对教师和学生而言,大数据的教育资源中有效知识的稀疏性特征越来越明显。教育资源的这一大数据特点,使得满足个性化知识需求的有效教学资源的发掘难度越来越大。大数据分析和处理技术的引入,使得在异构多维的教学资源中快捷有效地进行个性化知识挖掘和知识发现成为可能。而云计算的虚拟化技术,则为知识服务的组织提供了有效的技术支撑手段。这就使得支持个性化主动学习的大数据分析结果,能够在用户层面上有效提升知识学习的个性化体验,为"因材施教"的教学模式创新提供了可行的技术保障。如何从技术方案设计方面,遵从现代教育的发展理念,实现大数据分析技术对教学实践的创新赋能,是技术创新环节需要重点考虑的问题。

3. 应用创新

2015 年 1 月 30 日,国务院发布的《关于促进云计算创新发展培育信息产业新业态的意见》(国发〔2015〕5 号)中,明确提出"增强云计算服务能力","加强大数据开发与利用",进而"提升云计算自主创新能力",这是国家对未来五年云计算产业主要发展任务的具体要求。2015 年 3 月 5 日,十二届全国人大三次会议上,李克强总理在政府工作报告中首次提出"互联网+"行动计划。"互联网+"在现有互联网环境下加入了无所不在的计算、数据、知识,造就了新的创新机会。以用户创新、开放创新、大众创新、协同创新为特点的创新 2.0,必将改变我们的生产、工作、生活方式,成为未来引领创新、驱动发展的"新常态"。在这一社会发展背景下,作为云计算应用领域的一个重要应用方向,教育云平台在社会责任担当与驱动社会创新中发挥着重要作用。因此,教育大数据应用创新,应紧扣技术发展趋势,面向国家重大应用需求,将大数据分析技术与教育云平台个性化的知识服务创新实践相结合,体现大数据分析技术对现代教育实践的引领能力。

8.4.3　教育大数据应用创新的技术路线

具体而言,教育大数据应用创新的技术路线如下。

(1)利用大数据分析技术,对云环境下丰富的数字化教育资源进行知识整合,从"有教无类"的角度,对云环境下自主式主动学习进行有效的知识资源配置。

(2)利用云计算的虚拟化技术,对个性化的教学资源进行汇聚,从个性化知识服务的角度,为"因材施教"的教学模式创新提供切实可行的技术手段。

(3)从教学过程的认知规律出发,利用知识流内在的关联逻辑,从"教学相长"的角度对云环境下知识服务的内容与形式进行全面优化,从技术手段上引导思维创新。

(4)对"互联网+"环境下的教学创新进行全面的应用分析,明确增值拓展应用的方向,为后续的服务功能开发提供决策依据。

(5)在取得上述关键技术突破的基础上,进行应用集成与原型系统开发,实施产业化推广应用。

8.5　实例分析：基于知识图谱的教育大数据隐性知识发现

8.5.1　预备知识

我们以初中阶段的教学实践为例,进行具体的实例分析。本节的实例分析,主要涉及以下三个基本概念:知识图谱、显性知识和隐性知识。

知识图谱(Knowledge Graph),是谷歌公司于 2012 年正式提出来的一个基本概念,目的是通过知识图谱的形式,优化搜索引擎返回的结果,增强用户对搜索质量的直观体验。

譬如,假设我们想知道"孔子的学生是谁",那么利用百度或谷歌搜索一下,搜索引擎会准确返回"子路、子贡、颜回、冉有"等相关历史人物的网页。这说明搜索引擎理解了用户的意图。

利用知识图谱这种辅助手段,搜索引擎能够深度理解用户查询背后的语义信息,返回更为精准、结构化的信息,从而更大可能地满足用户的查询需求。谷歌公司对知识图谱的宣传是"Things not strings",即不要无意义的字符串,而是获取字符串背后隐含的对象或事物。

实际上,知识图谱并不是一个全新的概念,早在 2006 年就有相关研究人员提出语义网(Semantic Network)和知识网格(Knowledge Grid)的概念。目前,随着互联网智能信息服务的应用拓展,知识图谱已广泛应用于智能搜索、精准推送、智能问答、个性化服务推荐等应用领域。在其他应用领域,知识图谱的形式也得到了不同程度的认可和使用。图 8－2 就是根据初中物理教学大纲所构造的一个知识图谱。

在第 3 章 3.3 节中,我们曾提到过图形数据库的概念。图形数据库使用灵活的图形模型,并且能够扩展到多个服务器上。它将数据元素存储在"图"结构中(见本章附录),使得在节点之间创建关联成为可能,是一种支持互联网环境下社交网络、模式识别、依赖分析、推荐系统等应用开发的典型的数据结构。图 8－2 所示的知识图谱,就是一种典型的图形模型。按照层次化递进的认知逻辑,该知识图谱在每一个知识点下面还包含有更多的知识规则。

我们在第 1 章 1.4 节关于知识内涵的讨论中,曾经提到隐性知识和显性知识的概念。这里,我们直接利用这两个概念,探讨如何利用知识图谱实现教学领域中隐性知识的发现。

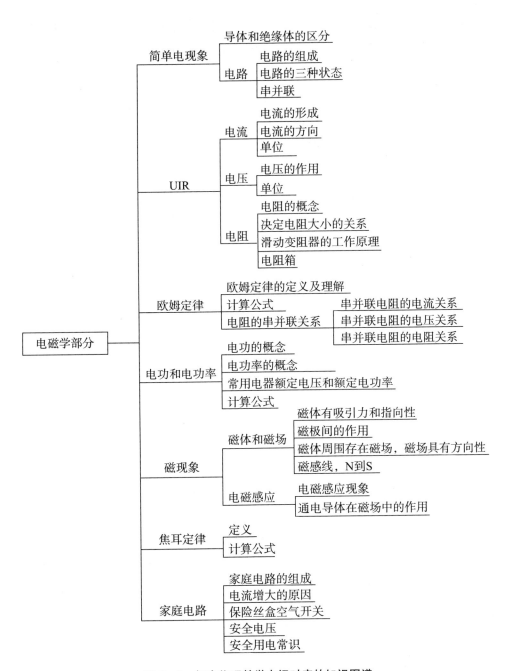

图 8-2　初中物理教学大纲对应的知识图谱

8.5.2　具体的实例应用分析

按照图 8-2 初中物理教学大纲对应的知识图谱,结合各个知识点的内容教育,设计一份试卷,在同一个年级或班级组织开卷考试。在这一实例分析中,知识图谱对应的是显性知识的表示形式。在此基础上,我们对以下两个应试场景进行实例分析。

应试场景1 线下考试,规定时间,规定场所,固定时间内提交。解题过程中,如果需要,可以参阅相关的教材内容。

应试场景2 在线考试,规定时间,规定场所,固定时间点提交。考试过程中,提供电子化的知识图谱。考生在解题过程中根据需要,只能通过点击知识图谱中各个知识点,打开相对应的内容链接,参阅相应的教材资料。

在传统的教学实践中,教师根据学生做错题目的统计分析,得出年级或班级关于知识图谱中各个知识点的掌握情况,发掘学生对知识点的掌握程度和易错点的分布规律。这对教师而言,是一种很常用的统计分析手段,是对隐藏在学生群体中的一个隐性规律进行规律发现的过程。

这种只针对学生做错的题目而进行的统计分析过程,在很多时候无法挖掘出分析结果背后隐藏的规律细节。譬如,对于同一道做对的题目,两个学生的做题过程可能会有很大区别。平时学习认真基础扎实的学生,可能不用参考任何资料,通过自己的思考,毫无障碍地就得出了正确答案。而对那些基础不扎实的学生,可能需要参考知识图谱中的一些内容,才最终正确地完成了该题目的解答过程。如果只是从考试结果来看,这两个学生的学习效果是没有差距的,而实际上这两个学生对知识点的掌握,有着本质的差别。

更深一步地进行考查,如果某一道题目是围绕某一知识点而设计的,譬如,用于我们实例分析的试卷中的第5题,对应的知识点是图8-2所示知识图谱中的"磁现象"部分。对于一个基础不是很扎实的学生,他在考试中不仅需要查阅与教材中"磁现象"这一知识点相对应的公式定理,还要在消化这些公式定理的时候,参阅与知识点"电流"相对应的教材内容,然后才正确地完成了该题目的求解过程。这种更深层次的行为细节,以及这种行为细节上的溯源分析,在考试结果的统计分析中是无法体现出来的,但背后隐藏的却是学生个性化的学习效果。如果没有这些行为背景的决策依据,就无法科学有效地对教学效果进行科学的、细粒度的评估和分析。

根据上述分析,应试场景1下的考试结果分析,只能从粗粒度的角度,对教学实践进行宏观的效果评价。利用大数据技术的相关分析工具,通过对应试场景2下应试过程的行为溯源,就能很容易地实现更多隐性知识的规律挖掘和显式分析。譬如,因为要求学生在做题过程中只能参考电子化的知识图谱,这就能够通过记录个性化的点击行为和次数,对每个学生的思考过程进行溯源分析。这就有利于在教育大数据资源和大数据分析技术的支持下,以技术应用的方式,辅助践行"因材施教"的教育理念。

此外,对这种基于知识图谱导航的点击行为,系统还能通过分析点击行为背后的时序逻辑,对学生考试过程中的每一道题目进行知识掌握程度的统计分析。这种智能化的统计分析环节主要包括:(1) 每一题花费的时间统计;(2) 做题顺序有没有出现过跳跃;(3) 有没有时间进行检查,检查过程中修改了哪些题目;(4) 对解题或修改过程中参考的知识点进行统计分析等。这种电子轨迹的记录过程,就把知识图谱中每个学生掌握得不够扎实的相关学习要点清晰地揭示出来,进而帮助教师利用统计分析的方法,结合各个直接和间接知识点的点击率,分析整个年级或班级的学生群体对每个知识点的掌握程度,为后续的学生能力偏重分析、薄弱知识点发现、个性化提升方案制定等,提供科学、有效、客观的决策依据,从而实现教学效果的精准分析评估。图 8-3 是对应该实例的系统设计及应用流程图。

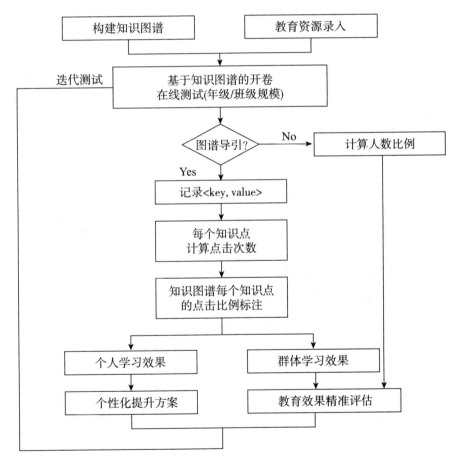

图 8-3 基于知识图谱的教育大数据隐性知识发现系统设计及应用流程图

我们在第 3 章"大数据与大数据关键技术"一章中,曾以商品的点击率为例,解析过 MapReduce 的基本原理。这里基于知识图谱的教学评估的统计过程,与通过统计商品的点击率进行精准服务推送的应用设计,在原理上非常类似。本节的应用实例,还充分体现了本书第1章中关于数据、信息和知识的内在关联逻辑,为大数据技术与现代教育实践相结合,进行技术和领域的集成创新,提供了一个参考思路。

综合上述技术应用分析,我们对教育大数据在知识图谱挖掘方面的创新路线总结如下:学习行为变数据,数据分析变信息,信息综合变知识,知识教学变智能(如图8-4所示)。

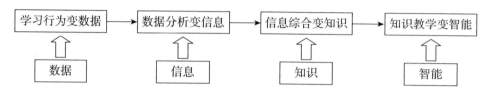

图8-4 大数据教育实践创新的应用路线图

现代社会提倡的终身学习以及各阶段义务教育人数规模的扩大,使得教育领域面临一个很大的问题,即一个教师需要面对更多的学生。这经常会导致教师在教学过程中,很难精准把握每个学生的学习状态及其兴趣偏好,以致在一定程度上可能影响了教育的质量。本节提出的应用实例,以及围绕教育大数据资源对个性化学习行为进行有效挖掘的智能技术,有助于从精准数据分析的角度,实现对学习者的能力偏重分析、薄弱知识点发现等教学实践创新。

基于知识图谱导航的学习行为溯源分析,本质上是对学习者认知过程的行为画像。这为科学有效地制定个性化的学习方案,进而践行"因材施教"的教学理念,提供了一种可行的技术手段。此外,教育大数据挖掘技术,结合数字化的行为溯源分析,从统计分析的角度,能够深度挖掘群体化的学习规律,科学评价现有教学实践的整体效果,为后续教学实践的动态优化调整提供有效的参考依据。在此基础上,相关教育部门应引导建立教育大数据综合分析的系统应用云平台,通过优质教育资源共享,全面促进教育实践创新。

本节应用案例,通过"解剖麻雀"的形式,为教育大数据在更高层面的应用创新提供了技术参考与系统原型。基于知识图谱挖掘的学习行为溯源分析,集中体现了8.3节"教育大数据应用创新的赋能方向"所提及的三个核心赋能方向,即教育云环境下支持个性化主动学习、面向个性化知识服务、基于知识流逻辑的知识增值。在此基础上,可以开发更多的数字化的现代教育服务产品。

8.5.3　知识图谱应用价值的拓展分析

我们以图8-3的应用逻辑作为知识图谱基本的应用框架,以此聚合众多学科、行业或领域共性的应用需求,进而以图8-3所示应用逻辑为导引,对知识图谱进行多维度的技术应用拓展,以促进知识图谱潜在价值的多维度释放,其中涉及的关键问题主要有:① 如何体现特定学科、行业或领域知识图谱构建的设计思路;② 如何以知识图谱为索引,有效录入并管理电子资源;③ 知识图谱内在价值的释放方向有哪些;④ 如何实现知识图谱的增值应用;⑤ 如何实现知识图谱在应用过程中的体系完善等。

围绕上述问题,我们将从知识图谱推广应用的角度,逐一讨论上述技术应用的拓展思路、具体的技术设计和实现方案,为结合特定学科、行业或领域进行个性化的应用开发奠定基础。

(1) 面向特定学科、行业或领域的知识图谱构建,需要专业、权威、完备的背景知识,设计团队需要对本学科或领域具有清晰的全局认知。在此基础上,对本学科、行业或领域所涉及的基本概念或术语,概念或术语的定义及属性,以及这些知识本体(即概念、术语、定义、属性)之间的内在关联,具有清晰明确的逻辑分解和集成思路。在知识图谱的数字化过程中,作为佐证领域发展的各种文献资料的检索以及相关的分词整理,是大数据技术发挥作用的技术环节。

(2) 在清晰认知知识图谱的组成要素及要素之间关联逻辑的基础上,以知识图谱为结构化的索引机制,根据需要辅以一些非结构化的关联技术,就可以为特定学科、行业或领域构建相对较为完备、规范、普适的知识体系。这一面向特定学科、行业或领域的知识体系,对引导学科、行业或领域的全局有序发展具有重要的应用价值,是学科、行业或领域后续创新发展、知识增值的系统平台。

(3) 数字化知识图谱的建立,从显性知识可视化的角度,对现有学科、行业或领域的知识体系进行了有序的梳理和内涵提升,是学科发展顶层设计、行业标准规范制定、领域知识规范管理等方面的参考依据。在此基础上,知识图谱的建立,还有助于对存在于经验、思考、推理等环节中的隐形知识,进行有效的知识挖掘和系统的可视化表示。如本章实例中的考试测验环节,就是遇到问题、解决问题的过程。基于特定学科或领域数字化知识图谱引导的行为溯源,体现的是经验思考和知识应用的过程。根据问题最终的正确答案,就可以从形式化和可视化的角度,再现答案产生的思考逻辑和知识应用路径,这就从隐性知识显性化的角度实现了对现有知识体系的增值应用。

(4) 知识图谱的构建,等价于构造了一个可供特定学科或行业领域使用的知识字典,该字典为特定学科、行业或领域提供了系统完备的知识点参考。通过对基于知识图谱引导的问题思考和求解过程进行数字化的行为溯源,就可以对其中蕴含的个性化的隐性知识的应用过程,从形式化关联的角度,再现其内在的知识应用逻辑。这种基于多源知识点的专家经验的形式化过程,为解决后续类似问题提供了可供参考的技术求解思路,是知识图谱应用环节的价值体现。经过多轮次专家经验的验证和优化,就可以从知识增值的角度,结合知识图谱的综合使用,实现某些方面的应用创新。而人类文明的发展已经证明,应用创新的过程,必将为现有的知识图谱增添新的认知成果,进而实现知识体系的改进与完善。这也是基于知识图谱,从继承创新到原始创新不断迭代的知识应用过程。

上述几方面的应用拓展,分别对应教育大数据的可视化整理、教育大数据的体系化构建、教育大数据的导引式研判、教育大数据的迭代式扩容。知识图谱这种从点到线、从线到面、从面到体的内涵梳理和内容演化的大数据思维模式,从不同维度上体现了知识图谱的价值释放过程(如图 8－5 所示),是教育大数据领域需要重点关注的研究主题。

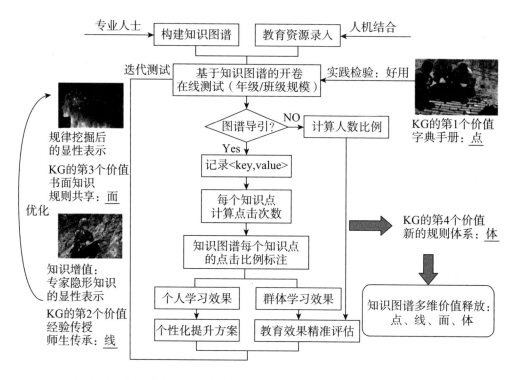

图 8－5　知识图谱从点到线、从线到面、从面到体的内涵梳理和内容演化

8.6　本章小结

本章立足于教育大数据应用创新,从教育大数据的社会发展背景出发,对教育大数据应用创新的技术土壤进行了细节分析。同时,结合教育大数据的云端技术,详细探讨了教育大数据应用创新赋能方向,并对教育大数据应用创新的关键问题与创新方向进行了提炼与总结。最后,结合具体的应用实例分析,研究了教育大数据

中基于知识图谱导引的隐性知识发现技术,为相关方向的教育大数据应用创新提供了应用参考。

附录：图论基本知识

1. 图的概念及定义

图论是离散数学的一个分支,它以"图"为主要的研究对象。图论所研究的对象"图",是指两类离散事物的集合以及这两个集合事物之间相互关联的数学模型。在一个图中,用点表示具体事物,用连线表示一对事物之间的联系。

定义 1　图:一个图 $G = < V, E >$ 由顶点的非空集 V 和边的集合 E 构成,每条边有一个或两个顶点与它相连,这样的顶点称为边的端点。

拓展说明:

(1) 顶点数称作图的阶, n 个顶点的图称为 n 阶图。

(2) 一条边也没有的图称为零图, n 阶零图记作 N_n。1 阶零图 N_1 称为平凡图,平凡图只有一个顶点,没有边。

(3) 定义 1 中,如果连接顶点的边为有方向的边,则称此图为有向图,否则称为无向图。

(4) 在图的定义中,规定顶点集 V 为非空集,但在图的运算中可能产生顶点集为空集的运算结果,为此规定顶点集为空集的图为空图,并将空图记为 $\emptyset$。

(5) 设 $G = < V, E >$ 为无向图, $e_k = < v_i, v_j > \in E$,称 v_i, v_j 为 e_k 的端点, e_k 与 $v_i(v_j)$ 关联。若 $v_i \neq v_j$,则称 e_k 与 $v_i(v_j)$ 的关联次数为 1;若 $v_i = v_j$,则称 e_k 与 v_i 的关联次数为 2,并称 e_k 为环。如果顶点 v_i 不与边 e_k 关联,则称 e_k 与 v_i 的关联次数为 0。

(6) 设 $D = < V, E >$ 为有向图, $e_k = < v_i, v_j > \in E$,称 v_i, v_j 为 e_k 的端点, v_i 为 e_k 的始点, v_j 为 e_k 的终点,并称 e_k 与 $v_i(v_j)$ 关联。若 $v_i = v_j$,则称 e_k 为 D 中的环。

(7) 设 $G = < V, E >$ 为无向图, $\forall v \in V$,则称 v 作为边的端点的次数之和为 v 的度数,简称为度,记作 $d_G(v)$。在不发生混淆时,略去下标 G ,简记为 $d(v)$。

(8) 称度数为 1 的顶点为悬挂顶点,与它关联的边称为悬挂边。度为偶数(奇数)的顶点称为偶度(奇度)顶点。设 $D = < V, E >$ 为有向图, $\forall v \in V$,称 v 作为边的始点的次数之和为 v 的出度,记作 $d_D^-(v)$,简记作 $d^-(v)$。称 v 作为边的终点的次数之和为 v 的入度,记作 $d_D^+(v)$,简记作 $d^+(v)$。称 $d^-(v) + d_D^+(v)$ 为 v 的度数,记作 $d_D(v)$,简记作 $d(v)$。

2. 图的一些基本性质

性质 1　在任何无向图中,所有顶点的度数之和等于边数的 2 倍。

性质2　在任何有向图中,所有顶点的度数之和等于边数的2倍,所有顶点的入度之和等于所有顶点的出度之和,都等于边数。

性质3　非负整数列 $d = (d_1, d_2, \cdots, d_n)$ 是可图化的,当且仅当 $\sum\limits_{i=1}^{n} d_i$ 为偶数。

性质4　设 G 为任意含有 n 个顶点的无向简单图,则 G 的最大度 $\triangle(G) \leq n - 1$。

3. 图的表现形式

（1）图的矩阵表示形式。

邻接矩阵:设图 $G = <V, E>$, $V = \{v_1, v_2, \cdots, v_n\}$,令 a_{ij} 为顶点 v_i 邻接到顶点 v_j 边的条数,称 $(a_{ij})_{n \times n}$ 为 G 的邻接矩阵,记作 $A(G)$。

关联矩阵:设图 $G = <V, E>$, $V = \{v_1, v_2, \cdots, v_n\}$, $E = \{e_1, e_2, \cdots, e_m\}$,令 m_{ij} 为顶点 v_i 和 v_j 的关联次数,则称 $(m_{ij})_{n \times m}$ 为 G 的关联矩阵,记作 $M(G)$。

（2）图的邻接表表示。

对于图的每个顶点 v ,在表中列出所有从该顶点出发可以到达的顶点。它给出了与图中每个顶点相邻的顶点。

4. 图的实例表示与说明

通常用图形来表示无向图和有向图,用小圆圈（或实心点）表示顶点,用顶点之间的连线表示无向边,用带箭头的连线表示有向边。

（1）无向图的表示实例。

图 8 - 6 表示一个无向图 G ,其顶点集 $V = \{v_1, v_2, v_3, v_4\}$,边集 $E = \{e_1, e_2, e_3, e_4, e_5, e_6\}$ 。这里, $e_3 = <v_3, v_3>$,则 e_3 与 v_3 的关联度为2,称 e_3 为 G 的环。四个顶点的度数依次为 $d(v_1) = 3$, $d(v_2) = 2$, $d(v_3) = 4$（注意:环提供2度）, $d(v_4) = 3$ 。可以看出, v_1, v_4 是奇度顶点, v_2, v_3 是偶度顶点。由于该图具有4个顶点,因此这是一个4阶图。

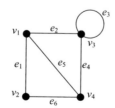

图 8 - 6　一个无向图 G

对应图 8 - 6 所示无向图 G 的邻接矩阵表示如下:

$$\begin{pmatrix} 0 & 1 & 1 & 1 \\ 1 & 0 & 0 & 1 \\ 1 & 0 & 1 & 1 \\ 1 & 1 & 1 & 0 \end{pmatrix}$$

对应图 8-6 所示无向图 G 的关联矩阵表示如下：

$$\begin{pmatrix} 1 & 1 & 0 & 0 & 1 & 0 \\ 1 & 0 & 0 & 0 & 0 & 1 \\ 0 & 1 & 2 & 1 & 0 & 0 \\ 0 & 0 & 0 & 1 & 1 & 1 \end{pmatrix}$$

对应图 8-6 所示无向图 G 的邻接表如表 8-1 所示：

表 8-1　对应图 8-6 所示无向图 G 的邻接表表示

顶点	相邻顶点
v_1	v_2, v_3, v_4
v_2	v_1, v_4
v_3	v_1, v_3, v_4
v_4	v_1, v_2, v_3

（2）有向图的表示实例。

图 8-7 展示了一个有向图 D，其顶点集 $V=\{v_1, v_2, v_3\}$，边集 $E=\{e_1, e_2, e_3, e_4\}$。这里，$e_3 = <v_3, v_3>$，则 v_3 既是 e_3 的起点也是终点，称 e_3 为 D 的环。三个顶点的出度依次为 $d^-(v_1)=2, d^-(v_2)=1, d^-(v_3)=1$；三个顶点的入度依次为 $d^+(v_1)=0, d^+(v_2)=1, d^+(v_3)=3$。则可以计算出度数为 $d(v_1)=2, d(v_2)=2, d(v_3)=4$，均为偶度顶点。由于图中有 3 个顶点，因此这是一个 3 阶图。

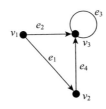

图 8-7　一个有向图 D

对应图 8-7 所示有向图 D 的邻接矩阵表示如下：

$$\begin{pmatrix} 0 & 1 & 1 \\ 0 & 0 & 1 \\ 0 & 0 & 1 \end{pmatrix}$$

对应图 8-7 所示有向图 D 的关联矩阵表示如下：

$$\begin{pmatrix} 1 & 1 & 0 & 0 \\ 1 & 0 & 0 & 1 \\ 0 & 1 & 2 & 1 \end{pmatrix}$$

对应图 8-7 所示有向图 D 的邻接表表示如下：

表 8-2　对应图 8-7 所示有向图 D 的邻接表表示

顶点	相邻顶点
v_1	v_2, v_3
v_2	v_3
v_3	v_3

下篇
大数据应用创新拓展

本篇拟从应用拓展的角度,重点研讨大数据技术在网络行为分析和交通智能研判方面的应用创新。本书中篇的四章内容,主要关注细粒度应用层次的深度挖掘,从领域特点分析、核心问题提炼、技术路线规律、系统架构研发等角度,探讨大数据技术在教育领域的应用创新;本书下篇的两章内容,则从中粒度的角度,结合社交媒体大数据应用创新中的行为模式识别、交通大数据应用创新中的交通智能研判,为用户提供典型应用领域的技术创新思路。

本篇探讨两个典型领域的大数据应用创新,关注特定领域较为宏观的关键问题分析和相应技术解决方案的设计。第9章在对社交媒体各种形式的热点大数据应用模式进行特征归纳的基础上,提炼了社交媒体大数据跨域行为模式识别面临的关键科学问题,构建了社交媒体大数据跨域行为模式识别的应用创新体系以及对应的技术体系,并结合两个行业应用案例,对社交媒体中数字行为轨迹的模式识别进行了应用分析。第10章通过分析与归纳交通大数据应用创新的热点研究方向,提炼了交通大数据应用创新的核心技术,进而从交通大数据应用创新、内涵突破的角度,提出了一个基于群智协同与多要素融合的智能交通指挥系统设计方案,并结合交通大数据智能研判的典型案例,对交通领域的智能模式应用创新进行了技术分析。

本篇两章内容与中篇四章内容,既见树木,又见森林,从不同的应用层面,为大数据技术的行业应用与技术实施提供个性化的设计理念与研发思路,从而为大数据技术在不同行业、不同领域的应用创新,提供可供参考的应用架构与技术方案。

第9章 社交媒体大数据技术分析与应用创新

9.1 社交媒体大数据应用背景分析

行为模式是个体或群体的活动规律或社群组织的形式化描述,主要体现为自然本能的行为模式和社会规约的行为模式两大类型。从理论上而言,人类的行为模式大都是动机性行为,即行为总是围绕所追求的内在意愿而进行的。一种没有得到满足的需要是行为的起点,是引起行为的初始动机。针对行为内在的心理驱动性,行为学家、社会学家和生物学家认为,行为活动从未满足的需求开始,以需求得到满足而结束,这是人类行为的基本模式。

这种目标驱动的行为模式集中体现出以下几种活动特征:一是自发性,环境影响行为,但不是行为的原始触发要素;二是因果性,任何一种行为都行之有因,并且会产生相应的行为结果;三是目的性,行为不是盲目的,总是指向一定的目标;四是持久性,在目标没有达到以前,行为不会终止;五是可塑性,经过长期的学习和训练,行为模式会形成下意识的条件反射。因此,个体以及由个体组成的社群组织,天然地具有自然属性和社会属性两种基本属性。个体天生的人格特质和习惯性的行为规律,集中体现了其自然属性。在命令性法律规范以及禁止性法律规范约束下的行为活动,集中体现了个体和群体的社会属性。个体成员之间因为互动而形成的相对稳定的社会关系,构成了基于社群组织的社会网络。

社会发展的历史阶段往往会决定社会网络外在的表现形式和内在的行为规律。随着通信与互联网技术的不断发展,以及人际沟通和交流手段的不断丰富与完善,社交活动网络化、时空交互虚拟化、主题内容碎片化、信息传播数字化、通信手段多样化等,越来越成为现代社交网络的突出特征。社交平台和工具方面,早在2018年8月20日中国互联网络信息中心发布的第42次《中国互联网络发展状况统计报告》中,就明确指出我国网民规模已经突破8亿。社交平台和工具方面,微信、QQ、微博等使用率快速增长,而快手、抖音等社交APP的用户也数以亿计。与此类似,全球最受欢迎的社交软件Facebook,其2018年度财报显示,其日活跃用户约为15.2亿人,月活跃用户更是高达23.2亿人。

这种社会行为模式数字化的转变过程，使得各类社交媒体平台成为行为大数据的主要集散地，是科学分析、模拟、预判大规模社群活动行为规律和行为模式，进而构建良好的新型生产关系、维护社会有序发展的主要数据来源和研判决策依据。

早在 2011 年 6 月，全球知名咨询公司麦肯锡（McKinsey）就发表了一份关于大数据的研究报告，题为"Big Data：The Next Frontier for Innovation，Competition，and Productivity"，指出"大数据时代已经到来"。① 2012 年，多位知名数据管理专家联合发布了一份白皮书"Challenges and Opportunities with Big Data：A Community White Paper Developed by Leading Researchers Across the United States"，提出了大数据所面临的若干挑战。② 2012 年 1 月的达沃斯世界经济论坛，特别针对大数据发布了研究报告"Big Data，Big Impact：New Possibilities for International Development"，探讨如何在新的数据产生方式下，更好地利用大数据产生良好的社会效益。2012 年 3 月，美国政府启动"Big Data Research and Development Initiative"计划，宣布将投入 2 亿美元用于大数据的研究，致力于提高从大型复杂数据集中提取知识和观点的能力，这标志着大数据应用已经成为国家层面上的发展战略。同年 5 月，联合国"Global Pulse"的倡议项目也发布了专题报告"Big Data for Development：Challenges & Opportunities"，阐述大数据时代各国特别是发展中国家面临的机遇与挑战。2012 年 3 月，我国科技部发布《"十二五"国家科技计划信息技术领域 2013 年度备选项目征集指南》，将大数据研究列在首位。2014 年 3 月，大数据首次被写入中国政府工作报告。2015 年 8 月 31 日，国务院印发《促进大数据发展行动纲要》，为我国大数据产业的行动指南。2016 年 3 月 16 日，十二届全国人大四次会议正式提出，把大数据作为基础性战略资源，实施国家大数据战略。2017 年 9 月 28 日，我国首部互联网治理蓝皮书《中国网络社会治理研究报告》发布，明确提出互联网环境下的大数据已经成为治理国家的重要资源。2017 年 12 月 8 日，习近平总书记在中共中央政治局第二次集体学习时，更是强调指出国家大数据战略的重要性。

大数据中隐藏着巨大的经济、科学、社会及军事价值。随着大数据的应用发展，实验科学、理论科学、计算科学正逐渐走向数据科学，大数据已经渗透到社会生活的各个方面。尤其是随着人工智能技术的应用，大数据已经成为支撑人工智能发展的重要资源。2017 年，国务院印发《新一代人工智能发展规划》（国发〔2017〕35 号），

① Manyika James，Chui Michael，Brown Brad，Bughin Jacques，Dobbs Richard，Roxburgh Charles，Byers Angela Hung. Big data：The Next Frontier for Innovation，Competition，and Productivity[J]. Analytics，2011.

② Computing Community Consortium，Computing Research Association. Challenges and Opportunities with Big Data：A Community White Paper Developed by Leading Researchers Across the United States[R]. White Paper. February，2012.

大数据智能理论被列在人工智能基础理论首位。2018年10月31日,习近平总书记在中共中央政治局第九次集体学习时强调人工智能同社会治理结合,以加强政务信息资源整合和公共需求精准预测。

在社会网络环境中,人们活动的动机和目的必然会或多或少地在物质和非物质层面上留下痕迹,这是不以人的意志为转移的客观规律。随着移动社交媒体工具的普及应用,工作和生活在通信网、互联网、传感网等数字化环境和移动环境下的个人或群体,会留下越来越多的电子化痕迹。2019年1月25日,习近平总书记在中共中央政治局第十二次集体学习时强调,要因势而谋,推动媒体融合发展。社交媒体平台上的行为大数据,为理解并形式化人类的行为模式,提供了丰富的数字化依据。基于社交媒体大数据,感知、预测、预警个体、社群以及社会网络运行的重大态势,进而主动决策反应,将显著提高社会治理的能力和水平。但大数据内在的价值稀疏化特点,使得社交媒体大数据跨域行为模式的识别和分析处理面临严峻的应用挑战。因此,社交媒体大数据跨域行为模式的识别和分析处理,需求导向、问题导向和目标导向鲜明,具有重要的研究价值和社会意义。

9.2　社交媒体大数据行为模式识别的热点研究方向

社会群体行为大数据的分析与处理,直接影响到社会管理的创新方向和国家政策方针的制定。一些关乎国计民生的重大应用需求,如社会公共安全、全球合作反恐、国民经济调控、精准数字化服务推送等,都离不开领域大数据(如商业大数据、公安大数据、旅游大数据、交通大数据、刑侦大数据等)的融合分析与综合研判。早在2009年2月,十余位来自社会科学、物理学、信息学等领域的学者,就联合在期刊 *Science* 上撰文,提出了计算社会学的研究主题①,认为通过分析社会网络的广泛性和多样性,发掘互联网环境下的社群行为模式和组织规律,社会意义重大。随着社交媒体平台的普及,对社会网络的行为模式和内在的演变规律进行模拟分析和态势研判,已经成为全球范围内专家学者和政府职能部门高度关注的热点话题。最近几年,基于社交媒体大数据挖掘,行为模式分析与识别方面的研究工作主要集中在以下几个方面。

1. 基于场景语义的行为模式识别

人的行为会因所处场景的不同而产生不同的表现形式。为了对大数据中隐含的行为模式进行有效的挖掘,需要借鉴人脑处理类似问题的思维过程,对场景进行

---

① Lazer D,Pentland A,Adamic L,et al. Computational Social Science[J]. Science,2009,323(5915):721—723.

特征分类和语义判断。然后结合不同的场景,对大数据中的行为模式进行识别与分析,从语义分析的角度提炼各种行为模式。现有的研究工作重点关注语义行为模式挖掘方法、实时人体行为模式识别、特定场景下的用户行为特征分析、智能场景的分析与构造等研究主题。如通过行为语义的频度分析,研究基于场景建模的行为模式相似性度量方法,然后采取层次聚类的形式,挖掘出具有相似行为模式的群体。进而围绕不同场景下的轨迹大数据,利用多源大数据融合技术,提高行为模式挖掘结果的准确性。①

2. 异常行为预测与演化分析

跟踪社会网络中个人和社群的行为特征,通过行为演化分析,实时解读社会网络的活动态势,对社会网络环境下进行群体行为的态势分析,意义重大。因此,基于网络社群活动演化分析的异常行为分析,是社会网络研究领域中的一个重要研究主题。现有的研究工作,重点关注社会网络的演化模型以及特定场景驱动的行为演化模式预测等研究主题,如动态信息传播模型分析、社交媒体网络中最大化影响力问题探讨、社交网络中的僵尸用户挖掘研究等。例如,有学者着重研究社交媒体网络中最大化影响力问题,提出了相应的近似算法辅助进行求解。②也有学者侧重挖掘社交网络中的僵尸用户,研究僵尸用户如何影响普通用户之间的行为交互模式,并通过挖掘用户的通信行为模式,进而预测特定事件的发生概率等。③

3. 基于社会计算理论的行为模式识别与演化分析

社团结构及其动态调整,是社会网络中观察网络演化情况的基础环境。从“同构社会网络”和“异构社会网络”两个方面,研究多源异质信息融合在社区挖掘中的技术应用,以及网络舆情大数据研判等主题,是目前网络行为大数据研究的热点话题之一。而基于社会计算理论,有关社会网络中角色识别以及节点影响力方面的研究,也受到了广泛关注。例如,有学者针对社会网络中的信息交流,对网络舆情数据进行了可视化分析研究。④也有学者结合犯罪学领域基础知识,基于社会网络拓扑频繁变化的时序特征,提出了一种基于源点的谣言识别方法。⑤

① 章志刚,金澈清,王晓玲,等. 面向海量低质手机轨迹数据的重要位置发现[J]. 软件学报,2016,27(7):1700-1714.

② Yang Wenguo, Yuan Jing, Wu Weili, et al. Maximizing Activity Profit in Social Networks[J]. IEEE Transactions on Computational Social Systems, 2019, doi:10.1109/TCSS.2019.2891582.

③ Jinxue Zhang, Rui Zhang, Yanchao Zhang, et al. The Rise of Social Botnets: Attacks and Countermeasures[J]. IEEE Transactions on Dependable & Secure Computing, 2018, 15(6):1068-1082.

④ 郝亚洲,郑庆华,陈艳平,等. 面向网络舆情数据的异常行为识别[J]. 计算机研究与发展, 2016, 53(3):611-620.

⑤ Jiaojiao Jiang, Sheng Wen, Shui Yu, et al. Rumor Source Identification in Social Networks with Time-Varying Topology[J]. IEEE Transactions on Dependable and Secure Computing, 2018, 15(1):166-179.

4. 基于关联规则的行为模式识别与演化分析

为了提高计算机在行为模式识别方面的学习能力,模拟生物神经的人工神经元网络在基于关联规则的行为模式识别领域中得到了应用。目前,基于关联规则的群体行为模式识别,重点关注隐式行为决策规则挖掘、行为的传播影响规则挖掘、时空行为规则挖掘等研究主题。这方面的研究工作,有些不是针对社会网络特有的行为模式,但其研究成果对互联网环境下社群规律的挖掘和验证具有重要的借鉴和参考价值。如在计算机安全领域,利用序列关联算法和面向层级化网络的动态传播模型,就能从时间和空间的角度,对感染计算机病毒的数据日志进行综合分析;根据计算出的病毒感染行为模式的序列关联规则,提出相应的信息安全管理机制,以降低后续计算机终端感染病毒的再发概率。[①]

5. 基于跨领域大数据融合的行为模式识别与演化分析

围绕社会网络环境下基于跨领域大数据融合的行为模式识别与预测,现有的相关研究工作重点关注大数据行为特征挖掘算法、基于行为相似性的大数据推荐预测、大数据融合中数据属性替补算法等研究主题。例如,有文献研究微博自媒体账号发布行为的规律性以及话题的分布特性,进而通过有监督学习的方法,识别自媒体账号在突发重大事件中的影响力。[②] 有文献基于用户行为和用户特征,动态选择具有较高行为相似性的候选人群,然后通过基于邻居选取策略的人群定向算法,筛选潜在的目标人群,进行后端的商业决策。[③] 有文献针对影响力最大化问题,通过数据融合分析,对社会网络中的节点影响力进行分析研究。[④] 还有文献针对社交媒体网络中的恶意事件传播,提出了一种多维数据回归模型,用于降低源头追溯的难度等。[⑤]

9.3　社交媒体大数据应用创新:以跨域行为模式识别为例

9.3.1　社交媒体大数据跨域行为模式识别面临的科学问题

随着全球社会一体化的发展,互联网环境下的社交媒体平台得到了全面的应用普及。结合国内外社交媒体大数据行为模式挖掘与识别的研究现状、发展动态以及面临的理论与技术挑战,有针对性地开展相关理论与技术方面的研究工作,具有重

① Tianbo Wang, Chunhe Xia, Zhong Li, et al. The Spatial-Temporal Perspective: The Study of the Propagation of Modern Social Worms[J]. IEEE Transactions on Information Forensics and Security, 2017, 12(11): 2558－2573.

② 刘金宝,盛达魁,张铭. 微博自媒体账号识别研究[J]. 计算机研究与发展, 2015, 52(11): 2527－2534.

③ 周孟,朱福喜. 基于邻居选取策略的人群定向算法[J]. 计算机研究与发展, 2017, 54(7): 1465－1476.

④ 马茜,马军. 在影响力最大化问题中寻找种子节点的替补节点[J]. 计算机学报, 2017, 40(3): 674－686.

⑤ Zhiwen Yu, Fei Yi, Qin Lv, et al. Identifying On-Site Users for Social Events: Mobility, Content, and Social Relationship[J]. IEEE Transactions on Mobile Computing, 2018, 17(9): 2055－2068.

要的理论与应用价值。研究成果与特定场合的应用需求相结合,如现代零售业的精准服务推送、公共安全领域舆情监控等领域应用,更能凸显研究成果的普适价值。

基于社交媒体大数据挖掘的行为模式识别的研究工作,涉及场景语义理解、群智协同挖掘、预警机制研发等基于大数据分析的行为模式识别与分析处理。行为大数据的模式识别,本质上是一个综合利用行为大数据资源,对社会活动的行为模式及其衍变进行群智分析的过程。在行为数据的全面性、行为感知的时效性与行为目标的关联性等方面,需要结合人工智能方面的理论技术,才能科学有效地进行基于数据融合的行为模式识别与分析处理,进而科学有效地反映行为规律及其发展态势。因此,大数据智能理论成为人工智能应用的重要基础理论之一。

人脑作为最高端的智能系统,在遇到新的问题或新的现象时,经常能够举一反三,实现视觉、听觉、语言、学习、推理、决策等方面的综合应用。在人类大脑中,感知与推理这两种思维模式经常无缝衔接,甚至可以同时进行。但是,最新研究成果明确提出如今的 AI 系统还无法实现这种应用效果,目前的机器学习系统在感知与推理上往往互不兼容。[①] 此外,传统的机器学习算法,大都要求数据分布稳定、样本类别固定、样本属性恒定、评价目标确定,这种封闭静态环境下的应用场景逐渐受到移动互联网环境下数据分布偏移、样本类别可增、样本属性衍变、评价目标模糊等开放动态环境所带来的一系列应用挑战,尤其是采样信息不充分、标记信息不充分、关系信息不充分、目标分类不充分等应用环节带来的理论与技术挑战。这一切都需要跨域大数据的深度融合与协同研判技术。

社交媒体大数据跨域行为模式识别方面的应用创新,主要涉及行为模式数字化分析的基础理论、个体行为模式识别、群体行为规律挖掘以及典型场景实证分析等相关环节。结合行为模式的自然属性和社会属性分析,从跨域行为描述、活动规律验证、行为预测发展、预警研判决策等角度,提高行为模式的可描述性、可理解性、可解释性和可预估性,是社交媒体大数据跨域行为模式识别的关键目标。分布在媒体平台上行为碎片之间的强相关、弱相关或隐相关等关联语义,是行为模式解析的前提条件。互联网社交环境下的行为模式识别,是一个典型的跨域协同的大数据应用场景。

社交媒体大数据跨域行为模式识别面临的科学问题,集中体现在"域"的界定以及在松耦合、弱相关的跨"域"过程中,如何实现数字化行为模式的识别和发掘在感知与推理两个层面的并行处理。"域"的概念(在我们的研究中也称为"界"),集中体现为社交方式、数据类型、媒体平台等特定的活动场景。跨"域"行为模式的识别与分析

---

① Wangzhou Dai, Qiuling Xu, Yang Yu, et al. Tunneling Neural Perception and Logic Reasoning through Abductive Learning [J]. arXiv, 2018 (preprint arXiv:1802.01173, https://arxiv.org/pdf/1802.01173.pdf).

处理,主要面临以下三个科学问题。

(1)"时空失序"的问题。跨社交方式的行为模式识别与解析,在逻辑上需要对碎片化的数字活动进行科学的行为整合。行为逻辑上,对数字化的行为碎片进行时空组合时,经常缺少场景之间的语义关联。这种"时空失序"的问题,严重弱化或降低了行为碎片组合分析时在影响范围、轨迹模拟、路径演变、规律揭示等方面的可解释性。

(2)"多源失控"的问题。跨数据类型的行为模式挖掘与解析,需要对异构大数据资源进行有效的数据融合。社交媒体平台下的大数据资源,在行为解析时维度复杂,源头多样,结构化和非结构化数据并存。这种"多源失控"的问题,导致行为数据源之间的信息孤岛现象突出,严重影响行为语义解析的敏捷性和智能化程度。

(3)"协同失调"的问题。对跨媒体平台的社群行为进行态势分析时,需要通过跨平台虚拟化聚合的方式,对分布式场景下的行为碎片进行活动组合与协同研判。针对跨媒体平台的社群行为规律演化及其全局行为态势解析,平台之间经常缺乏有效的协同研判手段。这种"协同失调"的问题,在很大程度上弱化或降低了跨域行为模式的深度解析和演化理解。

上述三个科学问题内在的应用关联如图 9-1 所示。针对上述问题分析,"一个特点、两个属性、三个问题、四个要素"是社交媒体大数据行为模式识别与分析面临的科学问题的主要环节。一个特点,即跨域的应用特点;两个属性,即人和社群的自然属性和社会属性;三个问题,即时空失序、多源失控、协同失调的应用问题;四个要素,即个体用户、网络社群、社交平台、媒体大数据资源。

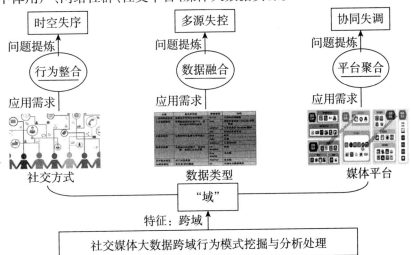

图 9-1 社交媒体大数据行为模式识别与分析面临的科学问题

9.3.2 社交媒体大数据跨域行为模式识别的应用创新体系

1. 支持社交媒体大数据跨域行为模式识别与分析的基础理论

爱因斯坦曾经说过:"如果没有界定范畴和一般概念,思考就像在真空中呼吸,是不可能的。"个人和群体的行为模式内在的规律性,反映了人的自然属性和社会属性。社交媒体大数据包含了大量离散的行为轨迹数据,是各种行为模式离散化存在的基础环境。但是,社交媒体大数据固有的稀疏性,使得描述行为模式规律性活动的各种电子化数据,碎片化地分布在社交媒体的各种应用环节中。为了全面分析和验证行为模式的规律性,需要一套理论上的集成框架。为此,从跨域行为模式识别与分析的基础理论出发,对社交媒体大数据蕴含的行为模式进行规律性研究,在理论层面上支持跨域行为模式的识别与解析应用,是支持社交媒体大数据跨域行为模式识别与分析的基础理论研究面临的核心内容。

支持社交媒体大数据跨域行为模式识别与分析的基础理论,其创新内容集中体现在以下几个方面。

(1)跨社交平台环境下热点话题的行为敏感度分析理论。重点分析人和话题之间的兴趣关联,不仅需要重点研究个人和社群关注的敏感要素,而且要从因果性和持久性的角度,研究敏感要素在响应程度、话题演变、传播路径、影响范围、时效分析等跨社交平台的时空整合规律。

(2)跨社交平台环境下虚拟社群的核心价值观评价理论。重点从个人和社群的自然属性和社会属性出发,需要研究如何利用特征提取和统计分析的方法,挖掘其行为活动内在的核心价值观,并从目的性和可塑性等方面,对其行为的核心价值观进行研判分析。

(3)跨社交平台环境下虚拟社群动态聚合理论。结合个人和社群的核心价值观评价理论,需要重点研究跨社交平台环境下虚拟社群动态聚合内在的时空耦合规律,进而从社群成员间的耦合度出发,研究社群成员动态组合的自发性演变规律。

(4)社交媒体大数据跨域行为模式的协同研判理论。应从数据融合、行为整合、平台聚合的多维集成角度,重点研究跨域行为的过程建模理论,并基于数据、过程、平台之间的协同研判,整合跨域行为模式的解析理论。

2. 支持社交媒体大数据跨域挖掘与分析的个体行为模式识别方法

个体行为既遵循一般的行为规则,又有着个性化的行为体现。社交媒体平台下,既需要对泛化的个体行为模式进行规律性提炼,还需要重点揭示个体行为其个性化的表现形式。个性化的特征表现、兴趣目标、时空逻辑等活动信息,离散化和碎片化特征突出。因此,需要围绕个性化活动路径,进行不同的时空转换和场景叠加,才能揭示其背后个性化的行为逻辑,进而提炼出有意义的个性化特征表达和行为参数。此外,个性化的行为习惯,往往伴随特定的行为心理和情绪表达。为了更有效地对个性化行为模式进行在线识别和研判,还需要从个体行为活动的上下文场景中,有效挖掘个体行为背后的心理和情绪变化,进而更好地对个体行为模式进行精准解释。

支持社交媒体大数据跨域挖掘与分析的个体行为模式识别方法,其创新内容集中体现在以下几个方面。

(1) 支持社交媒体大数据跨域挖掘的个体情绪研判和情感趋势研究。重点从敏感词分析、话题响应频率、数字表情、语义符号、上下文情感分析等角度,对社交媒体大数据进行跨域主题挖掘,重点解读和研判用户的在线情绪,并通过跨域协同的方式,分析验证其性格特质。

(2) 支持社交媒体大数据挖掘的个体时空行为轨迹建模研究。从虚拟空间融合以及耦合关系(松耦合、紧耦合、隐耦合)的角度,重点研究跨域的数字活动链建模方法,并结合个体的情绪感知与态势研判,对后续可能的行为发展进行定性和定量的模型演化预测分析。

(3) 支持社交媒体大数据挖掘的个体行为的社群影响力研究。从统计学的角度,重点研究个体在各种社交平台上的发言活跃度、社交平台虚拟角色定位、热度贡献指数、交友频率、朋友圈数量等社会要素,进而综合分析并评估其社群影响力指数和社群影响范围。

(4) 支持社交媒体大数据挖掘的个体行为模式特征索引技术研究。主要结合个体情绪研判、情感趋势分析、社群影响力评估、兴趣话题挖掘、人格特质分类等要素,重点研究支持跨域个体行为模式挖掘的特征索引技术。

3. 支持社交媒体大数据跨域融合的社群行为模式识别方法

现代社会的开放性使得人的社会属性越来越突出。为了挖掘和识别完整的社群行为模式,需要结合各种社交方式,从兴趣关联和主题一致的角度,对社交媒体大数据进行跨域融合分析。兴趣和主题驱动的跨平台行为模式识别,需要多维度地整合社群发展的行为要素,为虚拟社群挖掘、社群行为模式演化、社群价值观提取、社群异常行为分析等应用环节提供解释证据和验证手段。为了实现这一应用目标,鉴于社群内部个体之间强相关、弱相关或隐相关等关联语义并存,尤其需要支持时空整合、数据融合、平台聚合的技术手段,如敏感词在线智能标记大数据统计算法、基于态势感知和群体行为目标推演的群智演化算法、异常行为预警的在线监测与研判方法等支持跨域行为模式分析与解析的方法和技术手段。

支持社交媒体大数据跨域融合的社群行为模式识别方法,其创新内容集中体现在以下几个方面。

(1) 支持社交媒体大数据跨域融合的网络社群行为目标推演方法。社群影响力强的个体用户的情绪状态,在很大程度上会影响群体行为的态势发展,因此可以重点研究基于多源头态势感知的群体行为演化范式和基于小世界模型的目标推演方法。

(2) 支持社交媒体大数据跨域融合的社群行为敏感词在线智能标记算法。社群行为的核心价值观,往往体现为一些具体的主题词或特征类。因此,可以重点研究社群行为敏感词在线智能标记算法,从大数据语义统计的角度,对社群行为进行主题分类与归属标记。

(3) 支持社交媒体大数据跨域融合的网络社群挖掘方法。网络社群组织的发起和解散,具有很强的动态性。因此,可以重点研究社群成员之间基于行为耦合关系的组织属性,如主题、目标、兴趣、性格等,提出一套基于社交媒体大数据跨域融合的网络社群挖掘方法。

(4) 支持社交媒体大数据跨域融合的网络社群异常行为分析方法。社群行为模式的跨域特点,弱化了行为模式规律性的显性表示。因此,可以重点研究行为模式跨社交平台的在线异常行为监测与推演研判技术,从跨域行为大数据融合的角度,提出相应的识别与预警方法。

基于上述分析,社交媒体大数据跨域行为模式识别的应用创新体系如图 9 - 2 所示。

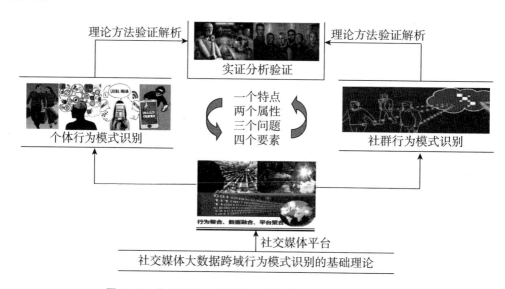

图 9 - 2　社交媒体大数据跨域行为模式识别集成创新示意

9.3.3　社交媒体大数据跨域行为模式识别的应用创新指标分析

社交媒体大数据跨域行为模式识别的应用创新指标,集中体现为"一个特点、两个属性、三个问题、四个要素"。即针对跨"域"这一特定应用场景,验证基于时空整合、数据融合和平台聚合的行为模式解析能力;围绕两个属性,即个人和社群的自然属性和社会属性,验证规则对行为模式的解释能力;结合三个问题,验证理论的正确性、普适性以及方法的有效性和针对性;利用四个要素,从个人、群体、平台、数据等不同的维度和尺度,验证行为模式解析方法的时效性和准确性。这个过程涉及实证场景、滚动优化、反馈矫正、统计分析等验证手段。创新应用验证的指标体系主要包括以下内容。

1. 理论层面

能否完备精准地解析网络社群的组织和行为规律,验证所提理论在社交媒体大数据跨域行为模式识别与解析方面的正确性和普适性。

2. 方法层面

跨域识别和提取社交媒体大数据中的行为要素,验证所提方法在社交媒体大数据跨域行为模式识别应用方面的有效性和针对性。

3. 应用层面

结合诸如现代零售业中的精准服务推送或公共安全领域舆情监控等典型应用,重点验证理论和方法在社交媒体大数据跨域行为模式识别过程中的时效性和准确性。

针对"时空失序"问题,需要进行跨社交方式的行为模式识别与解析,因此在逻辑上需要对碎片化的数字活动进行科学的行为整合。在对行为碎片进行时空逻辑组合时,不同社交方式之间经常缺少跨域的时空语义关联。通过行为碎片之间的时空建模,挖掘隐耦合关系,强化松耦合关系,实现跨域行为模式时空规律性的显性表示,是解决这个问题的关键所在。

针对"多源失控"问题,需要对跨数据类型的行为模式进行挖掘与解析,实现异构大数据资源之间有效的数据融合。社交媒体平台下的大数据资源,在行为解析时维度复杂,源头多样,结构化和非结构化数据并存,弱化和降低了行为语义解析的智能化程度。从数据多源整合的角度,强化多维数据对行为逻辑可解释性建模的验证分析,是解决这个问题的关键所在。

针对"协同失调"问题,需要进行跨媒体平台的行为组合与解析,即通过平台聚合的方式,对分布的活动碎片进行组合分析。在对特定行为模式进行深度解析时,平台间缺乏有效的协同研判手段,这在很大程度上弱化或降低了行为模式解析的完整性和可理解性。因此,在平台聚合的基础上,为行为组合分析提供协同研判方法和解析技术,是解决这个问题的关键所在。

9.4 社交媒体大数据跨域行为模式识别的技术体系

1. 社交媒体大数据跨域行为模式识别的技术方法

针对拟解决的关键科学问题,理论方法研究与实证分析密切结合,是任何科学研究都需要秉承的基本研究方法。结合具体的领域应用分析,社交媒体大数据应用创新的技术方法主要有以下几种。

(1)统计分析的方法。

在研究个体行为特征提取和群体行为规律时,主要采用统计分析的方法。先建立行为特征分类标准和基本的活动范式,然后对行为大数据进行分门别类的行为特征提取,从特征匹配与规律挖掘的角度,对个体和群体的行为模式进行数据融合分析。

(2)定量分析与定性分析相结合的方法。

针对跨域行为模式进行时空解析时,主要采用定量分析与定性分析相结合的方法。在描述行为模式的特点和规律时,重点从定量的角度描述行为特点及其行为场景,体现行为模式的可验证性。对预测性和决策性的行为模式进行分析,重点采取定性推演的研究思路。

(3)实证研究的方法。

即利用实际的社交平台和实际的媒体大数据资源,验证理论研究的正确性和普适性,方法应用的有效性和针对性,进而反馈矫正、滚动优化。

(4)模拟验证的方法。

在行为模式识别过程中,模拟验证也是经常采取的实验方法。即从特征、规则和社群等行为要素之间内在的关联出发,模拟验证行为、目标和条件之间的活动因果关系,验证异常行为模式和正常行为模式在特征变量和行为目标之间的差分表现。

2. 社交媒体大数据跨域行为模式识别的技术路线

社交媒体大数据跨域行为模式识别的技术路线整体框架如图 9-3 所示。在图 9-3 的技术路线中,行为规则、交互方式、社交平台奠定了跨域大数据融合的综合应用场景。技术路线的设计,体现了行为模式感知与异常行为推理并重,追求“快、准、全”的技术指标,充分体现了问题驱动的研究思路。

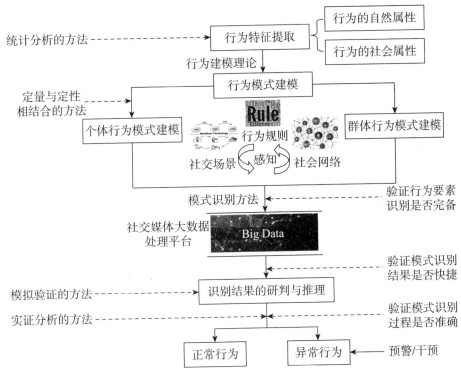

图 9-3　社交媒体大数据跨域行为模式识别的技术路线图

9.5　社交媒体行为大数据应用创新的案例分析

案例 1：大数据人口迁移图

随着各种手持移动终端的普及,包括智能手机在内的各种电子产品成为生活中不可或缺的通信工具。手机以及移动平台上的支付宝、微信、QQ 等社交媒体,为数字行为的大数据分析提供了应用前提。特定时间段,针对特定城市、特定行业、特定领域的人员迁徙动态图,如春运迁徙动态图等,在节假日全国旅游人流控制、城市智能交通引导、宏观经济产业规划、安全出行建议等方面,具有非常重要的社会应用价值,是提高现代社会管理水平有力的决策手段。通过对城市之间人口迁入和迁出的热度数据进行大数据分析,能够了解城市的发展布局,以及中心城市对周围区域发展的辐射情况,这对宏观层面上的城市区域规划、城市战略规划具有重大的战略参考价值。尤其需要强调的是,基于数字行为的大数据分析,还为我国 2020 年抗击新冠病毒的全民战"疫",最终取得全球瞩目的抗疫效果,提供了巨大的技术支持。

大数据人口迁移图关涉到迁移行为的识别与迁徙规律的挖掘,其中所利用的位置数据资源,来自移动终端自身的定位功能以及基于移动互联网的各种 APP 位置采样,是一种典型的基于移动社交媒体平台的创新应用。

案例2：南京理工大学的"暖心饭卡"项目

2016年3月，南京理工大学的一次创新之举，引起了全国各界人士的广泛关注，这就是学校的"暖心饭卡"项目。该项目以"大数据+人工审核"的形式，结合一卡通学生食堂消费大数据，实现了动态帮助、精准帮扶。

"暖心饭卡"项目在技术上通过对在校本科生的饭卡刷卡记录进行一定时间的数据跟踪，然后将每个月在食堂吃饭超过60顿、一个月总消费不足420元的学生列为候选的受资助对象。在通过院系辅导员的情况确认后，学校直接将补贴款打入学生饭卡。学生无须填表，不用审核。受资助的学生每个月会收到同样金额的补助，直至毕业。"大数据+人工审核"，不仅将对困难学生的帮扶落到了实处，而且维护了青年一代的自尊心，助其心无旁骛地完成学业。

走心的技术举措，带来的是暖心的人文关怀，真正让学校成为教书育人的热土、学生的第二个家。这一给贫困生主动充饭卡的"暖心善举"，引发各界纷纷点赞。包括《人民日报》在内的30余家报纸媒体，以及包括中央电视台在内的20余家电视媒体均对该事件进行了报道。

这里的饭卡消费数据集，实际上是一种广义的大数据概念，体现了数据科学中"数据驱动"的应用创新思路，也充分体现了"行为变数据，数据变信息，信息变服务，服务变智能"的管理思维创新。

9.6　本章小结

随着数字化移动终端和社交平台的普及使用，社会行为模式数字化转变，各类社交媒体平台成为行为大数据的主要集散地。基于数字媒体跟踪的大数据分析技术，为科学分析、模拟、研判大规模社群活动行为规律和行为模式，提供了有效的技术手段，进而为构建良好新型生产关系、维护社会有序发展提供了科学的决策依据。本章着眼于社交媒体大数据技术与应用创新面临的各种技术需求，从问题驱动的角度，探讨了社交媒体大数据应用创新的技术方法与技术路线，并从实例分析的角度，强调了社交媒体大数据应用创新在现代社会管理中的技术价值和社会意义。

第10章　交通大数据技术分析与应用创新

10.1　交通大数据科技创新发展概况

天地交而万物通。世界范围内,各国政府都高度重视交通行业的建设发展。自从 20 世纪 80 年代美国智能交通学会提出"智能交通"的概念以来,世界各国都在大力推广这一概念并付诸应用实施。21 世纪以来,随着物联网、云计算、移动互联网、大数据、人工智能等新一代信息技术的快速发展及其在交通领域的应用普及,智能交通系统获得了长足的发展,大幅提高了城市交通运输系统的管理水平和运行效率,全面感知、深度融合、主动服务、科学决策已经成为智能交通系统发展的核心理念。

我国人口众多,城镇化建设快速发展,交管部门在人车疏导、实时监控、交通预警、精准服务、交通态势研判等交通指挥应用环节,面临诸多技术与应用挑战。通过交通大数据的深度解析与规律挖掘,如何提高城市交通状况和交通态势的智能预测能力以及城市交通的预警与疏导能力,是目前智能交通指挥系统面临的应用挑战。此外,多源交通数据的全面融合、分布式交通监控的平台聚合、面向态势研判的交通行为整合以及交通系统中分布式群智要素的在线参与,也是智能交通系统在实践中亟须突破的应用环节。

过去二十年,我国交通行业,尤其是高速公路网和高铁网络的建设,实现了跨越式的快速发展,成为世界范围内交通建设的行业典范。随着交通行业的长足发展,与之配套的智能交通信息化技术,成为国家战略层面上的重大应用需求。在宏观政策上,围绕智能交通建设,国家发布了一系列文件与政策,表明了国家层面上对智能交通领域的高度重视。

2000 年,科技部会同国家计委、经贸委、公安部、交通部、铁道部、建设部、信息产业部等部委,专门成立了全国智能交通系统协调指导小组,全面组织并研究中国智能运输系统的发展。

2006 年 5 月,信息产业部正式发布《信息产业科技发展"十一五"规划和 2020 年中长期规划(纲要)》,明确将"智能交通系统"列为国家重点发展领域。

2011 年 4 月,交通运输部发布《交通运输"十二五"发展规划》,明确提出推进交通信息化建设,大力发展智能交通。

2014 年 8 月,国家发改委牵头,组织工业与信息化部、科技部等八部委,发布《关于促进智慧城市健康发展的指导意见》,强调智能交通对智慧城市建设的重要性。

2016 年 7 月,国家发改委和交通部联合发布《推进"互联网+"便捷交通促进智能交通发展的实施方案》,强调利用互联网技术,实现智能交通的感知监测,建立交通大数据应用平台。

2017 年 1 月,交通运输部印发《推进智慧交通发展行动计划(2017—2020 年)》,明确提出提高交通运输数字化、网络化和智能化应用水平。

2017 年 7 月,国务院印发《新一代人工智能发展规划》。其中明确提出,推动经济社会各领域从数字化、网络化向智能化加速跃升,其中智能交通是规划中重点强调的应用领域。此外,该发展规划中还明确指出,围绕智能交通建设,应"研发复杂场景下的多维交通信息综合大数据应用平台,实现智能化交通疏导和综合运行协调指挥"。

2017 年 9 月,交通运输部印发《智慧交通让出行更便捷行动方案(2017—2020 年)》,明确提出加快城市交通出行的智能化发展,建设完善城市公交智能化应用系统。

2018 年 4 月,工业和信息化部、公安部、交通运输部三部委联合印发《智能网联汽车道路测试管理规范(试行)》,协调组织开展智能网联汽车道路的测试工作。

上述国家层面的政策文件表明,智能交通已经成为我国重点发展的应用领域,具有着眼未来、长远布局的战略地位。在技术层面上,交通数据普遍具有时空移动性(时空变化并蕴含规律)、社会关联性(三元空间分布但彼此关联)、多要素参与性(人、车、路、环境互动)等系统集成特点。物联网、云计算、大数据、移动互联网等新一代信息技术,则为智能交通应用平台的系统研发提供了强有力的技术支撑,极大地促进了智能交通建设的应用发展。

10.2 交通大数据应用创新的热点研究方向

围绕交通领域的各种集成要素,目前交通大数据应用创新的热点研究方向,集中体现在以下几个方面。

1. 支持公共交通路径优化和出行时间优化的智能交通技术

公共交通的路径智能优化和出行时间优化,可以大大提高现代社会的运行效率。如在现实生活中,基于实际公交系统运行的大数据分析,为站点设置、公交车辆调度设计提供科学的决策依据。再如针对同城快递的应用需求,基于地铁乘客的出行历史记录,设计提供分时段的快递差异化优质服务,实现地铁众包快递系统的设计与研发。结合特定的数学模型,对交通大数据进行城市热点区域之间出行规律的深度挖掘,实现智能交通路线的合理规划。例如,有学者通过对大数据环境下移动对象的运行轨迹进行规律挖掘,还能对现代城市的交通出行态势进行模拟监控。①

2. 城市交通的智能监控和交通高峰期车辆的有序分流技术

城市交通的智能监控和车辆有序分流,是智能交通系统的重要组成部分。譬如,根据基于时间要素的交通大数据轨迹分析方法,可以有效地考察城市交通的发展态势,为交通高峰时期车辆的有序分流提供决策依据,也为支持交通管理部门动态按需调配运营车辆提供了科学决策依据。② 城市的道路交叉路口是城市交通路网的重要组成节点,是交通分流的关键环节。为此,有学者针对车辆的时空轨迹大数据,提出了一种城市道路交叉口自动识别技术,用于交通监控的时空定位。③

3. 以出租车为载体的各种智能交通技术的应用部署

出租车是现代化城市高效运转的重要交通设施之一,其普及和发达程度从一个侧面反映了一个城市的经济发展水平和市民生活质量。地理信息系统(GIS)、城市交通数据、社交网络数据等大数据资源,为出租车智能出行创造了很大的发展机遇。因此,在出租车和出行人员之间建立动态的需求关系,快速高效地满足人们的出行需求,就催生了一系列的应用技术。例如,有学者从乘客需求和出租车供应之间的平衡出发,结合出租车出行的历史大数据分析,提出相应的优化算法,为城市出租车规模控制和智慧出行提供决策依据。④

4. 车载网系统以及智能驾驶技术

作为智能交通发展的高级阶段,车载网系统以及智能驾驶技术也越来越成为智能交通的前沿技术。围绕智能驾驶和车载网应用,为了保障智能车辆的安全性和稳定性,支持动态避障的智能汽车滚动时域路径规划方法,能够很好地解决躲避静态

① 乔少杰,李天瑞,韩楠,等.大数据环境下移动对象自适应轨迹预测模型[J].软件学报,2015,26(11):2869-2883.

② Dheeraj Kumar,Huayu Wu,Sutharshan Rajasegarar,et al. Fast and Scalable Big Data Trajectory Clustering for Understanding Urban Mobility[J]. IEEE Transactions on Intelligent Transportation Systems,2018,19(11):3709-3722.

③ 唐炉亮,牛乐,杨雪,等.利用轨迹大数据进行城市道路交叉口识别及结构提取[J].测绘学报,2017,46(6):104-113.

④ Desheng Zhang,Tian He,Shan Lin,et al. Taxi-Passenger-Demand Modeling Based on Big Data from a Roving Sensor Network[J]. IEEE Transactions on Big Data,2017,3(3):362-374.

障碍的问题。① 譬如,针对车载网复杂的交通环境,有学者通过虚拟现实建模,提出了一种复杂路网环境下车辆运行仿真分析技术,有效提高了车辆运行的安全性。② 这为适应现代化城市建设尤其是路网建设的快速发展,提供了有效的决策依据。

5. 车牌识别、智能缴费等相关领域的智能应用

车牌识别技术在智能停车、智能缴费、不良交通行为识别与定位等智能应用环节,具有广泛的应用场景。通过拍照识别和后台身份信息认证,从社交网络和移动网络大数据融合分析的角度,可以针对无牌车辆及其标识问题进行深度的分析研究。基于单个目标车牌的图像识别,目前的研究重点关注一类典型的交通大数据(车牌识别流式大数据)的实时分析和挖掘方法。车牌识别数据源自城市道路路口安装的交通摄像头,通过密集交通条件下实时多牌照检测的应用,可以在车牌识别流式大数据基础上,实现多目标车辆牌照的在线动态智能识别。针对多目标车辆牌照的在线动态智能识别,有学者提出了一种解决方案,能够在不同天气条件下对多目标车辆进行精确检测。③

10.3 交通大数据应用创新核心技术分析

充分利用物联网、空间感知、云计算、移动互联网等新一代信息技术,围绕交通大数据分析,挖掘数据背后潜在的交通规律,为用户提供智能便利的交通信息服务,为交通管理部门及关联企业提供及时、准确、全面、充分的信息支持和研判决策,是智能交通系统的主要功能。将人的情感和认知原理融入交通系统的开发与应用之中,提高用户对技术体验的舒适度和接受度,是人工智能技术发展的高级阶段,也是未来智能交通系统取得关键技术突破的重要发展方向。作为交通领域的核心应用系统,智能交通指挥系统在智慧城市建设中发挥着中枢神经的重要作用。针对智能交通指挥系统涉及的核心关键技术,尤其是异常交通行为的早期发现,从全面感知、深度融合、科学决策、主动服务的角度,实现核心技术突破,进而提升目前交通指挥系统的智能决策与研判能力,是智能交通大数据分析与应用创新的核心驱动力。

① 陈虹,申忱,郭洪艳,等. 面向动态避障的智能汽车滚动时域路径规划[J]. 中国公路学报,2019,32(1):162-172.
② 毛天露,王华,康星辰,等. 复杂路网内大规模车辆运动的仿真[J]. 计算机学报,2017,40(11):2466-2477.
③ Asif M R,Chun Q,Hussain S,et al. Multiple license plate detection for Chinese vehicles in dense traffic scenarios[J]. IET Intelligent Transport Systems,2016,10(8):535-544.

10.3.1　交通大数据应用创新核心技术

交通大数据应用创新核心技术,主要包括以下几项技术。

1. 多元交通要素融合的交通行为建模技术

人是交通的行为主体。交通指挥系统,就是通过引导个体自觉规范交通行为,实现交通群体的利益最大化。在人、车、路、环境组成的交通系统中,人是最不确定的行为要素。这就需要结合大量的交通行为案例,从大数据分析和规律挖掘的角度,进行内在的诱因分析与外在的行为规律挖掘。如大量统计数据表明,人的不良情绪是导致交通事故的主要诱因,疲劳、酒后失序、路怒、焦虑、过度兴奋等不良驾驶情感,与不良驾驶行为乃至交通事故之间,具有直接的强相关性。因此,对人、车、路、环境各种交通要素之间的时空上下文关系进行全面的关联建模,从概率统计的角度,深层次地理解现代交通环境下的事故诱发因素,实现对不良交通行为的早期发现、隐患研判与及时预警,可以为维护和谐的城市交通态势,提供宏观的决策依据。

多元交通要素融合的交通行为建模技术,重点关注如何通过交通行为及事故大数据样本空间的构建,研究事故—行为—要素之间的关联模型,其创新内容集中体现在以下几个方面。

(1)从大数据资源建设的角度,对历史上的各类交通行为及事故进行数据整理、特征提取与归类存储,为后续的样本分析、规律挖掘及不良行为研判提供样本库。

(2)从人、车、路、环境互动关联的角度,对交通行为及事故进行大数据统计分析,研究导致交通事故的时空上下文触发条件及相应的异常行为规律。

(3)从特征提取、表现形式等方面,对交通事故大数据进行全面解析,对异常驾驶行为和交通事故之间内在的因果关系进行建模分析。

(4)研究人、车、路、环境各种交通要素的互动关系,建立事故—行为—要素之间的关联模型,提出一个融合多元交通要素的事故行为建模方法。

2. 基于大数据分析的不良交通行为智能识别与预警技术

因意外事故造成的交通堵塞,对交通的叠加影响尤为严重。隐患显于明火,由意外交通事故造成的交通拥堵的避免,与上下班高峰车流缓慢形成的拥堵的不可避免相比,前者更能体现交通指挥系统的智能应用价值。在车辆行驶过程中,在动态复杂的车流、路况组成的交通环境下,触发人的情感波动的交通因素众多,突发性特点明显。在城市交通环境下,人与环境之间运动关系的维持或改变,外在地表现为行驶姿态、运动路线、驾驶速度等交通行为对周围环境的友好性维护或侵略性冒犯。通过对交通大数据进行在线行为分析,有效提取和识别不良交通行为,从事故预警的角度,对正在进行的不良交通行为实施技术干预,可以有效规避可能发生的交通事故。

基于大数据分析的不良交通行为智能识别与预警技术,重点关注如何基于事故数据分析,实现对不良交通行为的智能识别与在线预警,其创新内容集中体现在以下几个方面。

(1)针对特定的交通目标,研究其运动行为的参数测算方法以及动态跟踪识别算法;进而结合大数据研判平台,研究不良交通行为的在线智能识别方法。

(2)对不良交通行为的交通环境、区域位置、可能的行进路线、潜在的危害程度进行研判分析,研究不良交通行为的风险在线评估测算方法。

(3)结合异常驾驶行为和交通事故之间的因果关系建模分析,构建一个面向交通指挥系统的异常交通行为大数据智能在线研判平台。

(4)通过对行驶姿态、运动路线、驾驶速度等运动参数的实时监控,从人机协同的角度,研究对不良驾驶行为的在线预警方式。

3. 基于大数据行为分析的交通指挥系统服务增值技术

交通指挥系统是一个与本土国情密切相关的技术研发领域。我国作为发展中国家,城市快速发展与技术部署滞后之间的矛盾,导致城市发展过程中,存在一定范围的监控盲区,交通领域的数据采集还没有做到全域覆盖。很多交通隐患还不能第一时间纳入智能交通指挥系统的管控范围。交通指挥系统本质上对应一个分布式问题解决机制。如何充分发挥移动互联网在"云、雾、端"各个粒度和层面上的数据采集与计算能力,直接影响到目前智能交通指挥系统能否取得关键技术突破。移动互联网的众包技术,为有效解决现有智能交通指挥系统面临的此类问题,提供了可行技术支持。在现有智能交通指挥系统架构下引入众包技术,鼓励大众参与、群智协同,将大大提高现有智能交通指挥系统的数据采集能力、在线分析能力以及协同研判能力。

基于大数据行为分析的交通指挥系统服务增值技术,重点研究如何利用众包技术,促进现有交通服务的增值应用。其创新内容集中体现在以下几个方面。

(1)在现有交通指挥系统架构下,实现对众包技术的无缝集成,主要包括移动接入机制、任务发布机制、鼓励机制、反馈响应机制等。

(2)研究交通指挥系统中基于群智交互的众包原理、协同研判的众包技术介入途径、协同预警的众包技术发布方式等。

(3)利用众包数据与现有交通数据的多源数据融合分析,研究智能交通指挥系统中动态目标的智能标识与全域跟踪技术,提升交通安全的全域防护。

（4）利用智能原理和相关数学模型,对交通大数据内在规律和行为进行全面解析,从流量优化和事故预测的角度,深度挖掘城市出行规律,生成更高层次的决策支持信息,提高交通指挥系统的智能引导与有序分流能力。

10.3.2　交通大数据应用创新的内涵突破：交通智能研判

1. 群智理论创新

将人的情感和认知原理融入智能系统的开发与应用之中,提高用户对技术体验的舒适度和接受度,是人工智能技术发展的高级阶段,也是智能交通各个子系统取得核心技术突破的主要发展方向。作为交通领域的中枢神经指挥系统,本项目着眼于智能交通大概念下的智能交通指挥系统,开展针对性的研发工作。其主要路径是人、车、路、环境全要素融合,从全面感知、深度融合、科学决策、主动服务的角度,通过提升交通指挥系统数据分析的智能化程度和潜在事故的研判能力,有效促进交通安全。

2. 智能技术创新

随着城市化进程的加快,城市交通的广度和深度在不断拓展,导致一些暂时无法监控的交通死角和监控盲区出现。移动互联网技术为在交通指挥系统中引入协同众包技术,提供了可行的技术介入和应用集成手段。将众包技术和现有的交通指挥系统进行有机集成,充分发挥移动互联网在"云、雾、端"各个粒度和层面上的数据采集与计算能力,有利于提高交通数据的全域采集能力及不良交通行为的在线辅助监控能力,从而有效弥补目前交通指挥系统在上述应用环节的不足。

3. 典型应用创新

智能交通系统涵盖了众多的应用子系统,组成了一个庞大的集成环境,可以重点关注交通领域的核心应用,即智能交通指挥系统。研究内容可集中于交通事故人、车、路、环境各维度时空上下文的大数据统计分析。在深度解析交通事故数据的基础上,从安全预警和态势研判的角度,发挥智能交通指挥系统的中枢神经功能,进而从关键技术突破方面,提升目前交通指挥系统的智能化程度。此外,众包技术与现有的交通指挥系统有机集成,更能促进人、车、路、环境等要素与现有交通指挥系统之间的无缝集成,进而全面促进智能交通各子系统的协同发展。

10.4 一个基于群智协同与多要素融合的智能交通指挥系统设计方案

10.4.1 系统方案

本节从原型系统开发与技术应用集成的角度,提出基于群智协同与多要素融合,支持全面感知、深度融合、科学决策、协同研判的智能交通指挥系统的设计方案,如图 10-1 所示。图 10-1 所示的设计方案,集成 10.3 节中提到的交通大数据应用创新核心技术,旨在从全面感知、深度融合、服务创新、用户体验的角度,提升现有交通指挥系统内在的技术含量和服务水平,在现有核心技术突破与典型应用示范方面,实现交通指挥系统的动态优化与智能应用。

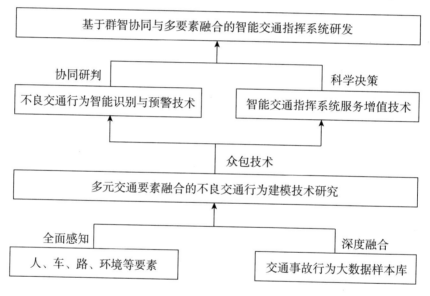

图 10-1 基于群智协同与多要素融合的智能交通指挥系统设计方案

10.4.2 技术路线

结合图 10-1 中各部分研究内容之间的集成应用关系,基于大数据分析的不良交通行为预判应用的技术路线设计如图 10-2 所示。

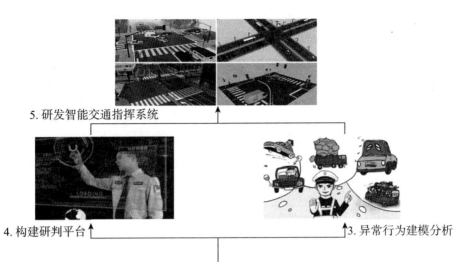

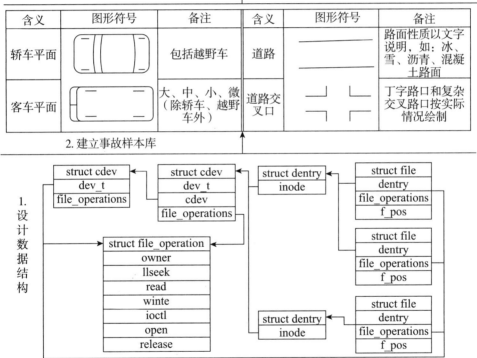

图 10-2 基于交通大数据的智能交通不良行为预判的技术路线

对图 10-2 中的技术路线所涉及的各个技术应用环节说明如下。

1. 设计数据结构

从人、车、路、环境全要素融合的角度,围绕各类历史交通事故,全面抽取导致事故发生的时空上下文要素,进行科学合理的数据结构设计,为后面事故样本库的建立与分析提供规范的记录标准。

2. 建立事故样本库

进行交通事故样本库建设。利用所设计的数据结构,对导致交通事故的时空要素,进行规范全面的数据描述并将其纳入统一的数据库管理平台,进而针对纳入统一管理平台的异常行为特征,建立相应的风险评估体系。

3. 异常行为建模分析

结合事故的样本库分析和对应的数据结构描述,对导致事故的异常交通行为进行特征提取,建立事故—行为—要素之间的关联模型,从多元交通要素融合的角度,对造成事故的异常交通行为进行全时空分析建模。

4. 构建研判平台

充分利用交通领域的监控视频、抓拍图像以及众包反馈数据,结合事故样本库提供的特征参数,将时空全要素特征相似度分析和行为危险模式匹配度分析相结合,构建一个面向交通指挥系统的异常行为智能研判平台。

5. 研发智能交通指挥系统

结合数据资源建设,利用移动互联网在"云、雾、端"各个粒度和层面上的数据采集与计算能力,将众包技术和现有的交通指挥系统进行有机集成,设计开发一个基于群智协同与多要素融合的智能交通指挥系统。

基于群智协同与多要素融合的智能交通指挥系统设计方案,重点关注的技术环节如表 10-1 所示。

表 10-1　基于群智协同与多要素融合的智能交通指挥系统方案重点环节分析

应用环节	重点环节分析
原型系统	从人、车、路、环境交通要素互动关联的角度,开发一个基于群智协同与多要素融合的智能交通指挥系统
技术方法验证	利用场景模拟、统计分析、反馈矫正、滚动优化等验证手段,重点验证所提方法的时效性和准确性以及与现有技术体系的兼容性
应用服务创新	围绕众包技术与现有交通指挥系统的有机集成,从服务增值的角度,提高目前交通指挥系统的智能引导与有序分流能力

10.4.3　关键技术问题与解决方法

对应图 10-1 的设计方案和图 10-2 的典型应用的技术路线分析,所涉及的关键技术问题集中体现在以下几个方面。

(1) 如何与交通管理部门密切合作,提取造成交通事故的完整信息,进而结合交通事故的时空上下文,从多元交通要素融合的角度,对不良交通行为进行建模分析和风险评估。

（2）如何将众包技术和现有的交通指挥系统进行有机集成,充分发挥移动互联网在"云、雾、端"各个粒度和层面上的数据采集与计算能力,搭建不良驾驶行为在线监控与研判平台。

（3）如何实现众包数据与现有交通数据的多源融合,提高交通系统的数据采集能力和在线数据分析能力,进而提升交通安全的全域防护,有效弥补目前交通指挥系统在上述应用环节的不足。

在解决上述关键技术问题的过程中,以下几种研究方法非常重要。

（1）统计分析的方法。在全面抽取导致事故发生的时空上下文要素和进行数据结构设计时,主要采用统计分析的方法,进行特征提取和概率分布统计。

（2）定量分析与定性分析相结合的方法。在异常行为建模分析和构建研判平台时,主要采用定量分析与定性分析相结合的方法,进行时空特征匹配和行为场景拟合。

（3）实证研究的方法。为了体现课题所取得研发成果的实际应用价值,需要结合实际的公交大数据分析平台进行方法验证。

（4）模拟验证的方法。在交通事故样本库建设过程中,模拟验证也是我们拟采取的实验方法。从行为特征、规则侵犯、场景特点等方面,分析交通要素之间的内在关联,模拟验证异常交通行为的规律性特征以及特征变量和行为目标之间的差分表现等。

10.5　交通大数据智能研判应用创新：案例分析

大数据资源和大数据技术的出现,从样本收集、决策分析和态势预测等方面,使得各种智能应用不断得以完善。利用交通大数据,围绕智能交通的应用需求,进行城市交通的疏导,进而支持智慧城市建设,具有突出的应用价值。本节着眼于公共交通出行的智能安全保障,详细阐述如何利用交通大数据作为决策依据,通过交通大数据分析挖掘的方式,得到科学有效的决策信息,进而实现智能交通应用的技术思路。

整体而言,本节的应用实例旨在利用出租车预装的 GPS 系统,对取样的交通大数据进行智能应用分析。通过智能在线分析,对潜在的出租车司机绕路行为进行系统预警,从交通出行的历史数据中,挖掘出群体行为的出行规律,进而实现后续的各种增值服务。[①] 限于篇幅,这里只从应用原理上介绍这一智能交通大数据应用创新

[①] 笔者的该科研成果发表在国际期刊 *Information Science* 上,更为详尽的理论分析和算法设计详见 https://doi.org/10.1016/j.ins.2018.12.056。

的技术思路。在技术细节上,支持该应用实例的数据集来自开源网站 http://craw-dad.org/epfl/mobility。数据集中包含某 30 天内美国旧金山湾区的 537 辆出租车的 100 万条 GPS 条目。GPS 的记录格式为 {id,lon,lat,occupancy,time},其中 lon、lat 为十进制格式,occupancy 表示出租车是否有客(1 表示有,0 表示没有),time 为 UNIX 格式。同时,我们在验证实验效果时,使用的开源数字地图为 Open Street Map(OSM)。

10.5.1 定位的基本原理

如图 10-3 所示,根据地理信息系统的基本原理,对一个人的位置可以进行非常精准的经纬度的定位分析,即一个人的位置用一组经纬度数值 $<P_{dep.lat}, P_{dep.lon}>$ 进行表示。为了保证在后续位置数据的分组中,每一组都要有一定数量的有效样本,我们为点 $<P_{dep.lat}, P_{dep.lon}>$ 增加一个范围参数 η,即以 $<P_{dep.lat}, P_{dep.lon}>$ 为中心点,$<[P_{dep.lat}-\eta/2, P_{dep.lat}+\eta/2], [P_{dep.lon}-\eta/2, P_{dep.lon}-\eta/2]>$ 则表示一个范围空间。若所有点的经纬度值在区间 $[P_{dep.lat}-\eta/2, P_{dep.lat}+\eta/2]$ 和 $[P_{dep.lon}-\eta/2, P_{dep.lon}-\eta/2]$ 中,我们从语义上就可以认为他们处在同一个位置。譬如,两个人手挽手地在一起行走,严格意义上而言,他们每个人都对应一组不同的经纬度值。但是,在实际的位置分析中,我们可以认为这两个人处在同一个位置。

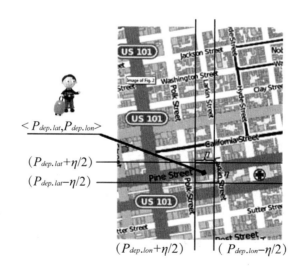

图 10-3　空间位置的定位原理

范围参数 η 的取值,可以根据需要在应用中自行设定。譬如根据道路的宽度,我们可以选择 $\eta=60$ m 或 $\eta=100$ m,这样,并排行驶在这条道路上的两辆汽车,在理论上计算时就可以认为是处在同一个位置上。

10.5.2 基于单点定位原理的路径拼接原理

图 10-4 是实际应用中 GPS 系统对出租车进行位置定位的数据格式。根据一定规律的时间间隔,系统会自动记录出租车的行驶状态。

Taxi ID	Longitude	Latitude	Speed (km/h)	Bearing	Occupied flag	Year	Month	Day	Hour	Minute	Second
10429	120.214134	30.212818	70.38	240.00	1	2010	2	7	17	40	46

图 10-4 出租车 GPS 系统位置定位的数据格式

以 GPS 记录中两个相邻时间点的经纬度位置连线为基准,结合上述定位的基本原理,我们就可以从理论上确定车辆的行驶路径范围。图 10-5 代表的就是两个相邻位置点之间的路径范围。考虑到相邻三个点不在一条直线上的情况(对应道路的拐弯情况),图 10-6(b)从原理上进行了局部的算法优化,即从范围覆盖的角度避免图 10-6(a)中盲区 gap 区域的情况。具体而言,就是在充分考虑道路宽度和路径拼接的情况下,针对某一个位置点,从前进方向[图 10-6(b)中的λ参数]和道路宽度[图 10-6(b)中的 d 参数]两个方向上分别设置一个增量,即设置两个增量参数λ和 d,在参数设置的时候,λ$\geq d/2$,从而实现路径拼接时全部覆盖道路的实际宽度。图 10-7 展示了更多极端的路径拼接情况。

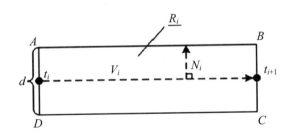

图 10-5 两个相邻位置点之间的路径范围

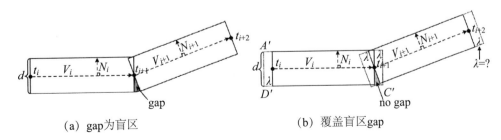

(a) gap为盲区   (b) 覆盖盲区gap

图 10-6 在路径范围定位过程中可能存在的定位盲区

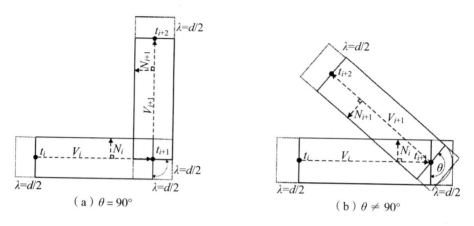

（a）$\theta = 90°$ 　　　　　　（b）$\theta \neq 90°$

图 10‑7　在路径范围定位过程中可能存在的定位盲区

图 10‑8 则从实例分析的角度,展示了其他盲区在一些交叉路口可能会出现的真实状况。这种情况下,在不影响应用分析的前提下,直接以 t_{i+1}、t_{i+2} 两个时间点的位置,模拟实际的转角情况。

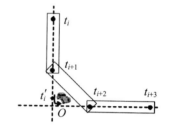

图 10‑8　在实际交通过程中出现的特殊盲区

10.5.3　一个智能交通大数据原型应用系统

图 10‑9 是我们实际开发的一个智能交通大数据原型应用系统的界面:HelpMe。HelpMe 是启发式线路导航方法(Heuristic line piloting Method)的英文缩写。

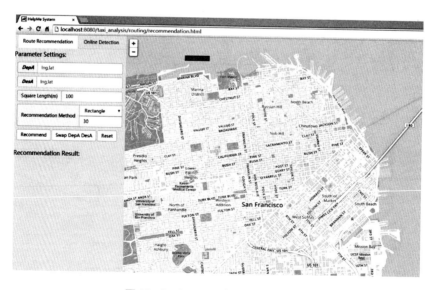

图 10‑9　HelpMe 的原型系统界面

图 10 - 10 展示了该方法的应用过程。图 10 - 10(a)中的符号"+",表示的是某一辆出租车 T_i 在 GPS 系统中一个实际的位置取样点。实际位置点之间的连线,代表实际的行驶路径 L_i。图 10 - 10(b)是根据图 10 - 10(a)中的符号"+"的位置,利用我们此前介绍的路径规划方法,基于 L_i 而计算出的 L_i 所覆盖的路径范围。该路径的起点是 Pier 39,终点是 Union Square。

图 10 - 10(b)所示的路径范围,可以看作评价其他车辆是否和该车行驶过同一条路径的基准路径。其他起点是 Pier 39、终点是 Union Square 的出租车的 GPS 位置点,如果都落在这一路径范围内,我们就认为该出租车具有与出租车 T_i 相同的行驶路径。图 10 - 10(c)表示的是路径数据样本的实际分布情况。

（a）原始的GPS点示意图

（b）基于原始GPS点的路径范围

（c）实际行驶路线图

图 10 - 10　HelpMe 系统路径挖掘的计算原理

10.5.4　应用分析

这里我们主要从以下两个层面,对图 10 - 10 的计算结果进行后续的增值分析与应用开发:不良服务行为的分析挖掘以及出租车出行规律的分析挖掘。

(1) 从图 10 - 10(c)中,我们可以很容易发现一些明显偏离正常路径的不良服务行为,如图 10 - 10(c)中最左边和最右边的一条行驶路径。虽然这些不良服务的比例非常少,并且乘客也许并没有意识到这是一条有绕路嫌疑的不良服务,对城市路况和交通线路不是很熟悉的乘客,基本无法做出以上的判断,尤其是在线做出上述结论。但是通过数据挖掘的方式,我们还是能还原这些历史轨迹的。这就为开发在线路径纠错系统提供了应用背景。

这种问题驱动的应用创新思路，与导航系统在应用上的本质区别是，导航提供的候选路径没有纠错之说，是重新规划路径的过程。而在出租车服务等应用背景下，路径选择和服务质量之间有直接的应用关联，甚至会涉及乘客的人身安全，这就不是简单的路径规划的应用需求了。而应用需求的不同，直接影响软件服务的开发和设计思路。

图 10-11　可供参考的历史路径记录的空间分布图

（2）考虑到司机在个性化路径选择方面的行为要素，我们在起点和终点之间按照大概率的方式过滤掉有不良服务嫌疑的历史路径记录，可供参考的历史路径记录的空间分布图见图 10-11。

针对图 10-11 所示的历史路径记录，我们按照一定的分组原则进行分组统计。具体的分组原则是从距离最短的路径开始，设置一定的距离（这里是 200 米）作为步长，直到距离最长的那条路径。按照这一分组原则，具体的分组结果如图 10-12 所示。

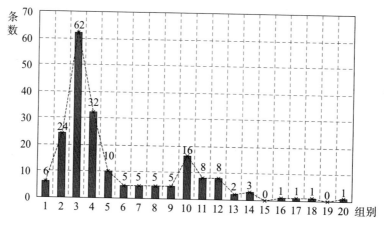

图 10-12　历史路径的分组情况

从图 10-12 中我们发现，对应第 3 组和第 10 组的历史路径的条数最多，第 3 组包含 62 条历史记录，第 10 组包含 16 条历史记录。

为什么会出现两组距离明显有差距的路径集合呢？通过进一步的时间要素发掘，我们发现第 1 组数据和第 2 组数据在时间属性上有明显的出行规律。图 10-13 是按照时间段进行错峰分析后的统计结果分布图。统计结果显示，图 10-13（b）中箭头所示的驾驶路线，为沿着海滨的一条宽阔马路，距离虽然比图 10-13（a）中箭头所示的驾驶路线多出 1 千米左右,但是在驾驶时间上,会比 10 - 13(a)中箭头所示的驾驶路线略短。尤其值得一提的是,行驶在图 10 - 13(b)所示的沿着海滨的宽阔马路上,能够欣赏到炫目的夕阳余晖和马路旁的美丽海景。

虽然这是根据出租车的行车规律进行统计分析的结果,但是体现了交通行为背后的偏好取向,即如第九章中所提到的行为大数据背后隐藏的出行规律,结果具有很强的合理性。这种出租车驾驶行为的规律挖掘,为包括出租车在内的各种类型车辆的增值服务设计,提供了决策依据,进而可以帮助我们有针对性地设计后续的各种服务推荐方案。如导航系统在考虑这种出行规律的时候,动态调整优选路径推荐方案,非晚高峰时段优先推荐如图 10 - 13(a)中箭头所示的行车路线,在晚高峰前后优先推荐如图 10 - 13(b)中箭头所示的行车路线。其他诸如大屏电子广告牌的内容、交通执勤人员的错峰排班等,都可以根据这些出行规律进行合理的规划设计。

 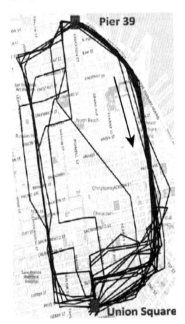

(a)非晚高峰(5:00 PM)时段　　　(b)晚高峰(5:00 PM)及前后约1小时

图 10 - 13　按照时间段进行错峰分析的统计结果分布图

10.6　本章小结

随着现代社会的发展,开展智能交通以及智慧城市建设方面的应用创新,是提升全社会活动效率和社会高质量发展的必然趋势。本章通过分析智能交通领域的各种应用需求,有针对性地提出了交通大数据应用创新的行业赋能方向。同时,结合具体的实例分析,从行业应用的角度,为智能交通领域的增值服务开发提供了一个可供参考的决策分析过程,体现并展示了智能交通领域大数据创新的应用价值。

主要参考文献

［1］徐福培.计算机组成与结构(第3版)［M］.北京:电子工业出版社,2013.

［2］Fox,G. E-Science Meets Computational Science and Information Technology［J］. Computing in Science and Engineering,2002,4(4):84－85.

［3］王珊,萨师煊.数据库系统概论(第5版)［M］.北京:高等教育出版社,2014.

［4］耿素云,屈婉玲,张立昂.离散数学(第5版)［M］.北京:清华大学出版社,2013.

［5］刘云浩.物联网导论(第2版)［M］.北京:科学出版社,2013.

［6］黄宜华.深入理解大数据:大数据处理与编程实践［M］.北京:机械工业出版社,2014.

［7］王崇骏.大数据思维与应用攻略［M］.北京:机械工业出版社,2016.

［8］王新兵.移动互联网导论(第2版)［M］.北京:清华大学出版社,2017.

［9］吕云翔,张璐,王佳玮.云计算导论［M］.北京:清华大学出版社,2017.

［10］I Foster,Y Zhao,I Raicu,et al. Cloud Computing and Grid Computing 360-Degree Compared. Grid Computing Environments Workshop,2008.

［11］［美］赫恩.计算机图形学(第3版)［M］.蔡士杰,宋继强,蔡敏,译.北京:电子工业出版社,2005.

［12］唐朔飞.计算机组成原理(第2版)［M］.北京:高等教育出版社,2008.

［13］张效祥,徐家福.计算机科学技术百科全书(第3版)［M］.北京:清华大学出版社,2018.

［14］Crispim-Junior C F,Buso V,Avgerinakis K,et al. Semantic Event Fusion of Different Visual Modality Concepts for Activity Recognition［J］. IEEE Transactions on Pattern Analysis & Machine Intelligence,2016,38(8):1598－1611.

［15］Cheng-Jhe Lin,Changxu Wu,Wanpracha A. Chaovalitwongse. Integrating Human Behavior Modeling and. Data Mining Techniques to Predict Human Errors in Numerical Typing［J］. IEEE Transactions on Human-Machine Systems,2017,45(1):39－50.

[16] Rawassizadeh, Reza, Momeni, Elaheh, Dobbins, Chelsea, et al. Scalable Human Behavioral Pattern Mining from Multivariate Temporal Data[J]. IEEE Transactions on Knowledge & Data Engineering,2016,28(11):3098 – 3112.

[17] Huan Wang, Wenbin Hu, Zhenyu Qiu, et al. Nodes Evolution Diversity and Link Prediction in Social Networks[J]. IEEE Transactions on Knowledge & Data Engineering,2017,29(10):2263 – 2274.

[18] Chao Lan, Yuhao Yang, Xiaoli Li, et al. Learning Social Circles in Ego-Networks Based on Multi-View Network Structure[J]. IEEE Transactions on Knowledge & Data Engineering,2017,29(8):1681 – 1694.

[19] Xiaoyang Liu, Daobing He, Chao Liu. Information Diffusion Nonlinear Dynamics Modeling and Evolution Analysis in Online Social Network Based on Emergency Events [J]. IEEE Transactions on Computational Social Systems, 2019, 6 (1):8 – 19.

[20] Shaojie Qiao, Nan Han, Yunjun Gao, et al. A Fast Parallel Community Discovery Model on Complex Networks Through. Approximate Optimization[J]. IEEE Transactions on Knowledge and Data Engineering,2018,30(9):1638 – 1651.

[21] Xiaoke Ma, Di Dong, Quan Wang. Community Detection in Multi-layer Networks Using Joint Nonnegative Matrix Factorization[J]. IEEE Transactions on Knowledge and Data Engineering,2019,31(2):273 – 286.

[22] 张树森,梁循,齐金山. 社会网络角色识别方法综述[J]. 计算机学报,2017,40 (3):649 – 673.

[23] Le Wu, Yong Ge, Qi Liu, et al. Modeling the Evolution of Users´ Preferences and Social Links in Social Networking Services[J]. IEEE Transactions on Knowledge & Data Engineering,2017,29(6):1240 – 1253.

[24] 郝亚洲,郑庆华,陈艳平,等. 面向网络舆情数据的异常行为识别[J]. 计算机研究与发展,2016,53(3):611 – 620.

[25] Sharma V, Kumar R, Cheng W, et al. NHAD:Neuro-Fuzzy Based Horizontal Anomaly Detection in Online Social Networks[J]. IEEE Transactions on Knowledge and Data Engineering,2018,30(11):2171 – 2184.

[26] 周孟,朱福喜. 基于邻居选取策略的人群定向算法[J]. 计算机研究与发展, 2017,54(7):1465 – 1476.

[27] Xiangjie Kong, Feng Xia, Zhaolong Ning, et al. Mobility Dataset Generation for Vehicular Social Networks Based on Floating. Car Data[J]. IEEE Transactions on

Vehicle Technology,2018,67(5):3874 - 3886.

[28] Yue Meng,Chunxiao Jiang,Tony Q. S. Quek,et al. Social Learning Based Inference for Crowdsensing in Mobile Social Networks[J]. IEEE Transactions on Mobile Computing,2018,17(8):1966 - 1979.

[29] Xiaoping Zhou,Xun Liang,Xiaoyong Du,et al. Structure Based User Identification Across Social Networks[J]. IEEE Transactions on Knowledge and Data Engineering,2018,30(6):1178 - 1191.

[30] Zhongsheng Hou,Xingyi Li. Repeatability and Similarity of Freeway Traffic Flow and Long-Term Prediction Under Big Data[J]. IEEE Transactions on Intelligent Transportation Systems,2016,17(6):1786 - 1796.

[31] Ran Wang,Chi-Yin Chow,Yan Lyu,et al. TaxiRec:Recommending Road Clusters to Taxi Drivers Using Ranking-Based Extreme learning Machines[J]. IEEE Transactions on Knowledge and Data Engineering,2018,30(3):585 - 598.

[32] 刘湘雯,石亚丽,冯霞. 基于弱分类器集成的车联网虚假交通信息检测[J]. 通信学报,2016,37(8):58 - 66.

[33] Wei Yuan,Pan Deng,Tarik Taleb,et al. An Unlicensed Taxi Identification Model Based on Big Data Analysis[J]. IEEE Transactions on Intelligent Transportation Systems,2016,17(6):1703 - 1713.

[34] 朱美玲,刘晨,王雄斌,等. 基于车牌识别流数据的车辆伴随模式发现方法[J]. 软件学报,2017,28(6):1498 - 1515.

[35] Lawlor S,Sider T,Eluru N,et al. Detecting convoys using license plate recognition data[J]. IEEE Transactions on Signal and Information Processing over Networks,2016,2(3):391 - 405.

[36] Yujie Wang,Xiaoliang Fan,Xiao Liu,et al. Unlicensed Taxis Detection Service Based on Large-Scale Vehicles Mobility Data[C]. 2017 IEEE 24th International Conference on Web Services (ICWS 2017). IEEE,2017:857 - 861.

[37] Xu Z,Yang W,Meng A,et al. Towards End-to-End License Plate Detection and Recognition:A Large Dataset and Baseline[C]. Proceedings of the European Conference on Computer Vision (ECCV 2018). 2018:261 - 271.

后　记

2020年的春节，注定是一个难忘的春节。疫情所致，居家"学习"。

我的一个已经毕业的博士生，打电话给我拜年，顺便问起我最近在忙什么要事。我告诉他，正在利用这段难得的空闲时间写一本书。他知道我的书名后，开玩笑地说，怎么还没有完成啊，我在学校的时候，就听您说起过！我不禁哑然失笑。

我从2017年前后开始向出版社提交出版计划，到2020年春节，送走了三四届毕业生，却一直没有成稿。想想真是惭愧！我告诉我的学生，想写一本别人读不懂的专著很容易，但想写一本大部分人都能读懂的专著很难。虽有开玩笑的成分，但这确实是我迟迟没有动笔或者是系统撰写的主要原因。

"师者，所以传道授业解惑也。"想写一本专著，作为对自己过去二十几年科研工作的一个交代，也许是当时的想法，但是一想到书稿终会面世，我突然有一种莫名的不安。记得有一次参加学术会议，一位年轻老师告诉我，他读过我的学术论文，我第一时间就对他说："不好意思，耽误您时间了！"传道授业解惑，我真的能做到吗？在这种研究、思考、探索的过程中，我一直在不停地调整思路，搜集素材，不断地充实书稿的内容。

直到2020年这个特殊的春节，我觉得有必要把这本书完成了。多难兴邦，对个人而言，何尝不是呢？疫情期间，基于networking方式的传道授业解惑，效果一定是大打折扣的。这时候老师的身体力行，对学生而言，也许是一种更为合适的指导方式。至少能让我的研究生看到，他们的老师依然工作在科研一线！疫情期间，我近5个月终日沉浸在书稿的撰写之中，最长的一次，两周没有出门。天道酬勤的结果，就是终于促成了拙作的成稿。

而事实上，春节以来，我的很多研究生从不同的方面配合我做了一些理论方法整理和算法验证的工作。多年以后，当他们回忆起这段难忘的疫情时，也许他们还能回忆起，他们和导师在微信群中一轮轮地讨论，以及开到晚上快十一点的网络视频会议。他们的聪明才智，他们在疫情期间对工作的一丝不苟，远远超过了我的想象！团结就是力量，协同弥足珍贵！我的博士和硕士研究生林创伟、刘博文、周维、段吉润、刘家邦、蒋旭桐、孙玉虎、何昕，以及已经毕业的博士和硕士研究生齐连永、林文敏、许小龙、杨君、孟顺梅、刘孟、吴诗颖、王文平（排名不分先后），他们都在不同阶段为这本书的成稿贡献了他们的聪明才智。感谢他们，辛苦了！

付梓在即，笔者尤其感谢南京大学计算机科学与技术系的陈贵海教授！多年以来，我们一起承担南京大学计算机科学与技术系博士研究生课程"计算机科学技术新进展"。我不仅在课程开展与建设过程中，多年以来有幸接受陈贵海教授的学术思想熏陶，而且在本书的成稿过程中，也多次听取他就某个主题的深度解析。仅就第1章所涉及的数据、信息和知识这三个基本概念的内涵与外延，我们就进行过多次深入的讨论。此外，感谢上海交通大学电子信息与电气工程学院王新兵教授！笔者就本书的部分主题和他进行过交流与讨论，他的很多建设性意见大大拓展了笔者的研究思路，让笔者受益颇丰。尤其是王新兵教授课题组发布的 AceKG 学术知识图谱，让笔者在教育大数据相关内容的撰写过程中深受启发。

饮水思源，本书中应用创新的绝大部分内容，源自近五年来笔者正在主持或已经完成的国家自然科学基金项目"大数据驱动的复杂系统协同创新理论与方法研究"（项目编号61672276）、江苏省重点研发计划项目"智能交通大数据分析技术及应用系统研发"（项目编号 BE2019104）、"基于大数据分析的现代教育云服务平台及关键技术研发"（项目编号 BE2015154），以及参与的国家重点研发计划项目"跨界服务融合理论与关键技术"（项目编号 2017YFB1400601）等课题研究的科研成果。此外，本书还受到江苏省软件新技术与产业化协同创新中心的出版资助。在此，对上述项目主管部门一并深表感谢！

"行百里者半九十"，如果没有南京师范大学出版社的全程策划，以及责任编辑于丽丽女士精心、细致的工作，这本书一定会逊色很多。在此一并表示衷心的感谢！

2002 年 12 月，笔者完成南京大学"计算机科学与技术"博士后流动站的科研工作后留校工作。在诚朴、雄伟、励学、敦行的校训下，南京大学精英汇聚，在国内是一个非常受同行称道的学术高地。2005 年，本人第一次到香港科技大学进行为期 3 个月的访问研究。当本人熟悉了香港科技大学的科研环境，并融入相关学术团队的科研工作后，深深地被香港科技大学高水平的科研实力所震撼。譬如邀请我进行访问研究的学术合作伙伴 Dr. S. C. Cheung（张成志），就是当时国际计算机领域中的顶级期刊 *IEEE Transactions on Software Engineering* 的三个副主编之一。2010 年夏天，本人赴美国华盛顿参加学术会议，顺访位于美国波士顿的麻省理工学院进行学术交流。这是科学巨人钱学森曾经学习和工作过的地方，计算机、雷达以及惯性导航系统等很多近现代高、精、尖技术发端于此。当我驻足浏览麻省理工学院教室外面的文化墙时，当我在麻省理工学院 10 号楼前的大草坪合影留念的时候，我突然发现自己是如此的渺小。

"岁寒,然后知松柏之后凋也",联想到本书一波三折的成稿过程,本人深感认知水平与知识面有限。"吾生也有涯,而知也无涯"! 就个人能力和学术水平而言,拙作中一定会存在很多不足之处。有念于此,恳请专家和读者在阅读本书的过程中批评指正,不吝赐教!

以此后记。

窦万春

2020 年 6 月